李从嘉 —— 著

舌尖上的战争

食物、战争、历史的
奇妙联系

U0271117

吉林文史出版社
JILINWENSHICHUBANSHE

图书在版编目（CIP）数据

舌尖上的战争：食物、战争、历史的奇妙联系 / 付
晓宇著. -- 长春：吉林文史出版社，2018.7
ISBN 978-7-5472-5286-4

Ⅰ.①舌… Ⅱ.①付… Ⅲ.①饮食－文化－世界
Ⅳ.①TS971.201

中国版本图书馆CIP数据核字(2018)第167916号

SHEJIAN SHANG DE ZHANZHENG: SHIWU、ZHANZHENG、LISHI DE QIMIAO LIANXI

舌尖上的战争：食物、战争、历史的奇妙联系

作者 / 李从嘉

责任编辑 / 吴枫　特约编辑 / 王菁

装帧设计 / 杨静思

策划制作 / 指文图书　出版发行 / 吉林文史出版社

地址 / 长春市人民大街 4646 号　邮编 / 130021

电话 / 0431-86037503　传真 / 0431-86037589

印刷 / 重庆长虹印务有限公司

版次 / 2018 年 8 月第 1 版　2018 年 8 月第 1 次印刷

开本 / 787mm × 1092mm　1/16

印张 / 16　字数 / 342 千

书号 / ISBN 978-7-5472-5286-4

定价 / 119.80 元

前　言

文明的发展离不开交流，我们今天舌尖上的美味与祖先的大相径庭，今天每个中国家庭餐桌上的食材，都是千百年来文明交流、融汇的丰硕成果。当然这个过程中少不了铁与血的碰撞，毕竟人类数千年的文明史也可以说是一部战争史。舌尖上的美味既是无数先人智慧与辛劳的结晶，也是一些人流血牺牲换来的结果。这里要讲述的是今天生活中司空见惯的食物与战争之间的故事。

毋庸置疑，各种谷类食物的发现与传播促进了人类文明的大发展。种植业让人类有了更稳定的食物来源、对抗灾荒的资本以及文明发展的可能，但与此同时，也埋下了战争的种子。在农耕政权的外围，分布着以畜牧为主的部落，他们以肉类为主食，算是人类文明发展史上一股变动性较大的势力。他们与农耕民族建立的政权展开了延续数千年的资源争夺战。与捕猎业相比，畜牧业有了更稳定的食物来源保障，但和种植业相比，它的弱点也相对突出。首先，畜牧业的产出无论肉、奶，都无法长时间保存，无法支持畜牧部落度过饥荒时期。这就使得畜牧部落的抗灾能力更差，更加依赖农耕民族的产出。在人类历史上，交换的原则很多时候就是由强者制定的，只有在谁都无法奈何对方的前提下，才会出现平等交换。由于畜牧部落的生产、生活与战争都更加接近，他们的战争动员能力相对于农耕民族来说更加强大，战争在灾荒年代也就越发不可避免了。

大家在阅读本书之后，不必对舌尖上的食物存有负罪感。即使你的主食是绿色环保的香蕉，也可能沾有血迹①。我们的祖先没有因为盐是劳动人民血汗的结晶而放弃食用盐，大多数人也不会因为咖啡产生时的不人道而拒绝食用咖啡。吃肉的人不见得就残忍，素食者一样出过希特勒这样的盖世魔王。犯下罪过的，是贪得无厌的人，不是食物，更不是食客。

---

① 美国最大的食品公司——联合果品公司就曾为保护自己在美国果品市场近半的市场份额，参与拉丁美洲发动的多次政变和战争。

目录
CONTENTS

第一章 谷物的重量　1

素食者的战斗力　3

中式耕战立国　8

高产作物和"改土归流"战争　12

游牧政权的"粮食观"　15

"米本位"的日本战国时代　19

谷物、小麦与地中海文明　29

面包与罗马的扩张　41

神奇的土豆　58

西方主食的演变　64

第二章　肉和奶的力量　71

狩猎与畜牧　74

"平民食品"猪肉　78

"肉类贵族"牛肉　84

"后起之秀"羊肉　93

"传统美食"鱼肉　100

奶制品的传播　105

黑暗料理　108

第三章　盐的霸业　113

盐业争霸赛　115

"盐铁论"的威力　121

河中盐池和唐末、五代鏖战　125

宋和西夏的盐战　135

盐枭盘点　139

近现代食盐战争　144

目录
CONTENTS

第四章　香料的争夺　151

　　神奇的东方植物　153

　　大航海时代与香料的传播　159

　　香料战争　165

　　香料帝国的兴衰　177

　　新教徒的香料梦　186

第五章　酒的鲜血　193

　　东方酒酿与各色"鸿门宴"　196

　　啤酒的千年峥嵘　206

　　葡萄美酒夜光杯　217

　　朗姆酒、白兰地、杜松子酒　225

第六章　糖的煎熬　229

　　糖的起源　231

　　蔗糖贸易　234

　　甜岛争夺　241

谷

第一章

谷物的重量

无论狩猎，还是采集，捕猎者都需要相对辽阔的活动范围。一只老虎需要至少四五十平方公里的地盘才能保证食物来源，作为自然界头号杀手的人类则需要更多。即使在四季如春、物产丰饶的地区，每平方公里也只能养活一至两名食物采集者；如果在气候寒冷的地方，或者热带丛林区、沙漠地带，一名食物采集者则需要几十平方公里甚至更大的活动范围。

文明发展的前提条件是要拥有足够数量的人口，需要有一少部分人脱离生产劳动，因此必须有劳动剩余来保证这些人的生活。狩猎、采集及畜牧的产品难以长时间保存，劳动剩余有限，缺乏文明发展的物质条件。远古时代的人们过着量入为出①的生活，尽管他们对当地植物的特性和生长情况非常熟悉，也利用闲暇时间留下数量众多的壁画和工艺品，但这些依旧只是文明的萌芽，不是文明本身。

历史经验表明，谷物的发现助推了文明的萌动，谷物种植业的繁荣使文明的星火进入燎原阶段。在旧石器时代，进化中的人类不断改进生产工具，提高生产效率，使人口得到相应增加。约一百万年前，猿人的人口数还只有12.5万，可到了距今10000年时，以狩猎为生的人类人口数量已升至532万，增长了约42倍。农业革命带来了新一轮的人口爆炸，一定地区的食物供应量比过去更多也更可靠，人口数量的增长也比过去更迅速。在距今10000年至距今2000年的8000年中，人类的人口数量从532万直线上升到1.33亿，与旧石器时代100万年中的人口增长数相比，增长了约25倍，其规模可与随人类形成而出现的那次人口爆炸相比。发现农业物种、拥有更稳定的食物来源，是人类最早的一批文明国家得以领先的先决条件。在世界其他地方，这样的事情也在上演。

①即人口数量不会超过所能获得食物供养的极限。

素食者的战斗力

人类在进入文明社会后，阶层开始产生，不同阶层的人享有不同种类的食物成了当时的惯例。决定他们食谱的并不完全是收入水平，更主要的是社会地位。这个层面中最典型的例子就是征服了印度次大陆的雅利安人，他们把印度变成了种姓社会，并制定了一系列复杂的社会规则，其中"肉食"和"素食"就是一个重要的差别标准。印度种姓中地位最高的婆罗门阶层认为素食是品德高尚的标志；第二个阶层刹帝利倒是可以食用肉类，他们被允许食用符合他们种姓特点的鹿肉等食物；排在其后的吠舍和首陀罗，是在印度能公开大快朵颐的种姓，为此，他们也付出了极大的代价——几乎所有的印度民间故事中都有一个贪财蠢笨的首陀罗财主，在故事中，他们往往是被聪明高贵的婆罗门捉弄和抢劫的对象。

推行素食并获得较大影响力的东方帝王除梁武帝外，还有白河天皇。而且从影响力上分析，白河天皇可谓更胜一筹——梁武帝改变了中原地区僧人的饮食习惯，白河天皇则在日本掀起了全民吃素的浪潮。在佛教传入日本后不久的7世纪（相当于中国初唐时期），当时的天皇就下令禁止食用牛、马、犬、猿、鸡等肉类。经过200年的反复强调，到了9世纪以后的平安时代，日本公卿贵族已养成了基本上不吃肉类的习惯。到白河天皇驾崩之后，这一严

苛的禁令才渐渐松弛，但还是有不少人坚持不吃任何荤腥，崇信佛法的贵族们更是很自然地将吃素视为是理所应当的事情。上行下效，全民吃素成了日本社会的主流。更要命的是，日本的公卿贵族不仅严守禁食肉类的戒律，在饮食上也存在着向耆那教看齐的倾向，甚至发展到连新鲜蔬菜都禁止食用的地步。在当时，日本公卿贵族的主食就只有白米饭、饭团、年糕，配菜的种类也非常贫乏，基本上只有咸鱼、腌菜和酱汤。只有到了节庆的时候，才会拿出一些栗子、纳豆、梅子、干贝之类的"远方的贡品"来改善伙食。味噌汤则是几百年后日本战国时代的战场速食，平安时代的人们把味噌用作蘸酱。

平安时代末期的日本只有一种人可以毫无心理压力地食用肉类，那便是武士阶层。武士持刀开荒，为大和民族扩张土地出面摆平"蛮夷"的威胁，杀生简直是家常便饭，自然不能和吃了一条鲜鱼就忏悔老半天的贵族相提并论。在征战的过程中，不同的武士群体形成了自己的饮食习惯，也组建了自己的庄园。在贵族眼中，武士阶层是粗鄙的肉食者，可以任由自己使唤；但这群"野蛮人"却慢慢在内斗中掌握了全日本的大权，日本的武家政治也由此揭开。在源平合战中，武家政治的开拓者源赖朝率领着关东武士惨败关西的同行。在

总结经验教训时，源氏将吃素作为平氏家族失败的原因之一。早年在击败源氏以后，以公卿自居的平家开始附庸起风雅来，在饮食起居上也逐渐向公卿靠拢，改用素食。平家的失败令源氏认定保持武家战斗力的诀窍就是吃肉。于是，在当时的日本，只有武士们被特许可以吃肉（武士们当时最主要的食物来源还是自己猎获的野味）。

抛却其他因素，单从人均寿命来看，风雅的日本公卿贵族并没有因为食素而长寿。因为习惯用水银化妆的缘故，他们的平均寿命只有 30 岁左右。在劳作、操练之余大口吃肉的武士阶层反而成为当时日本平均寿命最长的群体，他们的平均寿命比公卿们多一倍。严格的素食习惯（尤其是拒食任何蛋奶食物的素食习惯）会令身体缺乏蛋白质和铁，严重时还会发展为贫血症。在吃素的佛教僧侣中，贫血症患者曾一度高达七成。

不过，素食者也不是完全没有战斗力。

希腊半岛上的几何学创始人毕达哥拉斯是西方素食主义最早的倡导者，他认为素食是品德高尚且健康的生活方式。苏格拉底是毕达哥拉斯的弟子之一，受老师影响，他也是素食主义的狂热爱好者。在现实生活中，苏格拉底非常忠诚地践行着自己的饮食观，他不仅教出了横行波斯帝国的雇佣兵首领、出色的军事理论家色诺芬，自己也是古希腊格斗术"查克马欣"的个中高手。雅典街头被苏格拉底辩驳得哑口无言的公民们可不都是动口不动手的君子，老爷子能安然无恙，全凭其过人的武力。直到苏格拉底五十多岁，他还在履行公民

义务，他加入了雅典军队，并在长距离行军中一马当先，成为军团中的越野冠军。苏格拉底认为无花果、洋葱、鹰嘴豆才是最营养的食谱，吃肉并不能令人们身体强健。现代医学和营养学也证明了这份食谱的科学性：无花果可以调节肠胃功能；长期食用洋葱有降低血压的效果；而鹰嘴豆能补充人体所需的植物蛋白、钙质，降低血糖。可以说这是一份足以满足身体营养需求的健康食谱，今天我们通过网络可以很容易地购得鹰嘴豆，制作一份营养丰富的苏格拉底料理。

由于深受古希腊文化影响，古罗马人的食谱同样以素食为主，罗马军团的战绩也说明素食者一样可以所向无敌。在古罗马人开疆扩土、征伐四方的时代，罗马军团主要由自耕农和罗马公民构成，其菜单是面食、橄榄油、绿色蔬菜和水果，用现在的营养学观念来看，他们的饮食非常健康。古罗马人对蔬菜的需求量非常大，芦笋、甜菜、卷心菜、胡萝卜、菜蓟（jì）、洋葱、韭菜、南瓜、黄瓜等蔬菜一般被作为开胃菜食用，生菜、豆瓣菜、苣荬菜、锦葵等绿叶蔬菜因既能生吃又能烹饪而更受欢迎，蚕豆、羽扇豆、扁豆、豌豆则是烹饪靓汤的重要辅料。此外，蘑菇等块状食用菌也像今天一样受欢迎。克劳迪乌斯是最喜欢吃蘑菇的罗马皇帝，甚至因误食毒蘑菇而丧命。由于食用菌非古罗马特产，因而珍贵异常，当地人情愿赠人金银，也不愿意将蘑菇送人。

随着古罗马对地中海地区的逐渐掌控，古罗马人的餐桌也逐渐丰富起来，各种各

◎ 平安时代日本公卿贵族

◎ 日式屏风绘画中的平安时代街景

© 古罗马先民用各种果蔬谷物堆成他们心中的维尔图努斯（Vertumnus）。维尔图努斯是古罗马神话中司掌四季变化以及植物生长之神

样的水果，尤其是各色海外水果，成了他们晚餐后的新宠。苹果、梨、石榴、柑橘、李子、蓝莓和桑葚都非常受欢迎，地中海地区盛产的无花果和葡萄则更令古罗马人感到疯狂。地中海盛产的橄榄，既是他们的开胃菜，又是他们喜爱的零食。在夏天，没有比啃几口香甜多汁的香瓜或是西瓜更惬意的事了。在冬天，人们则用核桃、榛子、杏仁、松子，还有来自埃塞俄比亚及巴勒斯坦地区的枣子来消磨漫长的下午。到公元前 1 世纪时，罗马公民们还可以享用到从黑海地区传入的樱桃，渐渐地，桃和杏也出现在他们的餐桌上。从水果的种类上来看，古罗马人的饮食显然比秦汉时期的中国要丰富得多。

很多我们今天熟悉的水果，还是秦汉时期从遥远的西域引入的，像西瓜、石榴等"洋水果"可不是当时普通的中国家庭可以享用的。各类面食的原料——小麦，其实发源于中东地区，约公元前 1300 年才从中东传入中国。周代以前，我们先祖的菜单中并没有面条、包子、馒头、烧饼这类点心。我们今天食用的面条原先叫作"胡饼"，是从西域中亚传过来的，面粉制成的糕点是春秋时代极少数贵族才能享用的高级食品。当时的先民根本不会将麦子磨成粉，而是直接上锅蒸熟了吃，在他们看来，麦子的口感远不及小米细腻。

中式耕战立国

对于中国这样具有深厚农耕传统的文明古国来说，种植业无疑关乎国运民生之根本。古人对风调雨顺、五谷丰登的祈愿可浓缩成一个短小的词——社稷。"社"在先秦时期代表着土地神，亦指祭祀土地神的场所；"稷"是由后稷发现的一种可食用的谷物，位列五谷之首，是当时祭祀先祖的主要作物。"社稷"代表着一种祈祷丰收的原始的农耕崇拜，也是关于"国家"的最初概念。中国是宗法意识浓厚的国家，周礼约定只有周天子才有权力祭天，得到分封的诸侯获得的第一项特权就是建立"社稷"，此后诸侯们才能进行合法的祭祀活动。中国最早的统治者集军事、行政、祭祀等大权于一身，他们存在的最重要的职能就是确保百姓能安居乐业、社会秩序井然。

大禹因治水之便掌握了惊人的人力、物力，成了部落联盟首领，他的后人也因此得益，建立起了夏王朝。后稷则是因其发现了重要的谷物——稷，并完善了稷的种植方法，而成了周人的部落首领。稷的发现无疑影响深远：有了可种植的农作物，部族就有了稳定的食物来源和繁衍的基础。后稷据说还是大豆和麻的发现者，按照当

◎ **半坡人的生活场景**

时男子 32 岁的平均寿命，后稷还真是位人生赢家。后稷在农业领域的重大贡献使他赢得了当时部落联盟的一致认可，并获得了自己的姓氏——姬。后来，他的后人公刘在自己的出生地——彬县建立了村镇，并形成了最早的周部落。最早的周部落在甘肃陕西一带不断迁徙，直到公元前 1046 年周武王灭商，周人才得以一统天下。紧接着，周天子推行了分封制和井田制两项改革。

先是分封。周公及其谋臣先根据当时的谷物运输能力将国土按五百里一服划分为甸服、侯服、绥服、要服、荒服五等，并依序分封给王族和有功之臣。其中，甸服为第一等，是天子直接统治的地区，以农业生产为主；侯服次之，是诸侯的统治区域；第三等是绥服，是周王朝必须加以绥抚的地区；第四等是要服，主要是一些边远地区；荒服最次，是蛮荒地区。

和分封制相结合的，是井田制度。所谓"井田"，即把耕地等分为九块方田，每块方田面积为一百亩，井田中间有水沟，阡陌纵横；"井"字中间那块为"公田"，由八户人家共耕，收成全归封邑贵族所有；其余八块由八户人家各自耕种，谓之"私田"，收成归耕户。一个侯国之内，有君、卿、大夫、士等多个等级，他们各可分得相当于其地位的相应数量的土地。各位大大小小的封主又将获封的土地分配给佃户耕种，在获取公田收益的同时，也向周天子纳贡。周代的纳贡条件也相当严苛，仅天子直属区"五百里甸服"的范围内就制定了五种不同的纳贡标准：一百里内收割的作物要连穗带秆一起上交；二百里内收割的作物只交谷穗；三百里内交谷子；四百里内交粗米；五百里内交精米。地广人稀是井田制推行的基础，随着之后生产技术的发展以及人口的不断增长，井田制慢慢退出历史舞台。

春秋战国时期，为了养活更多的佃农和士兵，获得更多的土地，各诸侯国无时无刻不在算计自己的邻居。在这段硝烟四起的历史里，粮草充当着战争燃料的角色。

秦晋之间的韩原之战就是一个这样的例子。春秋早期的晋国统治集团几乎都是实用主义者，晋惠公在姐夫秦穆公的帮助下当上了晋国国君，却赖掉了许给姐夫的五座河西城市。有次晋国连续数年遭遇重大的粮食灾害，晋惠公向姐夫求援，仁厚的秦穆公二话没说，秦国的小米就上了船。这次运粮全程八百里，开创了中国历史上大规模船运粮食的纪录。次年，秦国也遭遇了灾荒，秦穆公满怀希望地派人到晋国借粮。没想到，晋惠公非但不借，还做好了战争准备。无奈之下，秦穆公只得搜罗存粮，拼死一战。韩原之战以晋惠公被俘而告终，最

后还是姐姐出面求情，晋惠公才获释。灾荒之年的秦国也无力吞并晋国，这场战争只是让秦穆公出口恶气罢了。

秦穆公可算是"春秋五霸"中的厚道人，若要论起"厚黑"，非勾践莫属。早年在战胜越国后，夫差曾自信自己的战术才能，挥兵北上。虽百战百捷，却并未能获取足够的土地和人口来填补损失。北上争霸消耗了吴国大量的国力和物资，加上夫差生活奢侈，只好打起了越国的主意。为了保证来年的战备物资，夫差向越国讨要种子，勾践等越国君臣竟毫不犹豫地将大量蒸熟的种子混入良种之中上缴给吴国——这可算最早的无差别生物战了。秦穆公当然知道自己小舅子的人品有多差，他为晋国提供粮食是为了救济晋国的百姓；勾践为了复仇，却丝毫不顾吴国普通百姓的死活，"厚黑"程度可见一斑。越国提供的"伪劣"种子加重了吴国的困难，此时夫差仍被虚

荣迷住双眼，渐渐地，吴国走向灭亡。

当盛世转衰，连年的征战使得百姓无法安心生产，粮草便成了乱世的硬通货，也是买凶杀人、挑拨敌人、内部反水的最佳武器。

吕布在徐州的所作所为就是最好的例子。长安之乱后，吕布就离开关中四处流浪。兖州争夺战败给了曹操后，吕布决定去徐州碰碰运气。刚刚得到徐州的刘备实在无法拒绝这位诛杀了董卓的英雄，只好将吕布安置到自己原先的地盘——豫州小沛。此时刘备的情况并不怎么妙：夺下徐州令自视甚高的袁术非常不满，自己的人马和徐州本地的旧势力间也存有矛盾。袁术鲜有军事才能，但他非常善于收买和瓦解对手。袁术和刘备在徐州对阵数日，见无法取胜，只好拉拢吕布。

袁术写信大骂刘备，还在信中谈及了吕布对自己家族的恩惠，希望吕布再帮自

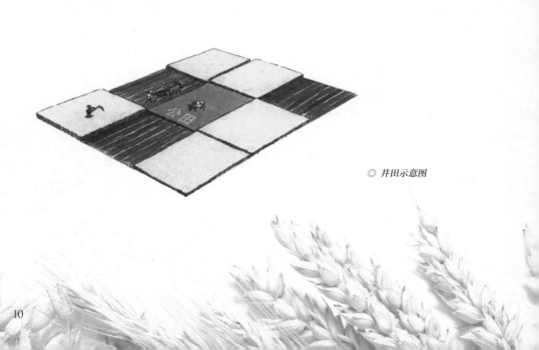

◎ 井田示意图

己一把，信末还特意附上了酬劳——20万斛（hú）粮食。这20万斛粮食可不算小数目，东汉的一斛可容27斤左右的粮食，20万斛约540万斤，东汉太平年间三公的月薪是300斛粮食，也就是说20万斛粮食相当于三公级别高官55年的工资。这些粮食当然不是送给吕布一个人的，吕布手下还有万余将士，在那样一个兵荒马乱的年代，这笔酬劳无疑是诱惑力巨大的财富。为了得到这20万斛粮食，吕布立刻背叛了刘备。偏偏驻守下邳的张飞又激化了和陶谦旧部丹扬军的矛盾，吕布轻而易举地夺取了下邳，正在前线奋战的刘备很快陷入了困境。没了后方运来的粮食，刘备的部下甚至出现了人吃人的现象，好在麋竺送来了大批粮食才勉强保证人马不散伙。但麋竺的粮食供应也非常困难，只要吕布和袁术继续猛攻，刘备就极有可能失败。真正救了刘备的是袁术，袁术虽然许诺给吕布20万斛粮食，但其实自己根本拿不出这么多。最后还是吕布成了徐州的主人，又收容了刘备，把袁术踢出了徐州。面对缺粮的现实，刘备也只好低了头，和吕布尴尬地相处了一段时间。

同时期开始成熟起来的屯田制也算极富中国文化特色的耕战立国现象的一个缩影。屯田制萌芽于战国时期的魏秦两国，汉武帝收复河西后曾在该地大规模应用。到了三国时期，曹操可算是最重要的推行人，实行屯田的地点西北起河西，东南达淮南，东北自幽燕，西南至荆襄，基本上覆盖了整个统治区域，和过去在边疆地区实施屯田有所不同。曹操最早推行的是"民屯"，想法源于枣祗（zhī）的建议。枣祗认为可利用耕牛和流民实行屯田，屯田的农夫不但可以分到一定数量的土地，还可以得到曹操军事集团的保护，所获谷物再按规定比例进行分成：用官牛者，官六私四；不用官牛者，官私对分。除此之外，农夫们还要在农闲时组织军事训练，是曹操军事集团的补充力量。这套方案非常具有操作性，对于流民来说也是可接受的方案。在实施屯田当年，枣祗就为曹操带来了300万斛粮食的收益，这个数量抵上了公孙瓒在易京积攒粮食的总数，足够收买吕布15回了。到了曹魏后期，司马懿又开创了"军屯"。军屯和民屯的区别在于屯田的主体是士兵而不是农民，并且军屯的粮食出产要全部上缴当作军粮。整个司马懿家族在关注屯田政策的过程中收获极大，灭亡蜀汉的名将邓艾就是司马懿在听取屯田官员的汇报时发现的。邓艾出身不好，早年是曹魏屯田民，长得又比较抱歉，还有点口吃，成语"期期艾艾"中的"艾艾"就有点调笑邓艾的意思。在中国古代官场，口吃无疑是升迁的死穴，但邓艾的实干能力非凡，最终在屯田的官员中脱颖而出，后来成了负责屯田事务的官吏。

高产作物和"改土归流"战争

谷物

　　古代中国有不少势力强大的土司家族，活跃在今天的湖南、贵州、云南，广西、四川、广东一带。从大理国时代开始掌权的云南高姓土司，其权势一直维持到民国年间。在广东的土司家族中，最出名的就是冯家。唐玄宗时代的著名宦官高力士（本名冯元一）就是他们家的后人。土司们是自己统治区域的绝对主宰，广西的宁氏土司就干过一件相当彪悍的事情。当时宁承基看中了流放到钦州的韦姓人家的女儿，非要和这家人当亲戚。怎料韦家人不从，宁氏土司一怒之下就将韦家的直系男丁几乎斩尽杀绝。不凑巧的是，这户不顺从的韦姓人家有位很厉害的亲家母，那就是一代女皇武则天，他们家的女婿当然就是中宗皇帝李显。被宁氏土司杀害的韦家男丁中，还包括令唐朝政治掀起轩然大波的韦玄真。结果这位国丈非但没当上宰相①却死在了穷乡僻壤的"野蛮人"手里。不过当时武则天并没有一点儿为亲家报仇的意思，直到神龙革命李显再次登基掌权后韦家才得以报仇雪恨。

　　对待落魄的皇亲，土司都敢如此嚣张，其专横可见一斑。土司多盘踞崇山峻岭之地，其治下的土民也是历代中央政权眼里难以教化的"野蛮人"，历代中央政权处理土司事务的原则是听话就行。只要土司们还能维持表面上的恭顺，不主动惹事，中央政权就会选择隐忍。然而这并不代表中央政权就惧怕他们，其根本原因还是在于清灭土司的成本太高，收益却很小，这也是包括李世民、赵匡胤、忽必烈、朱元璋在内的许多

---

① 韦玄真的升迁速度在唐朝历史上可谓奇迹。

强势帝王都默认土司统治的原因。

历史上也不乏肥胆土司，仗着天高皇帝远，走上了和中央政权掐架的不归路。以明末万历三大征中的播州（今遵义一带）杨应龙为例，杨姓土司的统治开始于公元 875 年。最早其治下有人口 570 户，却占据了上万平方公里的土地，对此唐宋政府也只能听之任之。到了明朝，播州土司已进入全盛时期，其统治面积竟高达 7.5 万平方公里，横跨现在的云贵川三省，在人力、物力方面都达到了巅峰。杨应龙反叛失败后，贵州地方当局在他的领地内进行改土归流，得到了大量土地。杨应龙的失败并没有给土司们敲响警钟，奢安之乱、沙普之乱在西南相继爆发，明朝在西南的驻军几乎都被钉死在驻地，无法大规模驰援东北战场。土司们还做着千年土司的迷梦，尤其是贵州水西安氏土司家族的遭遇更让不少土司坚定了这种想法。安氏土司是土司家族中最古老的家族。安氏土

◎《张胜温画卷》

司的统治据说开始于公元 3 世纪，是跟着诸葛亮七擒孟获的"带路党"，也是明末奢安之乱的主角之一，却在平乱后保全了自己的家族。

当然如果收益可以维持军事征服后的统治，历代中央政府也乐意消灭土司。唐朝以后广东地区的土司就消失在历史的长河中，究其原因就是岭南的开发令征服变得有利可图。

真正终结土司统治的是两种不起眼的主食作物——原产美洲的玉米和番薯。玉米和番薯在明朝万历年间传入中国，很快成了穷苦人家的主食作物之一，青黄不接的岁月里，它们是谷物的有效补充。这两种作物有两个显著的优点：一是高产，亩产两三吨的番薯在现在比比皆是，玉米的亩产也达到了上千斤。二是环境适应性佳，对土壤、水分的要求不高，过去很多不适宜种植谷物的土地也能种植这两种作物。

从世界历史进程的角度上来讲，因为玉米、番薯的传入，使中国的人口进一步飞速增长，仅贵州一省的人口就从清初的170 万发展到五百多万，中国的人口扩张在 18 世纪以后逐渐达到高峰。

人口的扩张需要新的土地，而此时大量的人口无地可种，人地矛盾进一步激

化。当时的中国已经错过了发现新大陆的最佳时机，清朝皇朝只好把目光放到自己统治下的众多土司身上。

新作物的出现增加了土地的价值，使那些长期被土司霸占的土地不再鸡肋，这些土地数量惊人，却从不向政府缴纳足够的赋税。玉米、番薯等高产作物为后来雍正年间的改土归流战争提供了充足的物质基础。雍正四年（1726 年），一向勤奋的雍正和亲密助手鄂尔泰终于下定了对众多土司动手的决心，湖南、广西、贵州、四川、云南的土司们纷纷失去了统治大权。无论是负隅顽抗，还是软磨硬抗，土司们都无法阻挡历史发展的潮流。

今天许多热门旅游景点都曾是土司们的领土。改土归流后，大批流民涌向土司们昔日霸占的土地，他们得到了免费的土地和连年免税、减税的优惠，这一系列优惠政策为后来的盛世奠定了良好的基础，众多"土民"纷纷学习谷物和新作物的栽培技术。这些习惯了农耕文化的"土民"也是改土归流政策能够持续推行的原因。

番薯等新作物造就了康乾盛世，也成了改土归流战争的推动力。但在甘肃、康巴等地新作物带来的人口压力并不显著，这些地方依旧地广人稀，土司制度仍存。

游牧民族的"粮食观"

　　由于游牧的产出无法长时间保存，一些游牧民族也开始尝试农耕的生产方式，甚至接受中原文化。

　　八王之乱后，西晋在流民和少数民族武装的双重打击下土崩瓦解，司马邺（yè）流亡政府奔逃到关中长安一带。当时司马邺政府统治下的关中汉族居民已经死伤大半，真正为长安供给粮食的是南迁的北方少数民族居民，尤其是仇池地区的氐（dī）人。进入农耕地区的南迁部落实际上已经改变了自己的生产方式。

　　山西北部的匈奴部落也将种田视作自己的主业之一，当地的文化因此发生了改变。他们的首领刘渊受汉文化的影响非常大，因其具备较高的文化修养，和太原王家的关系也较密切，儿子刘聪更是各种洛阳上流社会"沙龙"里的常客。

　　刘渊家族建立的政权最初的名字叫"汉"，刘渊甚至还和刘禅攀关系，非要追认刘禅为先帝。政权建立后不久，刘渊就去世了。他的儿子刘聪登基后，继续对西晋用兵。当时为刘聪征讨关中的统帅，就是刘渊的侄子刘曜（yào）。

　　刘曜个人武力非凡，但在指挥能力上有所欠缺，难以做到逢战必捷，征讨关中的过程并不顺利。好在刘曜机智，他发现实际上是南迁部落的居民在维持长安的供给，于是改变了战略，转而先进攻关中的胡人聚集区，再进攻长安。这个战略很奏效，长安城严重依赖胡人上缴的粮食。很快，没有了粮食的长安城陷入了严重的饥荒，刘曜顺利攻下了长安城。

　　在北方少数民族南迁的十六国时代，各个政权并不是严格按照民族成分划分的单一民族政权。羌人中一样有前秦苻（fú）家的忠臣，氐人中也有效忠于姚家几十年的"粉丝"。各个军事集团本来就是因为各种关系聚合在一起的，地缘性因素超过了民族性因素。能够在一起种地吃粮的枋（fāng）头①集团就是前秦的统治核心，半农半牧、食用牛羊肉的滠（shè）头②集团则是后秦统治集团的核心，在这之上形成的文化差异让双方统治集团的成员超出了民族认同。前秦的统治核心中也有南安羌人雷氏家族，后秦姚氏集团中的天水尹氏家族也是地道的氐族出身。

　　种植谷物、再采取屯田的方式获取军粮并不是汉族人的专利，蒙古人建立的元

---

① 枋头，今河南省浚（xùn）县，是当时的漕运中心。
② 滠头，今河北省枣强县。

念的冲突。忽必烈推行的接受汉化的治国理念在当时并没能获得蒙古部众的广泛认同。在战争过程中，甚至出现了忽必烈麾下的部队不愿意与阿里不哥拼死作战的现象，忽必烈只得征召汉人部队[1]应战。

最终帮助忽必烈获得战争胜利的还是粮食。当时蒙古草原上的人口繁衍得很快，来自各个征服地区的粮食供养了远远超过草原游牧经济供给能力的人口。蒙古帝国的首都和林每天都需要数千辆大车来输送粮食。忽必烈当时控制的地区恰恰是和林等蒙古草原城市粮食供应的要扼。忽必烈果断地对蒙古草原实行了粮食禁运。与此同时，蒙古草原上也出现了严重的自然灾害，蒙古部众生存极其困难。阿里不哥只好催促名义上向自己效忠的察合台等汗国为蒙古本部供应粮食，结果加剧了自己和盟友的矛盾，闹到最后甚至到了兵戎相见的地步。就在阿里不哥和盟友大打出手之际，忽必烈的军队杀向和林。

情急之下，阿里不哥命令自己的守军可以就地投降，但是千万要记得谁才是蒙古人真正的大汗。阿里不哥自信地认为自己的部下会永远忠诚于自己，却忘了权力的基础是共同利益。结果，他的部下都投奔了忽必烈，因为忽必烈能让草原儿女生活得更好。

忽必烈的成功并非没有先例可循。在唐朝时兴起的吐蕃起源于拉萨河谷的农耕

朝一样重视农业和屯田的作用。忽必烈在和兄弟阿里不哥争夺蒙古帝国大汗之位时，前者的军事力量并不占绝对优势。阿里不哥是蒙古人推选出的首领，也因其拖雷幼子的身份得到了拖雷名下大部分蒙古军户的效忠。在忽必烈与阿里不哥的四年战争中，忽必烈仰仗的是京兆、河南等领地军人的支持。他和阿里不哥的战争，本质上是蒙古"草原本位"和"接收融入"两种治国理

---

[1] 华北地区的汉人、女真人、契丹人混合部队，汉人在当时属第三等人。

部落，是他们最早发现并种植了青稞。吐蕃是集农耕、游牧为一身的二元经济体，这种结构有足够的向心力及较稳定的社会结构。吐蕃的统一史就是务农的吐蕃人不断吞并融合周边其他部族的历史。此外，吐蕃少有突厥"大汗"遍地的情况，被吐蕃人征服的地区普遍接受了吐蕃的风俗文化。更重要的是，由于有了可以储存的粮食，游牧民族有了可以与汉人长期对峙的物质基础。辽朝兴起之后，从石敬瑭手中拿走了幽云十六州，有了稳定的粮食出产。在与北宋对抗时，辽朝不仅自己衣食无忧，

还能援助北汉，这也将辽朝和以往的游牧政权区别开来。从前游牧民族单一经济结构的脆弱性令他们无力抵挡严重的自然灾害，一旦遭遇天灾人祸就容易出现全盘皆输的结果。柔然、突厥、回鹘历史上不乏在灾害面前无力抵抗内外强敌的例子。

忽必烈熟悉汉文化，尤其熟悉汉人的屯田政策。在元朝两次远征日本的计划中，我们就能够看出忽必烈集团对屯田的重视程度。元军第一次远征日本就动用了屯田军。第二次远征日本部署如下：东路军由忻都、洪茶丘率领蒙古人及女真、契丹（金

朝降军及汉人）士兵 19000 人，金方庆统高丽军 10000 人，乘战舰 900 艘，加上高丽水手 17000 人，携军粮 10 万石，由高丽出发；由范文虎、李庭等人率领的南宋降军 10 万人，乘战船 3500 艘，从庆元、定海（今浙江省宁波市）出发；两军约定于六月会合，东路军负责作战，江南军则在占领区屯田，生产米粮，以为长久之计。不过忽必烈远征日本之前，他的使者赵良弼曾上书忽必烈，称日本"人不能尽其用，地不能尽其力"，攻打日本耗费巨大，一定会得不偿失。只可惜这句建言没能打动忽必烈。

要提到的是，元朝屯田的范围很广，其核心宿卫军在各地也有大规模屯田，屯田收入也是蒙古军事贵族的一大收入来源。元朝并没有占据整个新疆，新疆的很多地区当时被海都势力控制着，海都是忽必烈一生中最顽强的敌人。为了维护自己的防线，忽必烈专门派出了两万多人的屯田队伍驻扎在新疆，开垦了一百多万亩土地，李进、刘恩等人都是忽必烈新疆屯田政策的执行者。屯田的成功与否甚至决定着忽必烈对外战争的成败，忽必烈最终在新疆退让，与其在

新疆屯田土地的丢失不无关系。

元朝覆灭后，昔日在草原上建立的城市因为没有来自内地的粮食供应而日益荒废，只留下颓景供后人凭吊。蒙古人崇尚行动力，他们没有为这些废墟写下黍离之悲的诗篇，而是用自己的行动来重现祖先的辉煌，俺答汗就是其中的代表。

俺答汗在嘉靖年间对明朝展开了多次军事行动，甚至一度兵临北京城下，力图恢复草原昔日的荣光。此外，他还在草原上建立了不少城市，规模最大的有现在的呼和浩特。为了建设这些城市，俺答汗动用了极大的人力、物力，这其中还包括了一些被其明招暗掳来的汉人。军事能力方面，俺答汗不在努尔哈赤之下，也不逊色于先祖忽必烈，他甚至组建了火枪部队。

自俺答汗后，也有其他不愿服输的成吉思汗子孙，准噶尔汗国就是其中的代表。准噶尔汗国从俄罗斯引进并改造了火枪，他们制作钢刀、盔甲的水平也高于其他蒙古同胞。据现今考古发现的准噶尔军队的食谱显示，准噶尔士兵三餐中面食的比例非常高，准噶尔贵族的三餐中也都有精细的面食。

"米本位"的日本战国时代

"金本位""银本位"是国际上常见的传统货币制度，在古代日本却长期存在"米本位"的现象。1598年丰臣秀吉去世，留下五大佬执政，这五位日本最有权势的人物就是按照各自封地的石高来排名的。五位大佬的石高及格线是百万石，其中排行最高的德川家康石高有两百多万石，最后他如愿以偿地取代了自己的女婿丰臣秀赖成了日本的主宰。将粮食产量作为衡量权贵的标准，是日本古代近千年的战争史所致，由此也造就了日本独特的战争体制和民族性格。

公元662年8月28日，朝鲜白江口上一派烈日焚天的情景，水面浮动着的多是日军士兵的尸体。日军惨败的消息像台风一样刮到了日本列岛，大和政府号令全国紧急动员在九州一带构筑防御工事。日本战战兢兢地等了两年，直到确定大唐帝国无意对自己下手，这才放松了警惕。

日本是一个骨子里崇尚强者的民族，在被唐朝打败以后，曾派出几十批遣唐使，疯狂地学习唐朝的一切。他们模仿唐朝建立了"律令制"，将日本的平头百姓编入户籍，然后由国家计口授予田地，即"口分田"。编户的日本男女，都能分到口分田①，公民死后，口分田即收归国有，户籍和口分田每6年更新一次。律令制下的日本人除了上缴固定的"租庸调"外，还要负担徭役和军役，听命于国家的差遣。天皇和官僚的收入，都源于"班田制"②的租税。

律令制在日本维持了一段时间后就宣告失败，日本进入了"庄园制"时代。在这个时代里，公卿贵族占有了大片庄园。在日本的关东等较为偏远的地区，许多富有的自耕农也一直在开垦私田，这些私田当然也属于庄园。为了保护自己的产业，这些小庄园主不得不把自己的一部分收益交给各种权门，这种庄园被称作"寄进地系庄园"。日本的地方官为方便搜刮，索性任命这些小庄园主充当郡司、乡司和国衙官人，让他们替自己收税，这些小庄园主遂演化为"豪族"。

"军团制"本建立在律令制的基础之上，律令制失败后，军团制也随之终结。军团制的终结迅速致使当时的日本社会陷入无序状态，地方上开始盗贼云起。为了解决治安问题，地方官只好征召豪族子弟从军，这就是武士的起源。日本不像唐朝，

① 男子为十一公亩，女子为男子的三分之二。
② 班田制效仿唐朝的均田制而制定，是律令制的根本法。

中央政府没有招募士兵的饷银，这些豪族子弟只能自筹干粮、武器、马匹保家卫国。豪族的同族子弟或下人则称为"郎党"①，郎党可以跟随豪族子弟作战。豪族子弟和郎党的组合形式是日本武士团的雏形。当时豪族子弟出战的典型场景应是如下模样：装备精良的武士华丽地走上战场，大声吆喝自己的七大姑八大姨姓甚名谁，要求对方派出一名与他身份地位相当的武士来进行单挑，双方骑马绕圈射箭，郎党一律不得帮忙。按照当时的传统，基本上谁家的

◎ 平家政权掌门人**平清盛**

庄园大、人口多，谁的郎党就多，所以就算单挑不胜，也自会有人为其报仇。

当时日本六品以下的官员被称作"侍"②，武士阶层多来源于此。武士阶层中最著名的两大豪门，就是平家和源氏，这两家都是天皇后裔"臣籍降下"。这倒不是说两家都是私生子，而是因为日本的庄园几乎全部归于藤原氏的名下，用于供养皇族的"公领"庄园严重缩水，天皇无法支出子女的抚养费用，便取消了子女的皇族身份，降为普通臣子。由于平安京等关西地区的职位也被藤原氏等家族占有，这些皇子、皇孙就只好去关东这些偏僻的地方就职。现在日本东京所在的关东地区因为远离京都、平安京这些政治文化中心，在当时的日本人眼里都是鬼怪、蛮夷横行的地方。公卿子弟对这些地方唯恐避之不及，即便是被任命了"太守"这样的地方一把手职位，也非要赖在平安京不走，命自己的下级（也就是"介""掾""目"等级别的官员③）为自己办事收钱。在公卿们的游戏规则中，被逼得到地方实地上任就是很悲惨的迫害了（《源氏物语》对此有详细记载），所以才让平家和源氏有了开创基业的机会。

源平两家在公卿和上皇、法皇④的斗法过程中逐渐掌握了大权，并结下了仇怨。

---

① 郎者，豪族儿郎子弟；党者，庄民、随从、私党。

② 其实就是"侍奉"的意思，武士最早就是给公卿贵族服务的拿刀剑的服务员。

③ "介"就是太守的副手，"掾（yuàn）""目"都是逐级向下的办事人员，这些职位都由武士担任。

④ 未出家的天皇便是"上皇"，出了家的天皇便是"法皇"。藤原氏的惯有做法是逼着成年的天皇出家，辅助年幼的天皇上任。由于掌握了大寺庙的产权，有时出了家的天皇会比在位时过得还要舒坦。

古代日本农业生产场景

平清盛依靠权谋将源氏栋梁几乎斩尽杀绝，少年时代的源赖朝是在平清盛母亲的求情下才保住了性命。源赖朝同父异母的兄弟源义经因母亲被平清盛收为继室而活了下来。随后，源赖朝被流放到对自己祖上影响巨大的关东地区。在那里，源赖朝建立了庞大的关系网。随着平清盛的老去，源氏复仇的机会也到了。在源赖朝的统帅下，关东武士击败了已经公卿化的平家子弟，源赖朝正式确立起武家政治。镰仓幕府的建立可以说是源赖朝和公方粮食换治权的结果。关西地区在源平和战时就遭遇了大灾荒①，而此后的一系列战争又都发生在关西，公卿们的庄园遭受到了重大损失，从天皇到公卿都在饿肚子。可以救苦救难的粮食都掌握在关东的源赖朝手中。源赖朝很实在地表示：要粮食可以，拿统治权来换。荒年时穷人都会卖地卖儿女来救急，公卿们自然也不例外，只好不管不顾地答应了这个饮鸩止渴的要求。双方达成交易如下：赖朝保障东海道和关东地区庄园的补给、公领②贡物和租税按时上缴，日本朝廷下放这两个地方的统治权。这个交易其实非常无赖，好比小区物业不供水、不供电，非逼着业主上缴房产证一样，但眼下公卿和天皇也顾不得这么多了。接着，源赖朝又向朝廷讨要了设置"守护"和"地头"的权力，从根本上瓦解了日本政府。"地头"其实是庄园头目、物业保安的意思，是庄园主的打手头目。源赖朝的官职名称虽不上档次，但实权很大。他要任命的地头不是某座庄园的地头，而是某个地区所有庄园、公领的地头，也就是担任各乡郡征税、监察和行政职责的幕府公务员。地头们有收取所在地各种类型庄园额外税收的权力，等于说是能收取物业费的保安，这种额外收入是武士家族的主要收入。地头之上是"守护"，守护一般负责一国（日本有66国）的治安，对国内所有武士有处置权，也可以在战时充当一国所有武士的统帅。日本各地的税收、治安、军事大权就这样被源赖朝建立的镰仓幕府架空，表面上日本公方政府还可以任命太守等地方官员，但镰仓幕府派出的地头、守护才是地方上的主

◎ 源赖朝

---

① 关东地区却没有，这是源赖朝一方获胜的原因之一。
② 这些是供养公卿的田地。

宰，这是富日本特色的一国两制。平家掌权时期拥有五百多座庄园，这些庄园在战争结束后被源赖朝的侍所（镰仓幕府的总后勤部）以"逆产"之名悉数笑纳。为了管理这些产业，镰仓幕府也向京都派出了地头，设立了京都守护。

和"武士道"所宣扬的思想不同，日本历史上绝大多数的武士对主人的忠诚度还不如吕布。他们效忠的对象其实是土地和土地的所产出的大米。谁动了他们的大米，他们就跟谁玩命。如果谁能帮他们保住自己的粮食和地位，那么对原先主人的忠诚也可以放一放。源赖朝去世后，他的儿子源赖家当上了二代将军。按理说，关东武士应该向源赖朝的后代效忠才是，毕竟关东武士的核心就是"御家人"①。但当源赖家的改制得罪了御家人后，这种忠诚便不复存在了。御家人站在了更能为他们带来利益的北条家族一方，坐视源赖朝的嫡亲后裔全部被北条一族杀死。

至于对抗天皇和公卿，对武士来说更是小菜一碟。武士权益的扩张本来就是天皇和公卿忍痛割肉的结果。讽刺的是，在真实的历史中，武士阶层恰恰才是天皇最大的加害者，这点与"武士道"渲染的武士对天皇的绝对忠诚完全不同。1221 年，后鸟羽上皇密谋反抗幕府的计划被镰仓幕府真正的主人北条义时得知后，北条义时召集人马在京都进行武装大游行，后鸟羽上皇

的雄心壮志也随之烟消云散。为了给天皇一点儿"教训"，北条义时直接没收了京都附近三千多处庄园，让公卿和皇室几乎破产。这些庄园的产权和收入无疑都给了支持北条家的武士们。

武士的收益和土地的出产密切相关，准确地来说，就是和米价关系密切。古代日本的货币经济非常落后，直到江户时代才铸造出自己的货币，日本经济发展所需的货币其实来自于中国。这些货币其实掌握在商人手中，随着经济的发展和人口的增长，很多武士家族也进入了贫困状态。当时的米价不断贬值（相对于当时的购买力而言），武士们迫切需要新的土地。可日本就这么大，只好干瞪眼。偏偏镰仓幕府在 13 世纪中叶又得罪了当时亚欧大陆的头号帝国——蒙元政权，为了保住日本列岛，镰仓幕府下达了总动员令。各地的武士为了封赏纷纷前往九州前线，镰仓幕府自然毫不客气地让这些人自掏腰包修筑了防御工事。战争结果出人意外，元朝军队大半死于台风。日莲宗的和尚们纷纷表示这是他们诚心祈求所致。由于战争的结果确有那么几分老天护佑的意思，北条家族就把大量的赏赐给了这些和尚。熟料这下却捅了马蜂窝，武士们不敢直接造反，就拎着人头去上访，北条家族只好论人头打赏了这些武士。问题是元朝大军大部分葬身鱼腹，很多武士手里没有人头作为凭证。

---

① "御"就是武士对源赖朝的敬称，"御家人"指的是源赖朝的家人、老奴。真正属于镰仓幕府核心的"御家人"武士豪族不过数百个。

◎ 室町幕府建立者足利尊氏

没人头就没赏赐，之前自掏腰包的工程款也没人报销，很多参战的武士都破了产。至此，武士们只是对北条家族生出了不满。然而北条家族却并没有对这种不满进行安抚，之后出台的政策也没有惠及武士阶层，于是这种不满逐渐发展成了仇恨。

后醍醐天皇找到楠木正成反对北条家族时，大量的武士也改换门庭站在了天皇一方，从而导致了北条家族的灭亡。不过后醍醐天皇被胜利冲昏了头脑，未权衡局势，便贸然开始改革。此次改革的核心是加强中央集权，收回各地公领、公卿庄园的所有权和收益。此时的日本武士们已然

养成了贪婪的习惯，他们不但拖欠年贡，还把相当一部分公领和庄园的产权拿在手里。武士们占便宜的手法和西西里岛的黑手党差不多，都是先充当"二地主"（地头就是合法的二地主），然后变着方法地长年累月不交租。偏偏公卿们风雅有余、武力不足，没办法强行解聘这些"二地主"。实在拖不起了，公卿们就和地头签合约，只要能上缴租子甘愿送出半数土地产权（也有送三分之一或者是三分之二的），这就是"下地中分"。这次改革在后醍醐天皇和公卿们看来是正当维权，在武士们看来却是抢饭碗，于是武士们纷纷站在足利尊氏背后和天皇开战。七生报国的楠木正成也阻挡不了全日本武士的谋逆，室町幕府正式成立。

室町幕府的地产在三个幕府中排行倒数第一，直辖兵力也是倒数第一，足利尊氏更像是全体武士的维权代言人。在室町幕府的统治下，各地守护的权力开始极速扩张，逐渐掌握了"大犯三条检断权""割田狼藉检断权""使节遵行权""半济给付权""关所给付权"和"段钱栋别钱征收权"六项大权。其中"割田狼藉""半济令""关所给付权""段钱栋别钱征收权"都与经济利益有关，武士阶层从中捞取了不少油水。"割田狼藉"是指在庄园主们发生纠纷①时，守护有权惩处抢先收割庄稼的那方。守护们可不是青天大老爷，经常

---

① 这种纠纷可能是产权纠纷，也可能是各种自然原因造成的，比如河流滩地就比较容易产生纠纷，河流暴涨也容易淹没两家庄园的边界。

◎ 上下两图为石山本愿寺的复原模型，
石山本愿寺是大阪城的原型

收了原告的好处，又拿了被告的红包，反正当时的天皇政权也没法反腐。"半济令"的全称叫"半济给付权"，是指守护有直接收取所在庄园与公领一半年贡的权力。一般来说，这是为了维护社会治安而实行的一种战时政策，但什么时候实行这种政策，在哪家庄园实行这种政策，就全凭守护的心情了。至于"关所给付权"和"段钱栋别钱征收权"更是直接表明了圈钱的意图——"关所"是指各国设在交通要道上的收费站，负责收取过路费；"段钱"原本是在国家或者庄园急需花差时，临时按庄园田地的"段数"征收赋税的制度；"栋别钱"则是按照领民房屋栋数来征收的另外一种临时税收，现在这些收入全归守护了。通过这六项权利，室町幕府牢牢掌控了各地的人力、物力，最后造成了日本战国时代的混乱局面。

守护权力的扩张让担任了八国守护的山名氏和九国守护的细川氏架空了足利将军，两大家族的内战让日本进入了战国时代。守护大名们在内战中损失惨重，使得地方上的守护代得以做大。这些守护代就是后来诞生日本战国大名的阶层，织田信长的祖上就曾是斯波氏的守护代。

日本战国时代是一个全民大乱斗的时代，只要是拥有土地和武器的强者，就能拉起队伍，完成以下克上的伟业。各位大名纷纷任用自己的亲故担任军队和地方的主要长官，疯狂地控制着自己领地内的每一处土地和产出。这项工作相当的重要，甚至关系到武士集团的战斗力。越能控制手中的土地资源的大名，就越有实力。否则，

即便是一个名义上领有数十万石领地的大名，也不能称之为强者，他的敌人可以煽动他领地上的国人、寺社等各种势力和他作对，在关键时刻给他添乱。此外，大名们还利用收买、联姻甚至是武力手段，将国人（原先的地头）收入自己帐下，充当自己的附庸势力。

在日本战国时代的混战中，僧侣也成了一大势力，原因就是日本的寺社也是日本最大的地主之一。不光日本皇室有出家的传统，日本武士也有，平清盛、足利义满在大权独揽之后都有出家的事迹。足利家更有嫡系成员继承将军后，其他人出家的惯例。重量级政治人物的出家让日本寺庙拥有了惊人的地产和政治影响力，也拥有了数量惊人的僧兵。

战国时代的普通士兵并不敢真和僧侣动手。日本僧兵不仅数量众多，还装备有火枪、铁炮、刀枪，兴建有城堡，更能动员自己影响下的普通民众充当炮灰，是当时东亚地区数一数二的宗教武装。织田信长军团遭遇的对手中，只有本愿寺的僧兵可以拿出与之抗衡的铁炮，甚至在战斗中击毙了织田信长的兄弟织田信广。武田信玄则与本愿寺同时代的寺主显如是连襟。本愿寺是当时最强大的大名势力之一，构建了大阪城的根基。丰臣秀吉平定的根来寺僧团就包含了 450 所坊院，8 座庄园，拥有 72 万石出产的寺领，以及装备铁炮的僧兵五千余人。这座寺庙的领地只比武田信玄征战多年所获的领地差三分之一，和织田信长起家时的尾张国实力相当。由僧社势力转化而成的大名还有诹访氏。在武田

◎ 日本僧兵

信玄时代，诹访大社的上社大祝是武田信玄的妹夫诹访赖重。按照诹访氏内部的认定，诹访赖重的官衔其实是总领，是诹访氏武士的首领，也是寺社地产的主人。此外，宇左神宫、日光山论王寺等僧社势力也是当地一霸，只有当时在日本排名前几位的大名才能将其消灭。

除僧兵外，日本战国还有另一个主角，那就是占有数个村子、统领数百农兵的国人众。国人联合起来作乱是日本战国时代的常事。战国大名的内政之一就是消灭这些势力，将其名下的土地和大米掌控在自己手中。

最后我们来看两份菜单：一份是每天两顿小米饭加咸萝卜；另一份是每天两顿大米饭、咸鱼，外加咸萝卜。这两份菜单就是日本战国时代穷人和富人的伙食区别。

乱世之中，大米资源自然都掌握在占有土地的领主们手里。这些大米被领主们用来供养军队，辛苦了一年的普通农民是吃不上这些军粮的。当然，普通农民中并不包括那些被强征入伍的农民。在那个时期，日本平民的食物是各类杂粮，这个传统一直传承至现代。为了能天天吃上白米饭，无数的无辜的百姓被投入到权贵的厮杀之中，成了武田信玄、织田信长、德川家康等权贵手中的棋子炮灰，也成了丰臣秀吉等人满足自己虚妄野心的牺牲品。

控制了土地，就控制了大米，控制了大米，就拥有军队——这是近千年来日本总结出的战争铁律。在战乱年代养成的对大米的依赖和对远距离作战中后勤补给的忽视[①]，一直留存在日本军队的传统之中，也影响着日本的现代战争。

---

① 以日本的地理条件来看，两支大军交战只需要准备数日的粮饷就行。

谷物、小麦与地中海文明

谷物

现在我们常吃的小麦其实是舶来品。小麦最早由苏美尔人发现并种植，随后又传播到了埃及，也是在这两个地区诞生了最早的城邦。城邦是守卫居民土地的堡垒，是居民信仰的核心。这些城邦间彼此吞并诞生了古代最早的帝国，也在农业发展的基础上产生了基于记账需要的代数和丈量土地的几何。技术的进步推动了社会的变革，种植业尤其是谷物种植业的发展，让文明的发源地聚集了比其他地区更密集的人口，拥有更多的劳动剩余产品，自然也就诞生了最早的文明古国。古埃及人和苏美尔人的文明都是建立在神庙政治基础上的王权文明，其城邦的核心就是神庙，然后是居民区，城邦外是大片的农田。虽然古埃及和苏美尔都采用了神权和王权相结合的政治形式，但两者的政权组织形式并不相同。古埃及建立起了统一的帝国；苏美尔则由许多大大小小的城邦构成，最大的城邦规模也不过 20 万人。

古埃及帝国的功能之一就是维护古埃及人的农业生产，保证他们能度过灾荒。为此，古埃及建立了人类历史上最早的大坝，也建立了最早的谷仓。拉美西斯时代的埃及就建造了能为 17000 人储存食物的仓库。定期泛滥的尼罗河每年的水位都有所不同，在埃及人的认知中，它有着丰饶之量和死亡之量的区别。水坝的建设为埃及人抵御旱涝灾害提供了保证，国有粮仓更是无数埃及人活命的希望。因此，掌握了天文知识、建筑知识，组织修建水坝，又能够预见尼罗河水量变化的神官阶层就成了埃及帝国最有权势的阶层。这个阶层和埃及王室的关系非同一般，从某种程度上来说，王室也是神官阶层中的一员。

古埃及的土地有三大所有人：神庙、地方官员和王室。阿蒙神庙曾占据古埃及全部可耕地的三分之一，但神庙的地产并不能免税。由于神官阶层掌控着古埃及的精神文化，古埃及官员几乎都与神庙有着千丝万缕的联系，神庙地产的税收常年被拖欠也成了常态。古埃及少有私人土地，他们实行的是以村庄为基础的土地共有制。村庄—城镇—诺姆（埃及的省一级单位）构成了古埃及的政权组织结构，古埃及的土地也分别属于这三级政权组织。定期泛滥的尼罗河在带来肥料的同时，也冲走了土地的界限。

古埃及和苏美尔都没有发明货币，他们主要依靠征收粮食等实物税来供养军队。古埃及普通士兵每 10 天可以得到 3.75 公斤小麦和 2.25 公斤大麦（这些酬劳并不是成品面粉，需要士兵们自己加工）的酬劳，换算成热量每名士兵每天能获得 1400 大卡。然而埃及士兵每天在执行军事任务之外，还要负责收税、为公共建筑采集石头等事

◎ 古埃及农夫
劳作情景

◎ 面包制作场景

◎ 后人复原古埃及人制作面包的场景

◎ 古埃及士兵生活场景

务，这样微薄的酬劳显然无法满足他们的温饱要求。好在除酬劳外，每名加入军队的埃及士兵还可以获得数英亩（1英亩等于6市亩）不等的小块土地，这也是他们参军的最大动力。同样因为没有发明货币，古埃及人的交易还停留在以物易物阶段。除士兵外，古埃及各个阶层的收入基本上都用定期分发的面包数量来表示。熟练工人的定额工资只有 10 个面包和不同分量的啤酒[①]，高级官员能拿到 500 个面包，当然，他们的收入肯定不只这点儿。

古埃及从第三王朝时期就出现了诺姆长[②]。这些诺姆长是地方水利设施和仓库的修建者，集地方军政大权于一身，也拥有召集军队的权力，占有了数量庞大的封地和许多乡村税收。埃及王室和诺姆长的混战在古埃及的各个王朝都时有发生，直到埃及艳后时期仍有诺姆长在古埃及搞分裂，密谋内战。在埃及新王朝时期，诺姆长这一职位也被授予给"梅希维什"部落（来自今天的利比亚）的雇佣军军官，使得埃及的地方和中央关系进一步混乱，战乱频发。古埃及人的政权也逐渐走向没落，最终在公元前 525 年被波斯帝国吞并。

新兴的波斯帝国在当时是地道的"暴发户"。公元前 558 年，建立政权后的居鲁士一路高歌猛进，在三十多年的时间里，吞并了几乎所有当时他们已知的文明国家。

①早年的啤酒有大量杂质，差不多算是发酵的麦粥。
②诺姆长是省长、省军区司令员的二合一。古埃及最初有二十多位诺姆长，后来增加到四十多位。

在波斯帝国的大流士一世看来，征服希腊人的城邦应该也不算难事，毕竟和整个波斯帝国的体量比起来，希腊的实力似乎微不足道。结果却是波斯帝国折戟沉沙，遭到了惨败。

古希腊人的生活也与谷物密不可分。大部分古希腊城邦规模非常小，人数超过数十万的城邦被古希腊人看成是不可思议的存在。由于古希腊城邦面积有限，没有足够的谷物养活人口，在人口达到一定规模后，他们往往会主动让自己的公民移民至海外，在海外建立殖民地。这就是古希腊的大殖民时代。在这一时期，古希腊人建立了 139 个殖民地，有 44 个城邦参与了殖民地扩张。和资本主义时期的殖民地不同，古希腊人的殖民地一旦建立，就具有了独立成为城邦的资格，本身并不受母邦的约束。米利都城邦就曾独自或合伙建立了 29 个殖民地城邦，这些殖民地城邦都不受其管辖，在米利都被波斯人征服时这些殖民地城邦也是爱莫能助。

今天知名度最高的古希腊城邦——斯

◎ **古埃及神庙示意图**

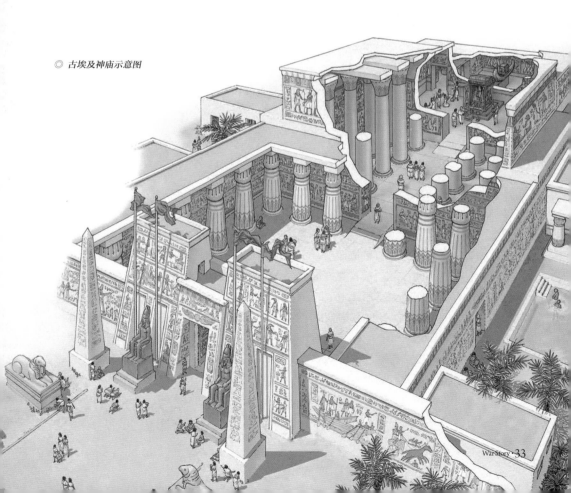

◎ 采集橄榄

巴达和雅典在对待谷物的问题上，就采取了截然不同的政策，也因此成就了不一样的霸业。

斯巴达位于希腊中部拉格尼亚平原，三面环山，是古希腊少有的粮食高产区。斯巴达人的祖先征服了拉格尼亚平原的原住民，又将美塞尼亚战争中的俘虏变成了奴隶，这些被斯巴达人征服的民众被称为"希洛人"，是斯巴达人的国家农奴。正是有了希洛人夜以继日的劳作，斯巴达人才可以专心于军事训练，有了温泉关之战的神话。

雅典城土地贫瘠，并不适合种植谷物，却非常适合种植橄榄树。和中国出产的橄榄不同，地中海地区盛产的是油橄榄。橄榄油是当时该地的一大产业，也是现在希腊、意大利地区的拳头农产品。腌橄榄是古希腊人餐桌上一道必不可少的凉菜。相对于谷物种植业，橄榄种植的利润要高得多，加上雅典的土质特点，雅典城很快就种满了橄榄树。雅典城还有比雷艾夫斯这样的优质港口，对外经济发展的区位优势也比斯巴达优越。除此之外，雅典还有丰富的矿产，阿提卡等银矿的承包收入是雅

典城邦的主要收入来源之一。以上这些因素都让雅典迅速富裕起来，与此同时，人口数量开始激涨，粮食供给矛盾日渐突出。当时，雅典城邦的谷物有八成依赖进口，统治者明令禁止粮食出口，他们必须为自己留下一些可靠的粮食储备。

对外经济的发展为雅典公民带来了富裕，也增强了雅典人的军事实力。为自己所在的城邦服兵役，是城邦公民的基本义务，城邦的财政支出里并没有专门的战争费用，装备和武器都靠公民自己解决。城邦公民的富裕程度越高，意味着战士的数量越多。由于希腊城邦面积较小，早年的城邦战争在非常狭小的区域内进行。一般来说，两个城邦约战，各自城邦的公民会集合开拔到战场，几个小时就能解决战斗。希波战争前，雅典的人口和武力都稳占希腊城邦中的第二位，但在对抗波斯帝国时，雅典付出了巨大的代价，雅典人曾一度放弃了自己的卫城，连雅典娜神庙也被波斯士兵洗劫一空。

雅典的进口谷物有半数来源于黑海地区的古希腊殖民地，这些粮食的运输要经过波斯帝国控制下的赫勒斯滂（pāng）。公

◎ 雅典卫城

元前 476 年，提洛同盟发动了收复赛斯图斯的战争。赛斯图斯是赫勒斯滂的要地，赫勒斯滂则是黑海—爱琴海粮食贸易的必经之地。公元前 475 年，爱昂地区也被提洛同盟控制。这一地区临近色雷斯，而色雷斯地区也是雅典的谷仓之一。公元前 460 年，提洛同盟趁埃及起义的机会，把自己的势力扩展到了埃及。但随后的孟菲斯战役中，希腊人却一败涂地。公元前 450 年，提洛同盟发动对塞浦路斯的战争。塞浦路斯是当时埃及和腓尼基的谷物运输集散地，这又是一场粮食战。提洛同盟的对手依旧是波斯人。可以说，为了己国的粮食安全，雅典与波斯帝国的战斗欲望无比强大。为解决粮食问题，雅典人还在各个城邦安置了自己的移民。据统计，西蒙共在其他城邦的土地上安置一万多名雅典公民进行屯田。波斯帝国和希腊人进行了四十多年的战争，消耗巨大却一无所获，只好退出了竞争，承认了雅典的海上霸权。公元前 449 年，波斯和提洛同盟正式签订了休战合约，波斯帝国放弃了对小亚细亚希腊城邦的控制。

事实证明，雅典的优势地位并不牢固。雅典的高压政策使得提洛同盟内部离心离德，始终不能形成一个整体，雅典的军事力量在开战之初就浪费在一场又一场镇压内部盟友的战争中。雅典统帅伯里克利曾自诩雅典取胜的关键在于聪明的决断和雅典的财富力量，但事实证明雅典的物质基础非常地不牢靠。雅典是典型的外向型经济，战争对整个地中海地区的商贸活动影响很大，使雅典的繁荣不复存在。相反地，斯巴达纯粹以农业立国，自给自足的经济结构使斯巴达的对外依赖度不高。如果要拼消耗，斯巴达显然并不惧怕雅典。公元前 430 年，斯巴达王阿希达穆斯二世亲率大军攻入雅典近郊，伯利克利只好采取老对策让出郊区，全部雅典公民撤到城墙的保护下，不和斯巴达人进行野战。斯巴达则趁机对雅典的阿提卡平原进行了疯狂的扫荡，严重地破坏了雅典海外贸易赖以维系的橄榄资源。因为橄榄树要 16 年才能成熟，可以说，这次破坏对希腊经济的打击非常大。

为了弥补损失，雅典将同盟的年金标准提升为每年 1000 塔连特，并且言明了打算将这笔钱作为雅典的战争费用，这一举动大大激化了联盟内部的矛盾。雅典统帅伯里克利虽然意识到了建立同盟的好处，也有心建立起一个以雅典为核心的大帝国，但支持群体的眼光从来就没有超过雅典的城墙。公元前 451 年，伯里克利亲自颁布法令规范了雅典公民的落户政策，只有父母都出生在雅典才有资格担任雅典公民，从制度上限制了其他城邦的人才通过效忠雅典获得雅典身份的可能。影响雅典形成这种制度的因素就是雅典公民不想与更多人分享霸权带来的蛋糕。后来的一系列陆战的结果表明，雅典的陆军并没有压倒斯巴达陆军的优势，雅典人只好把胜利的筹码押到了海军身上。

雅典海军虽然多次重创操控船只技术不过关的斯巴达海军，但斯巴达位于希腊半岛内陆，雅典的海军无法直接对斯巴达本土实现毁灭性打击。因此伯里克利的战略就是尽可能地惩罚和斯巴达结盟的城邦，逼迫斯巴达把资源投入到海上，然后通过一两场海上会战消灭对手。这个计划的难度非常高，需要伯里克利这样的聪明人进行"聪明的决断"。

公元前429年，一场瘟疫开始在雅典城爆发。雅典城失去了四分之一的重步兵和他们的统帅伯里克利。雅典人既想在战场上压倒对手，却对百分之二点五的战争税避之不及，而雅典城的开支却在进一步加大。原先不拿工资的公务员阶层已经有了固定工资①，雅典不得已出台了"步兵坐船时自己划桨"的政策来节省开支。此时雅典的战略非常复杂，但雅典的决策者却没有伯里克利这么高的智慧与威望。据公民大会的决议显示，雅典决定远征西西里岛来惩罚叙拉古，因为叙拉古曾帮助斯巴达建立海军力量。雅典本希望这次远征可以消耗斯巴达的力量，但这次远征却是一场灾难。雅典人到达后，西西里岛便出现了日食。迷信的雅典人认为这不是吉兆，海陆军都休战了一段时间，给了叙拉古整军备战和增强防御工事的时间。在西西里岛战事推进不顺时，雅典后方的公民大会还用陶片放逐法放逐了自己的统帅阿尔西比亚德斯，阿尔西比亚德斯索性投靠了斯巴达人。

西西里战役期间，雅典人损兵折将达4万人，海军损失战舰200艘，愤怒的雅典公民处死了6名将军中的4人。公元前401年，雅典再次进攻西西里岛，与斯巴达海军展开决战。古典时代，地中海海军的战术是撞角对冲，能够熟练操作船只的一方获胜率就高。雅典人的操船技巧明显高于斯巴达人，后者借用波斯帝国高薪雇佣的水手弥补了这个不足。最终，雅典人出人意料地失败了，丢掉了200艘战舰中的170艘，这是两年内雅典海军遭遇的第二次重大损失。损失了近400艘三层桨战舰的雅典再也没有能力和斯巴达争锋了。

雅典的失败源于一场昂贵的午餐，斯巴达海军统帅吕山德一直避而不战，雅典人逐渐放松了警惕。当时的欧洲商船和战舰都没有水密舱，船上空间有限，不能存放太多食品，需要购买船只补给。大战这天，雅典海军全军只留了少量士兵看守大营，大军主力赶赴数公里外采购新鲜的食物改善生活。吕山德立刻抓住这个有利战机，偷袭了雅典海军大营，俘获了170艘战舰，只有30艘雅典海军军舰逃出生天。

公元前404年，吕山德统帅斯巴达海军封锁了雅典运输谷物的所有海上通道，雅典全城陷入饥饿境地，雅典不得不和斯巴达签订了城下之盟。斯巴达甚至在雅典扶持了傀儡政权，不过这些傀儡最后被雅典人推翻。

整个伯罗奔尼撒战争期间，雅典人其实也看到了斯巴达的软肋所在，那就是斯巴达的统治阶层只占全城邦人口的百分之二，斯巴达的军事力量必须依靠希洛人的

---

① 原本雅典公民都可以通过抽签成为公务员，但由于公务员没有工资，也无固定任期，第四阶层的公民都不愿意做，只有前三个阶层的公民较热衷。

劳作才能维持。雅典一度援助了起义的希洛人，但效果并不明显。连粮食都严重依靠进口的雅典，无法与自给自足的斯巴达人抗衡。

连年的战争和人口压力使得希腊世界内部充满了无所事事的人，充当雇佣兵换口吃的成了希腊人的普遍职业。经济衰落、内斗、战争、流民、贫富分化，希腊地区日渐衰败下去。公元前4世纪以后，大多数希腊哲人、学者，都出生在希腊本土之外。公元前401年的库纳沙会战对贫苦之中的希腊人是一剂兴奋剂。为波斯王子小居鲁士卖命的13000名希腊雇佣兵先行突击，居然轻易地击溃了波斯皇帝阿塔薛西斯二世的左翼大军。虽然战争结果是小居鲁士轻率冒进而死，但希腊雇佣兵始终占据了战场主动权。随后，波斯皇帝阿塔薛西斯二世发布了对这支军队的追杀令，这支没有后方的孤军在波斯帝国腹地几十万敌军的围追堵截下杀出了一条血路，转战2200公里逃回了希腊本土。这个战绩加大了希腊人征服波斯的野心。这场战争的指挥官、《远征记》的作者色诺芬豪言："过去，卓越的功勋才是建功立业的途径。只有为大王舍生忘死或是开疆扩土的人才会被尊敬。但是现在，无耻小人才能获得最高的荣誉，好像只有他们才能为大王治国安邦一样。在这种风气下，所有的亚洲人都变得寡廉鲜耻和缺乏正义感了。人们通常总是上行下效的。所以终于到了法纪荡然无存，盗贼四处蜂起的地步。不仅是罪犯，无辜的人也一样会被拘捕，并毫无道理的被勒索罚金。在这种情形之下，这个国家内部早

已是众叛亲离。所以当任何人对波斯进行战争时，都可以横行无忌，直至其心腹重地。它的军队不堪一击，因为他们已经忽视诸神，而又对同胞不公。无论在哪方面，他们的智慧都已经大不如前了。"柏拉图也蔑视波斯军队："名义上，他们（波斯）的兵力多到了无法计算，但却都是不堪一击的。所以他们只好雇佣外国的兵员，就好像自己没有军队一样。"伊索克拉底在一次演讲中说道："任何外国人看到希腊现在的情形，一定会认为我们都是傻子，为了一点儿小利彼此混战，毁灭自己的家园。如果不是这样的话，我们可能已经征服亚洲了。"在他之后，亚历山大的老师亚里士多德也认为："蛮族是天生的奴才，希腊人是天生的勇士，勇士是天然应当统治奴才的。"希腊的经济危机让越来越多的希腊人渴望通过征服波斯来解决问题，但首先他们要完成自己的统一，把种植橄榄的雅典人和自给自足的斯巴达人统一在同一面旗帜下。

为希腊带来统一和荣耀的是马其顿国王腓力二世和他的儿子亚历山大大帝。昔日伊巴密浓达的忘年交马其顿国王腓力二世成功地击败了底比斯神圣军团，结束了希腊各城邦之间的纷争。马其顿是传统的农业地区，经济力量并不强，这是他们早年在希腊默默无闻的原因。公元前357年，通过内奸的里应外合，马其顿军队进入安菲玻里，并随之控制了原先属于雅典的潘盖厄姆山的银矿。这个银矿每年可以提供1000塔兰特的固定收入，成了腓力二世推行政治阴谋、进行军事改革的经济支柱。

腓力二世利用庞大的财富征召了自己统治下的马其顿农民，自己出钱为他们购置装备、武器，充当重步兵。腓力二世逐渐建立了以重步兵、轻步兵、伙伴骑兵、轻骑兵为核心的马其顿军事体系，并利用他们征服了整个希腊。

马其顿征服希腊后，传统的希腊强权雅典和斯巴达进一步衰落。在银矿枯竭后，雅典能够自我负担装备的重步兵公民只有300人。斯巴达的公民士兵数量也由巅峰时期的9000人下跌到1500人，双方都失去了与新兴强权马其顿较量的资本。为了远征波斯，腓力二世对军队的后勤体系也做了大规模调整，首先他减少了军队中的奴仆和随军人员，把大多数的单兵物资交由士兵本人背负[①]，并将主要驮畜由牛变为了马，提高了驮畜的行进速度。亚历山大妥善地利用了波斯帝国完善的驿道系统，在沿途设立了仓库[②]，并将帝国各地运来的粮食和补给品都储存其中。军队沿驿道行动时，无须考虑后勤征集，便可以从容且高速地行进。经过这一系列改革，马其顿军队一改旧军队臃肿缓慢的外在形象，轻装简从，效率极高。事实本身也足以说明改革的成功：亚历山大的远征军在广袤大地上经过了高山、荒漠、平原、丘陵等等不同的地区，从培拉到印度河，仅直线距离都在4000公里以上，除了从印度河返回波斯这一段路遭遇后勤断绝、非战斗的严重减员外，其余路段都平安地通过了。要知道，后来的近两千年间，各大帝国的军队往往仅越出本国领土几百公里就因后勤不继而被迫后退或遭到失败。

亚历山大大帝去世后，他的部下瓜分了帝国，各个继业者王国之间展开了混战。这种混战让希腊人无暇顾及地中海西部的意大利半岛有一个强大的军事强权正在逐渐兴起，它的名字叫作"罗马"。古罗马和古希腊并不是没有交集的，意大利南部拥有众多的希腊城邦，皮洛士大王还曾被这些城邦邀请过来和罗马人进行连场大战。

---

① 这在后来的罗马军队中再次得到落实。
② 大致上，军队按正常速度每行进一天，就能遇到这样的一个仓库。

面包与罗马的扩张

谷物

罗马人最初是亚平宁半岛上一个很不起眼的小城邦。罗马城于公元前 509 年建立，那时它长仅 8 英里、宽仅 6 英里，和当时经济高度发达的雅典、科林斯比起来，还是一个不知名的穷乡僻壤。罗马的发展史就是一部对外扩张的战争史，自耕农为主体的罗马军团在罗马共和国时代的主要任务就是不断地扩张罗马人的土地，罗马公民农忙时种田，农闲时就心安理得地拿起短剑和周围的不同族群战斗。罗马公民的早期生活就是这样质朴，农业在他们的生活中也是重中之重。很多罗马人的名字就和农业生产密不可分。比如"皮索"这个名字是"碾碎的谷物"的意思，听上去高贵又冷艳的"西塞罗"其实是"鹰嘴豆"的意思。

希腊、罗马的城邦并不是单一的城市，它们的核心是卫城。也就是每个城邦都拥有自己的守护神庙，对于他们来说，城墙甚至不是必要的，像斯巴达就没有自己的城墙。城邦最初就是居住在城邦郊区的农民和市民的共同体，城邦内的城市居民其实并不占多数，罗马城邦早年的部族划分就非常明显。当时，罗马农村部族在政治上要比城市居民重要。比如从公元前 471 年的罗马部族大会的选票分布来看，罗马农村部族的 17 张选票就远远比城市居民的 4 张选票多。面包的发放标志着罗马城市和农村这两极的分化。公元前 180 年以后，罗马的面包房大规模普及，面包才成为罗马城镇居民的主食，甚至是城镇里部分奴隶的主食。这也意味着罗马城市居民在政治上的崛起。

罗马人餐桌的变化就是一幅微缩的扩张图，政治的变动和战争动态和他们的一日三餐息息相关。罗马人当时的主食是像糨糊一样掺杂着蔬菜碎粒的大麦粥，这种食品后来也被罗马人当作角斗士的主食。在出征时，罗马士兵还要带上手磨，这样便可利用闲暇时间研磨面粉。在罗马人扩张之初，是大麦粥等素食支撑着罗马军团的战斗。谷物种植与罗马的领土扩张息息相关。面对不断增长的谷物需求量，帝国不得不征服更多的产粮地。不断地征战又产生了新的问题：新征服地区的公民权发放和公民移民需求的不断加大。这一系列矛盾直到罗马人的旗帜插到埃及的土地上才得以缓解。

罗马实行谷物配给制，这种制度从一定程度上制约了罗马平民的人口增长。简单地说就是每个家庭的劳动力都会领取固定的配给。如果是单身，那情况还不错，可能还有那么点儿节余；但如果拖家带口，配给也只有那么点儿，情况就不容乐观了。所以，普通罗马家庭一般都不喜欢过多地生育，毕竟人口太多而粮食不够。

虽然都是城邦制度，但罗马和雅典的政治运作方式从来就不一样。罗马是典型的共和制，而非民主制。罗马人的扩张更像一个全民所有的战争股份公司，罗马的各个阶层按照财产和能力的不同，为整个战争股份公司出钱出力，享受不同的政治待遇。罗马共和国战时的百人团大会制度就是明证。罗马的战争决策并不像雅典那样进行全民海选，罗马的骑士阶层（不同于欧洲中世纪的骑士阶层，它是一种财产和地位的划分方式，罗马骑士阶层在共和国晚期的身价标准是 40 万第纳尔）占有 18 个百人团席位，骑士之下的一级公民占有 70 个席位，控制了几乎占了半数的席位（共 183 个席位）。罗马公民中的其他阶层对此没有异议，因为罗马共和国扩张时期基本上就是财产越多，能够为战争付出的就越多。在罗马，穷人阶层基本上没有发言权，因为他们无法自带装备武器上战场，也无力缴纳赋税。拥有财产的罗马公民平均要在罗马军团中服役 7 年，富人阶层还要缴纳战争税，只在紧要关头才会征召穷人上战场。"罗马战争股份公司"非常注意吸取外来资本来为自己服务，在这一点上，罗马远比希腊高明。

在还只是拉丁同盟中不起眼的一员时，罗马得到了拉丁同盟的保护。依靠着这层保护，罗马度过了自己的"童年"。公元前 509 年，罗马人放逐了国王，此后的十三年基本上是罗马人反对拉丁同盟干涉的历史。公元前 496 年，罗马战胜了拉丁同盟。公元前 494 年，罗马人与拉丁同盟重新签订了条约，罗马人开始领导拉丁同盟。罗马比雅典似乎要厚道得多，至少在一开始他们就没把同盟当成自己的提款机。罗马充分利用了整个同盟的人力资源，帮助自己征服更多的土地，罗马的公民资格也始终为效劳与罗马的精英敞开。在解散了拉丁同盟后，罗马人建立起 35 个拉丁殖民地。拉丁殖民地的居民在落户罗马时就自动获得了罗马的公民权，拉丁殖民地的行政长官也拥有了罗马公民的身份。这种做法让罗马获得了远超自己本身的人力资源。

汉尼拔和罗马人进行战争时，拉丁人殖民地为罗马提供了高达 43.1 万名公民的人力资源，让罗马人的战争机器增加了 10 万名士兵。在意大利的其它地区，罗马人的同盟城邦同样为罗马人提供了庞大的人力资源，公元前 2 世纪的罗马同盟为罗马提供了超过一半的兵员。这种庞大的人力储备使汉尼拔的军事天才形成不了战略优势，也使得希腊化王国无法和罗马抗衡。汉尼拔失败后，罗马趁机扩张到地中海的其他地区。这种战争对罗马公民就不见得人人有利，就像任何一个股份公司中存在的大股东和小股东矛盾一样。罗马最富有的阶层在战争中固然出力不少，收获了远远超过他们付出的回报。罗马在与迦太基的战争中把自己的势力扩张到了整个地中海区域，上百万的战俘成了任凭罗马人使唤的奴隶，奴隶的增多提高了罗马大庄园主的社会地位。

罗马大庄主的生产模式，我们可以参考罗马共和派的道德楷模加图所著的《农业志》，在这本著作里加图认为最有利可

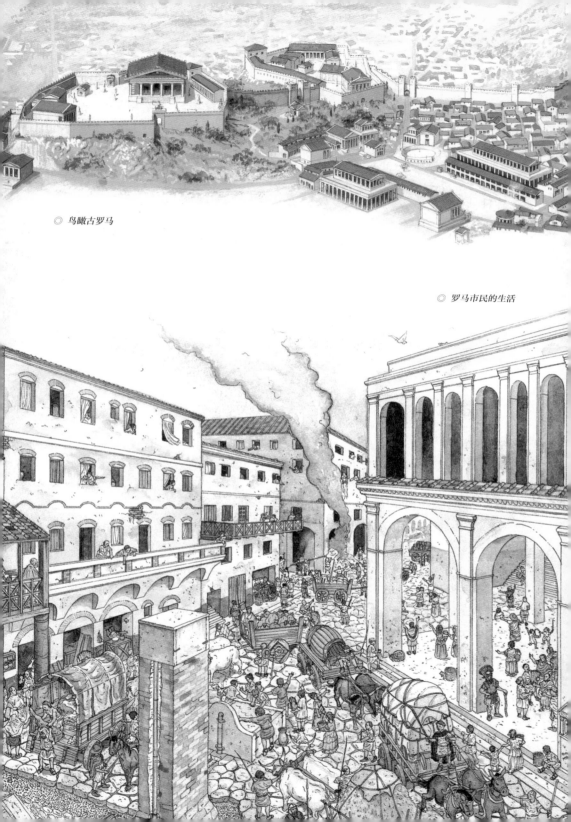

◎ 鸟瞰古罗马

◎ 罗马市民的生活

◎ 古罗马元老院演讲和辩论的情景

图的农业生产就是种植橄榄、葡萄和柳树。当然粮食也要种一些，但这基本上只是为了满足庄园奴隶的需要。这些拥有数千甚至上万奴隶的大庄园在生产效率上明显高于罗马自耕农的家庭种植小庄园，大庄园生产的橄榄油、葡萄酒很快挤占了市场。征服战争带来的结果是罗马的自耕农阶层开始减少，传统的罗马军团出现了严重的征兵问题。罗马大庄园主往往担任公职，在共和国内居于高位，罗马自耕农阶层则充当普通士兵，在政治地位上两者也不能同日而语，所以罗马种植园主得到了肆无忌惮的发展。

罗马自耕农阶层要为罗马共和国服役7年，这种长时间服役的制度，尤其是在海外服役对罗马士兵家庭的生产极为不利。罗马共和国时期的和平岁月加在一起不超

过十年，罗马士兵要在严苛的罗马军纪下长期奋战，当他们回到自己家乡时面对的又是家庭破产的悲惨局面，这让罗马士兵的士气开始降低。为了鼓舞士气，罗马共和国只好给自己的士兵发放工资。公元前122年，护民官格拉古通过了给士兵统一发放衣物的法案。各种措施的出台依旧不能缓解罗马公民贫富差距的日益加大，罗马公民里能够自我负担起装备的人开始越来越少。罗马平民阶层要求改革军事制度的呼声也越来越高，但罗马贵族和大庄园主主导的元老院却视之不见。公元前106年，辛布里人开始蹂躏罗马共和国的土地，罗马共和国连吃了几个败仗。罗马元老院只能扩军应战，罗马平民纷纷表示不合作，要求改革军事制度。平民出身的罗马常胜将军马略乘机再次推出改革方案，这就是

马略改革。马略改革后的罗马军队对罗马无产阶层敞开了大门，罗马军队士兵和将军的关系也得到了改变。马略利用自己组建的新军战胜了敌人，也为以后几十年的变革埋下了隐患。

大庄园主只是罗马富裕阶层的一部分，他们是罗马元老阶层和骑士阶层的主要构成部分之一。其中罗马元老院基本上就是由大种植园主组成的，因为公元2世纪的罗马法律限制罗马元老从事海外贸易，经营种植园在罗马传统观念中被认为是值得尊重的正当行业。罗马富裕阶层接受的教育程度远远超过其他阶层，他们利用教育优势、财富优势逐渐垄断了罗马的公共职位，把握了分配战利品的权力。罗马共和国时代的公共职位无论地位高低一律没有工资。相反地，为了换取其他公民的支持，候选人还要利用各种机会自掏腰包来换取选票，为生计奋斗的罗马普通公民是承担不起这种高风险、高投入的活动的。

罗马共和国中后期的公职竞选则是一项高风险、高投入、高收益的经营活动，各个被征服地区的总督、保税人职位都能给候选人带来惊人的回报。共和国末年的演说家西塞罗曾担任过一届西里西亚总督，他在三年任期内得到了50万第纳尔的回报，是4600个罗马士兵一年的工资收入总和。"伟大的人"庞培在东方的战争收益就更惊人，他一共给自己带回了5000万第纳尔的战争收益。恺撒为了竞选公职不惜四处透支借债，甚至弄到债权人要上告的地步，最后还是克拉苏帮忙，这群人才没让恺撒上法庭。但当恺撒担任高卢省总督的消息传来时全部的债权人自动撤诉。

在战争中，罗马的总督、将军们拥有不同的收入来源。在地中海西部的战争中，他们可以获取惊人数量的奴隶，仅仅是恺撒在高卢战争中就变卖了100万奴隶。在地中海东部的战争里，罗马的将军、总督会得到大量的贿赂，东方各王国的统治者会把自己国家的赋税和土地交给罗马统治阶层，以换取自己的统治能够维持下去。罗马的骑士阶层非常喜欢在海外行省从事贸易和高利贷，不少希腊城邦已经欠下了足够让它们破产的债务，这些债务的主人就是罗马骑士阶层。罗马元老院做得最黑心的一笔交易，就是帮助埃及艳后克里奥帕特拉的父亲托勒密十二世夺回王位。

托勒密十二世是一个很有艺术天赋的国王，笛子演奏技巧是专家级的，但统治水平和数学却实在不好。托勒密被赶下台后，他的女儿贝勒尼基四世被拥立为女王，万般无奈之下，他只好跑到罗马求助。罗马元老院和托勒密签订了复国合约，托勒密十二世用6000塔连特的代价，从罗马带回了2000名罗马援军杀回埃及夺回了王位。罗马元老院的合约中严令埃及提前还款，因此埃及所有农夫一半的产出就都成了罗马人的囊中之物。罗马元老院此举有两个用意，一是得到巨额回报，二是解决罗马的粮食问题。

由于罗马的大庄园挤占了过多的土地，这些庄园又以盈利最大化为目的，最大面积的栽种橄榄等经济作物，结果到了公元2世纪，罗马已经出现了严重的粮食问题和政治问题。罗马自耕农阶层的减少不但让

◎ 古罗马人的餐桌

◎ 古罗马人的厨房

罗马人减少了兵员，更重要的是让罗马增加了暴民阶层。罗马自耕农阶层破产后，大量失地农民涌向了罗马城，罗马城内部的商业和手工业又接受不了这么多的劳动力。直到罗马帝国末期，罗马还是以农业税收占9成的农业国，何况罗马城手工业也加入了大批奴隶。罗马城市居民的主食就是面包，拉丁文中"socius"一词原意就是"一起吃面包"的意思，罗马人把它引申为"社区生活""公共服务"。罗马人的广场、浴池、运动场等公共措施都是罗马公民"一起吃面包"后的附加品。罗马政治中，公民有不小的参与权，这些无所事事的罗马公民很快就被有心人利用起来，成为一股破坏力巨大的政治力量。为了讨好这群人，罗马政客格拉古通过自己保民官的职权，让罗马政府给自己的公民发放廉价的谷物和面包。格拉古还力排众议，要求罗马元老院平分历届战争中夺取的土地给罗马平民阶层，限制庄园最大土地占有量，在他的建议里罗马人不能拥有超过35公顷的土地。这个提议让格拉古在元老院"收获"了无数敌人，却赢得了平民的拥护。罗马元老院的元老们再三反对他的提议，但格拉古不为所动，要求召开传统的部族大会。因此元老院的元老们计划除掉格拉古。不过罗马人不喜欢玩雅典人的"陶片放逐"，他们更喜欢动刀子。最终格拉古在罗马元老院里被谋杀。

格拉古在元老院被杀的同时，罗马元老院还屠杀了他的支持者三千多人。这也是罗马内战的前奏，罗马平民派和共和派都不再相信合法程序。共和派把一切违反他们原则讨好民众的做法污蔑为"称帝"

前奏，罗马平民派则看到了罗马街头上无所事事的民众拥有的政治力量。

罗马人在内战前首先要解决的就是自己的意大利盟友，罗马公民的谷物补贴优惠让他们的同盟非常眼红，大家一致要求罗马一视同仁。但罗马元老院给自己的同胞发放津贴就已经非常不情愿了，还要给"二等人"同盟发津贴显然更加不情愿，便悍然拒绝了这个要求。战争于是在亚平宁半岛爆发，罗马人为此前后征召了25万人进行混战，罗马的盟友们熟悉罗马人的战术战法，因此罗马人一时也奈何不了对手。罗马最后赢得战争靠的不是苏拉、马略的武力，而是妥协政策，罗马人同意向自己的同盟开放公民资格，这场由面包优惠政策引发的战争才宣告结束。

罗马公民内部的民主不同于雅典，它首先保留了原先部族时代的庇护制度，这是罗马贵族势力的重要组成部分，也是罗马内战中很多现象的源头。罗马庇护制度类似于现在黑手党的教父，罗马贵族像教父一样为自己庇护下的百姓谋取福利，为他们争取工作机会，帮助他们解决衣食住行上的困难。他们要求的回报就是自己的"克里恩"（被庇护人）在各个方面支持自己，在竞选公职时为自己摇旗呐喊，在和别的家族起冲突时上阵帮忙。甚至罗马法庭也把克里恩帮助自己的恩主看成是理所应当的事情，认为恩主为自己的克里恩说情不是干涉司法。

克里恩这种制度也具有军事色彩，共和国早期的罗马贵族甚至可以集合自己的克里恩和外敌开战。格拉古在罗马元老院被杀就是罗马元老院提前准备了自己的克里恩私兵。考虑到当时的罗马城没有常备警察部队，之后一次性杀掉三千多名格拉古的支持者，可不是仓促之间由300名元老就能完成的，元老们显然动用了大量克里恩私兵。

一名有政治野心的罗马贵族的一天三餐是这样度过的：早餐时间他要接见自己的克里恩，聆听他们的问候和需要。然后他会前往自己的办公地点。在经过公共广场时，他的克里恩会自发聚集起来向他打招呼、为他送行。忙完了工作后，他会参加别人的宴会或者在自己家里举行宴会。晚餐是罗马人最看重的社交场合，他也会带上自己亲信的克里恩，让他们蹭吃蹭喝或者扩大交际面。罗马人的这种做法其实是部族社会残留的生活习惯，到了共和国末期，罗马贵族的庇护制度有了更大的发展。各个贵族不单单拥有自己祖辈传下来的克里恩，他们开始把城市暴民纳入其中，双方形成了面包选票的庇护关系。此外，被释放的奴隶阶层也被列入庇护的名单之中。苏拉重回罗马时，释放了一万多名政敌家族豢养的奴隶，并授予他们自己的姓氏，给他们罗马公民身份，这一万多名奴隶就是苏拉的克里恩。此外，各种协会也开始出现，比如著名的罗马丧葬协会和老兵协会。罗马老兵协会在屋大维和安东尼内战期间号召军中战友罢工休战，使内战双方不得不停战。罗马将军在征战时也非常注意将被征服地区的精英阶层纳入自己的庇护范围之中。比如庞培就曾赠予西班牙部族及东方各个王国的统治阶层罗马公民的身份，充当他们的庇护者。

到了后来，甚至连罗马军团的老兵也主动开始成为权贵的克里恩。马略改革后，罗马士兵的服役期限延长，服役期满后才能获得土地，他们的年收入是罗马农民收入的两倍，但从危险程度上看并不划算。其实罗马士兵更看重战利品所得，因此能经常带给他们胜利的将军就有更多的资本来获取士兵的忠心。恺撒曾经在高卢一次性拍卖了5.7万名奴隶，并将所得款项中的很大一部分分给了随他征战的士兵。同盟者战争后，苏拉也将大量的退役士兵安置到意大利昔日各个同盟城市的土地上，以满足他们的需求。罗马共和国的士兵普遍将自己的统帅看作是庇护者，在他们退役后依旧如此，来到罗马居住的退役罗马士兵也成了政客们专用的打手或鼓吹手。罗马统帅利用自己的士兵来改变政局的习惯起源于马略，此后苏拉的血腥统治让这种士兵政治达到了高潮。苏拉敢辞去终身独裁官，解散自己的卫队，就是因为他统帅并安置过超过一半的罗马军队，在军队和退伍老兵中拥有大量支持者，有至少一万多名克里恩随时保护他。苏拉曾称赞25岁的庞培是"伟大的人"，除了欣赏庞培的才能外，庞培本人所拥有的强大支持者队伍也是原因之一。庞培的父亲斯特拉波·庞培在同盟者战争中用血腥的手段发家，曾担任执政官，不幸被雷劈死后，为庞培留下了数量庞大的地产和克里恩。苏拉回师罗马时，庞培已经从自己家乡的克里恩中征集了3000人的私人军队。此后的战争中，庞培展现出惊人的组织能力，他也以惊人

◎ 古罗马贵族的奢华生活

◎ 罗马军团

的体力赢得了士兵们的尊重。他的各项体育成绩都是军队中的翘楚，是军队中的超级偶像。庞培自己也非常关心士兵的后勤问题，在战利品的分配上也非常大方，这些优点都大大增强了他在军队中的支持度。为了赢得庞培的支持，苏拉不得不将自己的女儿嫁给庞培，并在对外作战上让这个女婿去"摘桃子"。比如本都国王米特里达梯斯的主力是被"吃鱼狂人"卢古拉斯击败，但征服击败米特里达梯斯的荣耀却归功于庞培。

苏拉死后，庞培、恺撒和克拉苏结成了三巨头同盟，共同对抗元老院。罗马元老院也对这三个人满心警惕，不轻易让他们领军出战。公元前 67 年，庞培终于取得了前所未有的统治大权，原因就在于罗马的谷物供应出了问题。罗马并不是海上民族，他们在击败了迦太基后就缩减了自己的海军规模，让罗德岛海军充当地中海流域的海上警察。罗德岛和罗马起了冲突后，罗马又压制了罗德岛的海军。这个决策让西里西亚海盗迅速发展起来，公元 1 世纪时他们已经发展成拥有 1000 艘各类船只、人数高达 10 万人的庞大武装。西里西亚海盗的基地位于现在的土耳其，在罗马人和本都国王米特里达梯斯作战时，他们站在了自己的邻居一边。罗马爆发斯巴达克斯起义时，他们还一度站在起义军一边。西里西亚海盗的嚣张还一度威胁到了罗马的治安，罗马的贵妇人都被他们绑架。但这些都不是罗马人考虑的主要问题，真正惹毛了罗马人的问题是这群海盗开始攻掠西西里岛，以西西里岛为基地侵袭撒丁岛、

北非，罗马的运粮船不断被他们打劫，罗马公民的廉价面包供应得不到保证。罗马元老院不想让庞培借机掌握大权，但罗马公民不答应，罗马护民官绕过元老院直接召开公民大会，赋予了庞培惊人的权力。

庞培的权力包括统帅 10 万大军和 500 艘军舰，在意大利以外的罗马统治区内征集所需物资的权力、开战选择盟友的权力。庞培用兵的特点就是计划周详，他首先任命了 15 个特使，把自己的辖区划分成 13 块，每一个区域一个特使（另外两个留在身边）统辖人力物力。然后，庞培率海军主力进军西西里，以西西里岛为基地搜寻西里西亚海盗的主力，重点确保西西里、撒丁岛、北非这三个罗马面包产地的安全。庞培的第三步战略就是各个区域内的罗马军队一致行动，限制西里西亚海盗的活动范围，他的主力负责把西里西亚海盗赶回土耳其的老巢。

最后，庞培的大军稳步推进，将西里西亚海盗的巢穴层层包围，庞培甚至准备了攻城器械准备砸开海盗的堡垒。在武力打击和既往不咎的政治攻势面前，西里西亚的海盗只好投降。

罗马三巨头借助粮食危机获取了巨大的权力，三巨头之间的竞争苗头也开始出现。庞培的成功刺激了克拉苏，这个罗马首富虽然因为镇压斯巴达克斯起义而出名，但罗马人并不认可这份功劳，克拉苏为了和庞培一争高下，远征安息并且死在了那里。恺撒借助庞培的帮助开始攻掠高卢。他在那里组建了 11 个军团逐渐有了和庞培抗衡的军事实力。恺撒不同于庞培，他的

◎ 罗马之春

决断能力要强于庞培，在为士兵提供补给方面恺撒喜欢以战养战。恺撒喜欢"山岳行军"，不让粮食问题拖累大军的速度。

恺撒攻掠的高卢地区已经出现了很多城市，虽然高卢人喜欢用挂人头的野蛮方式来装饰自己的房屋，但毕竟也是一个以农耕为主的民族。高卢的土地非常肥沃，丰富的农产品使恺撒可以就地得到给养。恺撒并不是没有认识到后勤的重要性，在对抗日耳曼人深入黑森林时，他就严禁部下深入敌境，因为日耳曼人的农业水平极低，大军征集不到足够的粮食。

后来，庞培和恺撒的分歧越来越大，庞培逐渐倒向了元老院一方。罗马元老院撤销了恺撒的职位，恺撒的对策是带领自己麾下的大军武装"讨说法"。庞培的军事力量在纸面上优于恺撒，却在分布上暴露出了问题。庞培麾下最精锐的军团还停留在伊比利亚半岛，他们在庞培死后还能一度在与恺撒的战斗中占据上风。庞培其它的部队留在了东方，调回罗马也需要时间。庞培作战又一向是稳扎稳打的作风，在估计敌人进军速度上庞培也低估了恺撒。恺撒大军渡过卢比孔河后就拿出自己在高卢练就的闪击本领，快速进军罗马，赢得了先手。在此后的大战中，庞培以希腊为基地组建了大军，实力相对较差的恺撒只好再次冒险在冬季渡海和庞培作战，希望打乱庞培的作战节奏。

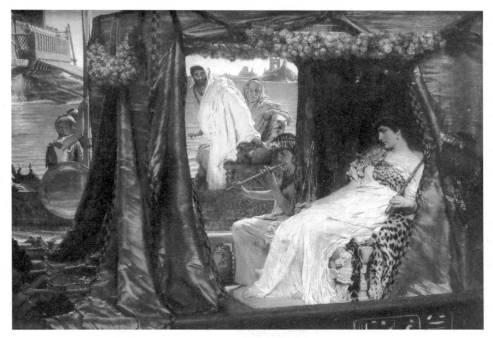

◎ 安东尼、克里奥帕特拉会面

　　地中海地区一向有在冬天休战的传统，庞培围攻西里西亚海盗选择的时间也是春天。冬天粮草征集困难，庞培没有想到恺撒居然又不按常理出牌，原先稳扎稳打消耗击败恺撒的计划就此告终。季拉基乌姆战役中恺撒遭到了惨败，恺撒大本营几乎都敞开在庞培军面前，只是"稳重"的庞培把注意力更多地放在杀伤敌人有生力量上，没有对恺撒的指挥中心以致命一击。战役过后，庞培依旧想用消耗战来击败恺撒，这个战略赢面很大。但是罗马元老院的一干人等却被这场战斗的胜利模糊了眼睛，认为恺撒不过如此，对庞培没有乘胜追击的做法嗤之以鼻。庞培压制不住军中

的反对意见，只要再次和恺撒开战。公元前48年8月9日，在法萨卢伊，恺撒和庞培迎来了命运的决战。恺撒运用预备队战术一举打乱了庞培的军阵，人数上超过恺撒军队一倍的庞培大军由于新兵多、辅助部队多（庞培不想和恺撒决战，一方面是想让对手内耗不战而胜，另一方面也是在等待自己的西班牙军团来援）遇到不利局面纷纷投降，庞培方一败涂地。

　　庞培远走埃及后被杀死，恺撒的大军却继续前进也来到了埃及。恺撒明白埃及的谷物对罗马意味着什么，因此不管克里奥帕特拉是不是人间绝色，他都不会错过介入埃及内政的机会。

盐
Salt

糕点面粉
Pastry Flour

快速酵母
Quick Yeast

糖精
Sweetener

燕麦
Oats

未漂白面粉
Unbleached Flour

亚亚麻籽
Flax seeds

葵花籽
Sunflower Seeds

◎ 制作面包的原料

恺撒死后，罗马进入了后三巨头时代。后三巨头中安东尼的军事能力最强，分得了富庶的东方属地。安东尼进攻安息的复仇作战没有取得进展，却一头扎进了克里奥帕特拉的温柔乡。屋大维充分利用了这个绯闻，向罗马人宣称安东尼已经出卖了罗马的东方领土讨好克里奥帕特拉，为了自己还能拿到廉价的面包罗马人一边倒地支持屋大维一方。公元前32年9月2日，安东尼和屋大维进行了决定性的亚克行兴海战，不熟悉海战的安东尼战败，他的大部分军队立刻投诚了屋大维一方。

安东尼自杀身亡后，克里奥帕特拉虽然还想讨好屋大维，但后者铁了心要把埃及控制在自己手中。屋大维以后的罗马皇帝说过"谁控制了罗马暴民，谁就控制了罗马"，控制这群无所事事的暴民的关键就在于"面包和马戏"，屋大维直接把埃及变成了他直接掌管下的行省。屋大维对埃及的重视体现在两点上：第一，埃及的地位特殊，是罗马皇帝直接掌管的行省，行省长官直接由罗马皇帝挑选任命，埃及农民每年一半的粮食收成就是由罗马皇帝直接负责分配。第二，埃及在屋大维时代

有两个罗马军团的驻军，在罗马各个行省中驻军中排在前列。屋大维时代一共有28个罗马军团，除去驻守罗马的一个半军团和对付日耳曼人、安息人的军团外，就只有叙利亚和非洲行省的驻军超过埃及。占据北非大部分的非洲行省也是罗马人谷物的主要来源，它每年要为罗马提供1.5亿升小麦。这些粮食供养了罗马的百万人口，让罗马帝国在醉生梦死和铁血征战中度过了400年。

公元410年，哥特人首领阿拉里克率领自己的部众围攻罗马。这个蛮族首领明白罗马城的弱点，首先截断了非洲运往罗马的粮食通断。罗马人不得不向阿拉里克签订了城下之盟，此后拿了粮食的罗马居民翻脸不认账，逼得阿拉里克攻陷了八百多年一向固若金汤的罗马。哥特人大肆劫掠之后汪达尔人也闯进了罗马，这群野蛮人的破坏劲头更大，以至于汪达尔人成了破坏的代名词。汪达尔人渡海来到非洲，在迦太基人的旧地建立了自己的王国，罗马城赖以生存的非洲粮食产地彻底被侵占，罗马的繁荣也成了明日黄花，直到西罗马帝国的皇帝被蛮族雇佣军首领彻底罢黜。

神奇的土豆

新大陆的发现对于西方人来说最大的意义有两个：一是发现了玉米，玉米是美国人常见的食物，但欧洲人却不然，他们认为玉米只是上好的饲料；另一个重大发现就是土豆，这才是改变了整个西方世界的革命性主食，虽然中国人习惯性地把土豆当成是蔬菜，但在世界粮农组织的统计里，土豆是全世界排名第五的粮食作物。土豆发源于美洲的安第斯山区，那里原有的土豆品种高达两百多种（现在更高达 5000 种）。1535 年，西班牙人在征服战争中将土豆带回了欧洲。英国则把 1586 年在美洲殖民地大肆抢掠的德雷克看成是在欧洲传播土豆的先行者。1853 年，英国甚至有了专门的雕像来纪念德雷克。雕像的形象是德雷克一手拿着土豆，雕像底座上写着"德雷克爵士，在欧洲传播土豆者。1596 年，数百万播种地球的人们，永远铭记他。"

土豆这种在地下生长的植物一开始并没有受到欧洲人的待见，按照传统的西方饮食理论，生长在地下的根茎类食品是靠近地狱的恶魔食品，土豆也因此得了个外号叫"魔鬼的苹果"。瑞士植物学家约翰·博安（Johann Bauhin）声称食用土豆会导致麻风病，理由是它长得像染有麻风的脏器。迈克尔·波伦在《植物的欲望》里也对土豆存有非议："小麦是向上指，指向太阳和文明；马铃薯却是向下指，它是地府的，在地下看不见地长成它那些没有区别的褐色块茎，懒散地长出一些藤叶趴在地面上。"法国百科全书派的代表人物狄德罗也在自己的百科全书中"编排"土豆，认为土豆是糟糕的美食，还让人腹胀，只有穷人和矿工才需要它。

不过土豆的优点却让这些非议变成了笑谈：可以在盐碱地之外的所有类型土壤中生长，可以适应从 8 摄氏度至 30 摄氏度的日均温度，产出同样数目的热量所需的水只要小麦的一半。贫瘠、寒冷、山区这些小麦难以存活的地区土豆都不嫌弃。在亚热带地区，土豆实际上可以在全年任何时候播种。温带地区土豆的生长周期是 4 个月，从第二个月起新的块茎就开始形成，成熟之后仍然可以留在地里一段时间，因此不存在特别集中的农忙时节，不易出现"青黄不接"的场景，更不易遭受战乱摧残。所以虽然土豆不受上层社会待见，但很快就被欧洲的穷人所接受。土豆的价值也被许多政治人物认可，彼得大帝在荷兰时就接受了土豆，并将一袋土豆种子引进回俄国。真正让土豆征服西方人餐桌的还是它在饥荒和战乱时的优异表现。

1740 年的超级寒冬里，土豆成了荷兰人渡过灾荒的最好"武器"，之后荷兰政府开始有组织的在全国范围内推广土豆。到了 1794 年，土豆已经是荷兰的特色食品。七年战争中，虽然腓特烈大帝的军事才华令他取得了一个又一个胜利，但由于战争的主战场在本国国土上，使普鲁士的农业受到了联军的极大破坏。为了尽快恢复生产，争取战争胜利，腓特烈又征发了大量的劳动力，这加大了普鲁士农业的困难。最终化解这场危机的幕后英雄就是土豆。腓特烈下令各地农民种植土豆渡过灾年，把土豆作为军粮进行征收，才熬过七年苦战。

七年战争中，法国药剂师巴曼提耶被腓特烈的士兵俘虏了 5 次，吃了不少德国人做的土豆牢饭。巴曼提耶归国之后大力推广土豆种植，这倒不是德国厨师做的土豆食品有多美味，而是路易十六即位后废除了谷物法，法国的面包价格飞涨，引发了法国的"面粉大战"，法国 82 个市镇爆发了三百多次骚动。为了让自己的同胞少流血，巴曼提耶只好不遗余力地在法国推销土豆食品。巴曼提耶不惜自掏腰包请上层社会名流吃土豆宴，美国总统杰斐逊也一度是他的座上宾。在他的努力下，土豆食品也开始在法国流行起来。

1778—1779 年，德国更是爆发了著名的"土豆之战"，他们开战的理由当然不是为了争论薯条和土豆泥哪种才是土豆的正统吃法，而是巴伐利亚王位。1777 年，统治巴伐利亚的维特尔斯巴赫王朝绝后，王位应该由卡尔·泰奥多尔选侯普法尔茨·苏尔茨巴赫继承，但卡尔·泰奥多尔选侯只想继承选帝侯而不想继承亲戚的王位，提出了和奥地利哈布斯堡王室的置换地产申请，希望用下巴伐利亚的产权交换奥属尼德兰（即今天的比利时）。

腓特烈和萨克森选帝侯反对这个意见，这并不是因为他们在巴伐利亚有重大利益，只是他们不想看到奥地利势力的扩大。1778 年腓特烈进军波西米亚（现在的捷克）地区，希望通过威胁哈布斯堡家族的军工基地[1]的方式来阻止对方。普军分两路进攻，一路是由腓特烈亲自统领的军队，另一路则是由他的兄弟亨利亲王统帅的普鲁士—萨克森联军。亨利亲王是普鲁士的反战派，在战场上消极怠工，让腓特烈也难以发挥自己的军事才华。整场战争中交战双方都没有爆发大的会战，各自的交战策略都是通过复杂的调动，力图通过部队的机动来切断敌军与其补给基地的联系，以此退敌。在这种战略思想指导下，两方的军队就使劲比着抢粮食、抢土豆，最后连波西米亚地下埋藏的土豆都被士兵们抢得干干净净，双方才就此收兵。战争结果是卡尔·泰奥多尔被迫继承了巴伐利亚王位，萨克森得到了黄金充当军费，奥地利得到了一小部分巴伐利亚国土，而腓特烈的大军则收获了很多很多的土豆。

此后，土豆引发的纷争还在继续。1840年因为粮食不足，俄国政府强迫官属农民在公用地上种植土豆。但在传达政策时走了样，让俄国农民误以为这是在全面推广农奴制，加上土豆在俄国又有些不好的名声，由此引发了一次大规模的"土豆暴乱"。最后俄国当局被迫住手，俄国人还是接受了土豆这种能在灾荒年和战乱中救

---

① 奥匈帝国的兵工厂就在捷克地区，斯柯达汽车和二战前产量巨大的苏台德兵工厂都在那里。

◎ 腓特烈大帝提出在德国大量种植土豆

人一命的农作物。

土豆对英国的影响其实最为深远，土豆和鱼是英国的国民食品，土豆也为工业革命时期的英国带来了海量的劳动力，革命导师恩格斯对这一点有非常具体的描述。17 世纪中叶，英国的人口是 600 万，法国的人口是 2000 万以上，英国的人口基础让他们无力与法国进行长期的持久战争，巨大的人口优势也是历史上法国长期对抗西班牙和英国的原因所在。法国的地理条件优越，所孕育的巨大人口规模使得路易十四时代的法军占据了全欧洲军队总人数的三分之一，和自己所有邻国的军队总数相当。到了拿破仑时代，英国总人口已经上升到了 1630 万，法国人口是 2750 万。到了 1900 年左右，英国的人口达到 4160 万，法国是 3890 万。不到 300 年间，仅英国本土的人口数量就暴增了 7 倍，如果再加上殖民地的英裔人口数量，英国的人口增长量简直可观。这种人口的爆发性增加其实与土豆的种植密不可分，因为英国的土地确实不适合种植小麦等谷物。可以说，是土豆的种植为英国人口的爆发性增长提供了可能。英国人用土豆喂饱了本土数量庞大的人口，但在其第一块殖民地爱尔兰发生饥荒时选择了袖手旁观，坐视爱尔兰流失了一半的人口，这也引发了后来爱尔兰的抵抗运动。

1845 年，爱尔兰几乎所有的土地都被英国贵族、庄园主和新教徒占有，这个过程可以一直追溯到金雀花王朝。此后，不论英国政局如何动荡，霸占爱尔兰的土地始终是其基本国策。护国公克伦威尔曾为手下的老兵抢占了大片爱尔兰的国土作为革命奖金，丘吉尔祖上历代马尔博罗公爵在爱尔兰圈占土地长达百年（丘吉尔是爱尔兰独立最热心的反对者，原因就在于此）。既然占有了爱尔兰的土地，英国的地主们自然要追求利益的最大化。于是，大片良田被开垦为牧场，为英国提供肉类和赛马场地。爱尔兰农民除了给英国地主种地外，没有其他收入。为维持生计，近半数的爱尔兰农民不得不在农闲之余种植马铃薯。当时 1 英亩土地产出的马铃薯足以满足一个穷困的六口之家一年的口粮。

爱尔兰农民非常喜欢土豆，他们甚至为土豆编出了神奇的传说，他们认为土豆是在 1588 年西班牙无敌舰队覆灭时随着被击沉的西班牙战舰飘到爱尔兰海岸上的。在爱尔兰，每英亩的土地可以出产 6 吨土豆，而小麦和燕麦的产量却不足 1 吨。在爱尔兰有句这样的俗语："穷人的餐点——除了小马铃薯就是大马铃薯。"到了 1845 年，土豆在爱尔兰的种植面积已达 200 万英亩。这些"低贱"的粮食不但喂饱了农民和牲口，也让爱尔兰的人口从 1780 年的 400 万猛增至 1845 年的 800 万。英国地主则用余下的土地种植了比土豆更为"高档"的谷物，然后出口到不列颠。爱尔兰人说"世界上只有两样东西开不得玩笑，一样是婚姻，另一样就是土豆"，在爱尔兰人的幽默中，土豆似乎和耶稣的地位相等。有这么一个著名的爱尔兰笑话：一个英国人在一间茅屋里看见了一大群面色红润的孩子，便问孩子们的父亲："您用了什么办法养育了这样健壮的孩子？"这位农民回答："得益于耶稣，也就是马铃薯，先生。"

1845 年，爱尔兰已经对土豆产生了严重的依赖。据估算，这一时期爱尔兰人餐桌上百分之八十的食物是土豆，土豆也是饲养家畜的主要饲料。由于煮熟了就能食用，很多爱尔兰家庭甚至只有一口锅，在他们将土豆煮熟之后，就把锅翻过来当桌子。许多爱尔兰主妇甚至不知道如何烹饪土豆之外的其他食物。这种依赖使爱尔兰人没办法在饥荒发生时发现可替代土豆的其他食品，也在大灾难发生时加大了死亡数字。

1845 年 7 月下旬，晚疫病在比利时登场，迅速向西蔓延至爱尔兰，然后向东直达俄罗斯。这次瘟疫的后果原本不太严重。在欧洲大陆，农民们还有其他作物，就算是在爱尔兰，这场疾病也只毁灭了 1845 年百分之四十的土豆收成。英国当时的总理皮尔为此从印度和美国购进了价值 10 万英镑的玉米，可惜这些玉米直到 1846 年 2 月才送抵爱尔兰，然后又花了很多时间将其研磨成粉，真正送到民众手中的时间则更晚。

与此同时，爱尔兰人正在加紧种植新一季的土豆以弥补去年的损失。然而，他们犯了一个致命的错误：去年腐烂的土豆被他们留在了地里。那时没人知道晚疫病的罪魁祸首其实是一种真菌，更无人知晓这种真菌随土豆埋在地里半年之后已经繁殖了无数的孢子，等待着新一轮的感染。

1846 年夏天，真正的灾难降临：当年温暖多雨的天气加上土壤中残留的大量孢子引起了晚疫病的大爆发，幸存植株不足百分之十；到 10 月，土豆的价格已经是去年的 5 倍。

可这时的英国政府正处于混乱当中：托利党总理皮尔认为保护主义不利于农业发展，从而废除了《谷物法》规定的高额谷物关税，却引发党内意见分裂而最终下台。新上任的辉格党是"守夜人"理论的信徒，奉

行绝对不干预的市场政策。

英国甚至还对这场灾难抱有看好戏的心态。马尔萨斯就曾说过："只要马铃薯体系还能够使他们的人口这般增长，远远超过了对于劳动力的正常需求，下等的爱尔兰人的这种懒惰、喧闹的习性就永远不会改正。"以至于爱尔兰的英国地主仍若无其事地趁着低关税照常将大批谷物出口至不列颠。

老天爷仿佛故意捉弄人。1847 年，土豆还稍微有一点儿收成，但是接下来的两年近乎又是颗粒无收。随着饥荒的蔓延，爱尔兰人身体的抵抗力和卫生措施都受到了严重的冲击，痢疾、霍乱、斑疹、伤寒等疾病开始肆虐。到 1851 年灾难终告结束时，爱尔兰的人口由 800 万锐减至约 490 万。死亡人数达 110 万以上，还有接近 200 万人被迫离开祖国，其中相当一部分抵达了北美。

土豆让英国走向强盛，也加重了不列颠帝国走向分裂的阴影。英国政府应对这场灾难的冷漠态度让灾难的幸存者感到心寒。连当时受英国人爱戴和称道的维多利亚女王也仅为爱尔兰灾民捐献了 10000 美元的善款，还对捐款数额较大的土耳其、苏丹等国表示不满，强烈要求他们只能捐 1000 美元。第一次世界大战后，爱尔兰揭竿而起，和英国展开了长期斗争，最终争取了独立。

另外，土豆加工食品的著名成员——法国薯条的由来也和战争有关。第一次世界大战美国与法国军队在比利时并肩作战，美国大兵喜欢上了这道法国士兵经常品尝的美味，并且将之命名为"法国薯条"。对此，比利时意见非常大，因为薯条是他们发明的，准确的叫法应该是"比利时薯条"。

西方主食的演变

当罗马帝国的荣光消散，中世纪的黑暗时代紧随，昔日的地中海经济圈也宣告崩溃。中世纪欧洲平民百姓和普通士兵的餐桌上最常见的主食是各种谷物加蔬菜煮成的稀粥和啤酒汤。在土豆引入欧洲以前，这种啤酒汤是饭桌上的重头戏，买不起面包的平民喜欢它，上流阶层也不例外。

成为奥尔良公爵（奥尔良家族是波旁王室的重要分支）夫人的德意志公主伊丽莎白·夏洛特曾经在一封写往故乡的信中感叹凡尔赛宫的饮食不合自己的口味，并怀念自己家乡的啤酒汤的味道："茶喝起来像泡了干草的水，咖啡像煤堆里捞出来的假豆子做的饮料，巧克力又太甜。我最喜欢的还是德国啤酒汤，经常喝我的胃就不疼了。"奥尔良公爵夫人所说的啤酒汤做法是：在锅里倒上啤酒加热，然后在其他容器里分别打上一个鸡蛋，放一点儿黄油，倒上一点儿凉啤酒搅拌，最后把热好的啤酒倒进容器，最后加点儿盐和糖。《哈利波特》一书里魔法师学校的"黄油啤酒"就是这种啤酒汤的再现，这种啤酒汤出现的时间比较晚，因为盐和糖都是当时非常昂贵的食品。

至于面包，则是骑士们的主食，而且是加了木屑和石灰的黑面包。我们现在吃的面包在当时被称为"皇后面包"，是顶级的大贵族和大主教才能吃上的最高档的

食品。烤制面包从来就不是一项简单的活，精细的面粉在东西方都一度价格高昂，韩国电视剧《大长今》里那句著名的台词"面粉是一种珍贵的食材"并不是笑谈。我们可以用肉价和面粉的价格做一下比较，如今肉类的价格几乎是面粉的 15 倍。而在文艺复兴早期，即使是全欧洲最富庶的意大利，猪肉也只比小麦面粉贵 2 倍，小牛肉也不过贵 2.5 倍。当时欧洲的现状是："社会地位越低的人，消耗在面包上的收入比例就越高。"磨制面粉需要耗费大量的人力、物力，磨面一度是暴利的行当，是不少达官贵人争相投资的热门产业。唐玄宗时代，长安城最大的磨坊主就是大宦官高力士，工业革命以前的欧洲也是如此。从磨坊买来面粉来烘焙面包是当时大多数人的选择，因为磨面消耗的时间和体力实在是过于巨大了。对当时的欧洲人来说，想要吃到面包还有一个头疼的难题：他们没有太多的选择，必须要到行会指定的面包店去买，难免会遇到质次价高的情况。

在中世纪，黑面包是人家贵族餐桌上的美食，普通士兵只能吃点儿谷物、蔬菜，喝点儿稀粥、啤酒汤。黑面包真正被端上普通士兵的餐桌，还要到地理大发现以后。在西班牙征服美洲的过程中，欧洲人发明了另外一种面包——大名鼎鼎的"征服者面包"木薯面包。欧洲定义的面包实际上

◎ 啤酒汤（左图），木薯面包（右上图），黑面包（右下图）

就是烤制的谷物食品，引发无数犹太人流血事件的无酵饼其实也算面包的一种。按照这种说法，我们今天吃到的烧饼显然比木薯面包更符合当时的面包标准。

这种面包中的"异端"出现在科尔特斯和皮萨罗征服了大片美洲土地之后，那时的西班牙王室将这一大片美洲土地和印第安人分封给这群有功之臣。科尔特斯分得了五千多户印第安人的"私产"，这些印第安人的产出就是他的收益。科尔特斯的收益其实并不像福布斯"世界千年富豪排行榜"上估计的那么多，他的全部年收入是 5000 比索（西班牙银币，1 比索相当于 38 克白银），也就是清朝一个蒙古王爷的收入。这笔钱其实是科尔特斯封地上可以出售的物产比如红色染料、可可等产品的收益，而墨西哥银矿的开发收入则要等到他去世后才会出现。此外，印第安人还要负责为这群征服者提供食物，美洲土生土长的木薯就这样被磨成了细粉、烤制成面包，用来供养这群幸运的西班牙"堂·吉诃德"。西班牙人发现木薯的食用功能后，这种神奇的食品又被葡萄牙人伊比利亚带到了非洲，并在非洲的殖民地上大力推广，木薯作物及其加工食品成了现在很多非洲国家的主食。

除此之外，中世纪的欧洲并没出现过其他主食。著名的意大利面其实是入侵西西里岛的阿拉伯人发明的。西西里岛是距非洲最近的岛屿，公元 8 世纪时，它被阿拉伯人从拜占庭帝国的手中夺走。阿拉伯人带来了从中亚地区学来的面条制作法，发明了意大利面。西西里岛上的磨坊产业

也因此而发达起来。与现在不同，那时的西西里岛与阿拉伯地区的贸易经济非常发达，是各方势力的争夺焦点。挪威王子哈拉尔德在拜占庭帝国当雇佣兵时，就曾参与拜占庭对西西里岛的争夺。这位集狡猾和强悍于一身的王子后来趁着拜占庭帝国的内乱，洗劫了拜占庭皇宫，并回到挪威称王，最后死在了争夺英国的战斗中。真正将西西里岛夺回来的是来自诺曼底的欧特维尔家族。欧特维尔家族是诺曼底坦克雷德男爵的后裔，其家族子嗣众多。欧特维尔家族的 12 个子嗣中有 8 个都前往意大利南部展开骑士冒险之旅，凭借着惊人的谋略和勇猛，欧特维尔家族的后代打垮了阿拉伯人建立的西西里王国（这个小王国的收入一度是欧洲各王国中的翘楚）。

随着西西里岛回归基督教世界，意大利面也随之流传到了意大利的各个地区，但它还只是富人的美食。马可波罗曾经食用过意大利面，并留下了深刻的印象。在他的游记中，马可波罗对能在中国吃到面条感到大为惊讶。因为他已经吃过了地道的意大利面，所以他用意大利面的专用名词"细面"（Vermicelli）和"宽面"（Lasagne）来形容自己吃到的中国面条。12 世纪中叶，阿拉伯地理学家易得里斯在他的西西里游记中写到："特米尼（Termini）以西有个叫托拉比亚（Trabia）的小镇，那可真是个迷人的地方。镇子里溪流纵横，依傍着河流，那里建起了许多磨坊。在这片广袤的平原中，密布着许多大型庄园。每年，那里出产大量的意大利面，销往四面八方。送去卡拉布里亚（Calabria）、中亚和欧

◎ 油画《意大利市场》，画中的小摊贩卖着意大利面

◎ 14世纪意大利面的制作过程

洲其他地方的意大利面一船又一船。意大
利面很快在亚平宁半岛各地流行开来。14
世纪以后，从南到北意大利面行会纷纷建
立起来。随着经济的发展，意大利面也进
入了寻常家庭的餐桌，成为意大利人不可
或缺的美食。

　　为意大利面而战，也形成了意大利人
独有的战争文化。1647 年，一场保护意大
利面的战斗在西西里打响。统治西西里岛
的西班牙哈布斯堡王室制定了新的收税标
准，即按照面条的消耗量来征税。当西班
牙的士兵们开始挨家挨户地称量当地居民
用来制作意大利面的面粉时，一向对西班
牙统治者恭顺的西西里人开始反抗。激烈
的巷战持续了一个多星期，当地人不惜用

鲜血争取意大利面的自主权。政府当局最
终取消了这项引起巨大公愤的面粉税。"意
大利人必须对意大利面有绝对自主权"，
在意大利统一战争获胜后，红衣军统帅加
里波第用加了橄榄油的金枪鱼意大利面来
庆祝胜利。

　　有人将意大利面奉为信仰，也有人将
意大利面视作沉疴。墨索里尼是地道的工
业强国主义者，在他的眼中，意大利面不
仅需要精心烹制，也需要细心品尝，这种
慢节奏的美食在一定程度上制约了意大利
的工业发展。他的理论家马里内蒂就曾叫
嚣"意大利面是荒谬可笑的美食宗教，是
传统主义者的菜肴。它难以消化，卖相野蛮，
对营养含量造成误导，让人吃了之后心存

疑虑、行动缓慢且悲观。所以说，面食对意大利人是绝对没有好处的，吃多了只会让人热情尽失。如果意大利人能戒除吃面的习惯，那成就不知会有多高。"因此墨索里尼本人奉行着简单饮食"多吃面包、少吃面"的概念，每天的主食是 3 公斤牛奶搭配面包，并辅以少量水果。

　　为了改变意大利人的生活节奏，使他们"振作"起来。墨索里尼政府开始他们对意大利面的负面宣传，并公开表示"看那些卡布里岛的胖子、佛罗伦萨的肥掌柜、罗马的屁股大到可以把巷子堵起来的老妈妈，他们都是因为吃了太多的意大利面"。墨索里尼政府为公民设计的理想食谱很能体现工业时代的节奏，需要用到和今天富士康自动餐饮设备相媲美的大型金属搅拌器和蒸馏锅。然而意大利人已经习惯了意大利面的味道，不可能像墨索里尼期待中的那样再去效法古罗马简单高效的饮食。要知道意大利可是一个吃货的国度，即使在公民选举这样严肃的场合，选民也往往会把选票投给派发的免费意大利面又多、又好吃的政党。这样不接地气的做法自然遭到了群体抵制。即使是意大利军队，也照样不去理会法西斯的教导，照样大吃意大利面，甚至闹出了为了吃意大利面全军成建制地被俘虏的笑话。如果墨索里尼用"保卫意大利面，保卫比萨，打败吃汉堡、热狗的美国人"作为宣战口号，也许效果会好得多。

　　在征服全世界的过程中，英国人的饮食习惯也改变了不少，主食的变化就是其中的一项，比如印度的咖喱饭。英国庄园主在全盛时期非常热衷于印度饮食，咖喱饭曾在英国风靡一时，由英国人改良的鸡蛋、鱼肉、米饭版奇奇里（印度做法是小扁豆、黄油、米饭混合而成）成了当时在英国绅士们间流行的早餐。在饮食习惯方面，荷兰人的变化比英国人更为明显。在殖民印度尼西亚和台湾的活动中，荷兰人乡随俗，将大米当作主食。占据台湾后，荷兰人就改行当了"地主"，向开发台湾的福建移民征收的大米成为了东印度公司当时的一大收入来源。在东印度公司最大的殖民据点印度尼西亚的巴达维亚，荷兰人还用大米招募了大批流浪的日本武士来充当自己的打手。

肉 奶

第二章

肉和奶的力量

如果我们留心人类的发展史，就会发现食用肉类也是人类进化的重要一环，它具有和直立行走一样重大的意义。动物界有不少例子证明肉食者比素食者更聪明。黑猩猩智商称霸灵长类（除人类外）的秘密就在于它们也喜欢吃肉，黑猩猩组成捕猎小分队会在丛林中猎杀猴子。同样，海洋中智商最高的也不是素食的蓝鲸，而是吃鱼的海豚和把海豹、鲨鱼当点心的虎鲸。

在文艺复兴时期的意大利，但凡受过教育的人们都认为世间万物皆生于土、水、气、火，且由"存在之巨链"决定其秩序。而自卢克莱修（Lucretius）时代起至哥白尼和文艺复兴时期，大多数文化人都接受这一关于宇宙结构的概念。"存在之巨链"由许多存在着等级关系的链接构成，囊括从最基本的低级元素（如岩石）到"至臻的完美"（指上帝）的各种事物。依照这个观点，动植物的等级高低取决于它们在链条中的地位。洋葱这类块茎植物列位最低，像凤凰这样的神秘生物因其属火生类且地位仅次于上帝而高居链条的顶端。每一种动植物都比其上级低劣，同时比其下级高贵，没有哪两种动物或植物享有相同的尊贵度。水生物中最低等的生物是底栖喂食型的壳类水生物（如牡蛎和蛤），虾、蟹及龙虾则居于其上，鱼类在其上一级。最高等级的水生动物是鲸和海豚，它们时常会游现于海洋表面，人们认为那是它们在奋力地呼吸空气，正因如此，它们被赋予了一定程度的尊贵性。

肉类如果按等级来划分的话，羊肉（极有可能是当时商人阶级的日常食品）居于小牛肉之下，猪肉的地位最低。猪肉特别是经过盐腌的猪肉，在当时颇受轻视，最大的原因可能是猪肉经常为底层阶级食用。

这种饮食规则，在欧洲贵族的餐桌上表现得尤其明显。1466年以南尼娜·美第奇之名为贝纳多·卢彻莱举行的盛宴上，主人用小牛肉招待在两家拥有乡下地产的客人们，而最重要的宾客享用的是阉鸡肉、鸡肉以及其他禽肉，食用飞禽肉的习惯也开始在欧洲王室中流传。英国王室和贵族将食用飞禽看作是身份高贵的象征，英国王室曾颁布法令，禁止英国平民猎杀天鹅，全英国的天鹅的生杀大权都掌握在王室手中。也就是说，只有英国王室成员才能吃到天鹅肉。

自从迎娶了来自意大利的凯瑟琳·美第奇后，法国王室的宫廷菜谱也开始变得讲究起来，逐渐领先于欧洲各国王室。路易十四的菜单中就包括老阉鸡两只、鸽子十二只、巴马山鹑一只、野鸽子四只、母鸡六只、小牛肉八斤、肥母鸡三只、野鸡一只、山鹑三只、小肥母鸡两只、童子鸡四只，外加母鸡九只、鸽子八只和肉饼四个。路易十六在出逃时胃口依旧良好，在小旅馆里杀掉了多只飞禽后，依旧表示吃不饱，最后这种王室锻炼出来的非同一般的好胃口暴露了他的身份。

© 《吃牡蛎的少女》，扬·斯蒂恩

狩猎与畜牧

（肉）（奶）

11万年以前人类的祖先开始进化，在直立行走以后，把食物来源扩大到它们能找到的任何一种食物上，这其中就包括肉类，正是食肉扩大了人类的脑容量。人类超过黑猩猩等远古近亲的关键，除了直立行走外，还要加上熟食这个因素。数万年前一场不经意间的大火，让人类发现了熟食的美妙，也让烤肉成了人类最早的佳肴。烤熟的肉类在蛋白质吸收方面明显优于生肉，虽然后者拥有富含维生素的优势，但对人类进化而言更好地吸收蛋白质无疑更为重要。人类社会的远古部分犹如漫长的黑夜，肉食和火的利用就是这漫长黑夜中两道希望的曙光。

人类发明的最早工具就和肉食密不可分，我们的牙齿并不适合剔除骨头上的肉，本着不浪费的原则，最早的人类用磨尖的木棍发明了最早的餐具，这也是人类最早的武器。它不但可以使早期人类更好地享用肉食、提高智力，更主要的是能帮助人类在保护自己的劳动成果的同时，让人类拥有了跨进地球食物链顶端的阶梯。正是对肉食的追求，人类开始了迈向文明和战争的第一步，这种对工具（武器）的改进和使用，使得人类和自己的远亲黑猩猩越走越远。虽然个别头脑发达的黑猩猩也有挥舞木棒、扔石头打猎的记载，但它们的主食依旧是果实。甚至有种观点，认为是为了肉食而追逐猎物的一系列活动使得人类开始直立行走。没有尖牙利爪的人类，为了获取更多的猎物只好不断改进工具，同样肉食的获取又更加提高了人类的智力。对大型动物的大规模狩猎也反映了早年人类社会已经有意识团结合作，发展出了最早的组织观念和语言。

人类的社会形态最早是母系社会，因为在这个时间点上，负责捕猎的男性收获要远远少于采集果实、根茎、野菜的女性。经济基础决定上层建筑，男性也只有忍气吞声，把社会大权交给女性负责。至于为什么男性会干这个当时吃力不讨好的活，只要是正常的男性看一下自己的肌肉就明白了，作为爆发力、耐力等身体指标比女性强三分之一左右的男性，在当时的社会分工上不去捕猎、给氏族部落弄肉食似乎真的说不去。

冰河时代，面对体型远比现在陆地动物庞大的剑齿虎、猛犸象等大块头，为更好地捕杀猎物、应对威胁，人类开始有意识地加强协作、改进手中的武器，人类所有的战术和武器就是在这一时代起源的。人类没有尖牙利爪，没有熊一样的力量和豹一样的速度，只好在捕猎中发明改进各种工具当武器，用团体协作弥补自己力量和速度上的不足。渐渐的人类开始赢得了和大型猎物较量的优势，体型超过现在非洲象的猛犸象也成了原始人类舌尖上的美食。最初捕猎的10人左右的小分队成了人类最早的军事编制，现在各种集体球类运动上场人数和替换人数大致都在这个数字之间徘徊，欢庆捕猎成功的部落狂欢更成了舞蹈等艺术的最早来源。

十进制的由来据说和人类的十根手指有关，最早的捕猎小分队以十人作为最基本的编制，沿用了下来。这种编队习惯在我国北方的游牧民族身上表现得尤为明显，第一个称霸草原的游牧民族匈奴人就建立了"什长"（十骑长）、"百长"（百骑长）、"千长"（千骑长）、"万骑长"（这一层次的匈奴指挥官一般都会封王）的编制体系，此后雄霸草原的鲜卑、柔然、回鹘等民族都仿照了这个体制。就连一代天骄成吉思汗也不例外。

为了获取肉食的捕猎活动是古代军队进行军事训练的最早来源，也是人类走上战争的最好预演。不同氏族和部落的原始人类，在因为各种原因走上战争之路时，自然而然地就把狩猎的武器和技巧用在了战争上。擒获某人在中国古代写作"禽"，意思就是像捕猎禽兽一样捕捉敌人。在中国的周代，组织部落成员在农闲时节进行捕猎也是保持战斗力和凝聚力的手段。

《诗经·豳风》中就描写了一个周人农夫的一年劳作。农忙时这个农夫要照顾集体和个人的土地，农闲时他要参加部落中的捕猎活动，捕获的大个野兽需上交集体当祭品，小个野兽自己拿回家打牙祭。我们的祖先也和世界上其他民族一样，把捕猎当成一项可以称道的运动。中国历史

上不乏拿打猎成绩当成是人生一大成就的皇帝。比较有名的例子就是曹操的儿子曹丕，他在自己半吹牛性质的自传中《典论·自序》中称自己和曹真合作，有过一天猎获兔子三十、麋鹿九头的战绩，相对于曹丕的军事成就这也算是很不错的"武功"了。其次就是和兔子有着"血海深仇"的康熙大帝玄烨，康熙声称自己在一天内杀掉了三百多只兔子，在能够有效射击的白天基本上他两分钟不到就要打死一只兔子。

在冷兵器时代，一个阶层和民族保有强大战斗力的特征之一就是看他们的日常生产生活和战斗有多接近。波斯的大流士国王在墓志铭上自豪地表示自己始终是最好的猎人和骑手，可见在波斯人的概念中，好的猎手基本上就等于好的战士。把会猎当成会战也是中国自古以来的常用说辞，赤壁之战前曹操就向孙权发出了"会猎"邀请。

古罗马军事理论专家弗拉维乌斯·韦格蒂乌斯·雷纳图斯在其著作《论军事》中就建议皇帝一定要在农夫、猎人、铁匠、屠夫等强力职业人员中挑选士兵，因为这些人对战争的适应性要比其他职业好得多。其中猎人和屠夫就是当时肉食的主要提供者。

猎人是战场上最好的侦察兵和远程武器使用者，因为不能仔细辨别猎物的猎人会很快被淘汰，不能有效使用远程武器的猎人在收获上也会比其他猎人少得多。

在欧洲中世纪的黑暗时代，军队构成就是少量的侍从骑士和领地上征伐来的民兵，为了让民兵保持战斗力，在农闲时节，让民兵们以打猎的名义熟悉一下军事技能

是保留项目。当时占据了山林，可以随时捕猎的贵族们则将狩猎当成是保持自己军事优势和进行人际往来的手段，不轻易向自己统治下的小民开放自己的猎场。

历史上第一个狙击手专门培训学校出现在第一次世界大战的英国，英国人在堑壕战中吃尽了德军狙击手的苦头，一门心思认定德国人建立了专门的狙击手培训学校，为了不落人后只好自己动手。事实表明德军并没有专门的狙击手学校，德军的狙击手大多来自猎人家庭和有丰富狩猎经验的贵族家庭，是先天的优势造就了德军狙击手的战绩。德军如此，其他军事强国也一样，苏联著名的狙击手瓦西里·扎伊采夫也是猎人出身，美国中南部也是美国狙击手的盛产地，因为当地的美国白人家庭普遍有狩猎的爱好。

人类获取肉食最早的来源就是捕猎，但这种方式有着不确定性，捕猎不能为人类提供长久稳定的肉食来源。人类开始通过培养一些有培养价值的牲畜，充当自己的肉食来源，最早的畜牧业产生了。畜牧业的发展使得人类的社会分工进一步明确，终于让"君子远庖厨"成为可能。这是文明进化的结果，但也造就了屠夫这一强力职业。

中国历史上屠夫出身的强悍武者层出不穷。司马迁在《史记·刺客列传》中提及的成功完成刺杀任务的聂政就是屠夫出身，他和樊哙一样都是以屠狗为业。同样刺杀了吴王僚的专诸也学习过杀鱼的技术，他也算是另一种屠夫。战国四公子之一的信陵君窃符救赵得以成功离不开以屠夫为

职业的朱亥的帮助。

屠夫们出身的强者不但在刺杀上显示了极强的专业素质，在正面战场上也有上佳表现。如果说三国故事里的张飞就是屠户出身还有些杜撰的嫌疑，那么西汉开国功臣之一的樊哙就用自己的战绩体现了这一点。在整个灭秦之战中，樊哙先登（第一个攻上地方城市，是古代赏赐最高的军功之一）四次，和自己的亲信部下合作斩首176人，俘虏288人；攻下5个城邑，平定6个郡，52县，虏获丞相1人，将军12人，将官11人，是西汉军中当之无愧的开路先锋人物。也正是因此樊哙才得以娶了吕雉的妹妹，在鸿门宴上能面对项羽而不落下风。

如前面所说，光靠捕猎是无法满足大量肉食供应的，人类大量吃肉的历史，与畜牧业息息相关。

第一种走进人类生活的动物是狼，人们发现驯养小狼可以有效地帮助自己捕捉更多的猎物，于是才有了今天的各种狗，这个时间大约是公元前40000年到15000年前。驯养动物让人类豁然开窍，各种动物纷纷进入人类的驯养名单里，欧亚大陆成了人类驯化动物的摇篮，我们今天看到的大部分驯养动物都发源于欧亚大陆。

人类挑选动物的原则有三个：第一是个头不能太小，繁殖速度不能太慢。第二是不能主食是肉类，比如我们圈养的狗已经改变了食谱，变成了杂食动物。这个原因很简单，主食是肉类的动物会和人类抢肉吃，驯养起来成本太高，除了少数人没人养得起。印度的王公贵族过去就驯养过

◎ *中世纪猎人捕猎的场景*

猎豹帮他们捕猎，但这种情况不是主流。第三有群体生活习惯、领地意识和等级观念，这样的动物方便管理。也许某些爱猫人士会很有意见，但是猫真的被我们驯服了吗？今天的家猫只是半驯服动物，在高贵的"喵星人"眼里人类只是它的合作伙伴，或者只是奴仆。

在欧亚大陆之外的美洲，印第安人驯养的主要动物有两种：羊驼和狗。羊驼生长在安第斯山脉，没能扩展到整个美洲大陆。古代的玛雅人、阿兹特克人如果要打牙祭，除了去捕猎各种野兽外，就把狗当成了主要的肉食来源。他们养狗和养猪差不多，养得越肥越好。

"平民食品"猪肉

根据联合国粮农组织的调查，目前猪肉依旧是人类补充肉食的主要来源之一，历史上因猪肉挑起的战争也屡见不鲜。家猪的祖先就是生长在丛林丘陵地区的野猪，因此最早驯养家猪的人类也是这些地区的居民。家猪目前分布很广，但对降雨量还是有一定的要求，总体来说干旱地区是猪的禁区，羊才是那里主要的家畜。猪的长处是什么都吃，是天然的"垃圾桶"，比较容易饲养。中国历史上猪肉出现的时间比较早，虽然古代猪肉的地位不如牛羊肉，甚至曾经不如狗肉。比如《国语·楚语下》"天子食太牢，牛羊豕三牲俱全，诸侯食牛，卿食羊，大夫食豕，士食鱼炙，庶人食菜。"那时候孔夫子也要吃羊肉，"吃冷猪肉"是很久以后的事情了。但猪肉在中国历来是平民的美食，汉字"家"中就有一个"猪"的存在。

在欧洲，最重视猪肉的民族是日耳曼人。早年的欧洲森林覆盖面积高达百分之九十，森林正是猪生活的良好环境，日耳曼人驯养了野猪充当自己的肉食来源就成了理所应当的事情。早年的欧洲家猪可不是现在运动量缺乏的圈养家猪。日耳曼人养猪一直是半放养状态，任由自己部落的家猪在森林中游荡，四处寻找果实野草等各种事物充饥。欧洲的猪很长时间内都是浑身灰毛，獠牙外露，是像狗一样精瘦敏捷的半野种类。和需要付出更多精力照料的牛羊相比，养猪的好处就是简单。欧洲人过去养猪是自由放牧方式，每天成群结队的猪跑到森林里自己去刨土寻食，吃些橡子、苹果和蘑菇，入冬便可变成美味的咸肉。这个习惯一直保持了很长时间，牧猪人一度和牧羊人一样是欧洲中世纪故事里常见的角色。

在日耳曼人的征伐故事里，猪也扮演着重要角色。日耳曼人最早生活在欧洲的森林中，他们刀耕火种，生活水平很低，但对富庶的地中海经济圈很有征服的野心。罗马人的军团征服了整个地中海经济圈后，这些"野蛮人"就自然而然地把目标投向了罗马人。日耳曼部族中不断上演着征服、吞并、扩张的三部曲，当一个部落的人力资源超出他们的生产力水平时，他们就把扩张目标对准了"文明人"占据的富饶土地。而罗马人非常痛苦地发现，彻底征服这群野蛮人是非常不现实的，也是"赔本"的生意，能稳定住现有边界已经是罗马人所能达到的极限。

日耳曼人和罗马人围绕着莱茵河周边展开了长达数百年的反复争夺。这其中既有森布里条顿联军对罗马军团超过汉尼拔的围歼战，也有马略、恺撒姑（父）侄对日耳曼部落的大屠杀。

在日耳曼人的行军中，他们的猪扮演

◎ 中世纪普通欧洲家庭的厨房，厨房的天花上悬挂火腿、香肠等食物。中世纪的下层民众杀一头猪基本上要吃一年，在那个冷藏技术不发达的年代，吃不完的肉会被做成块状的咸肉或是火腿，余下的血、内脏、猪油等杂碎则被拌匀了塞进香肠，一点儿也不浪费

◎ 猎人围捕一头猪，可以看到图中的猪俨然一副灰毛獠牙的模样

了重要角色。罗马人记载的蛮族入侵中不止一次提到，日耳曼人喜欢将自己饲养的猪群带到前线充当肉食来源，双方作战的森林地区也确实是养猪的好地方。这些半驯化的家猪非常能跑，它们可以跟上大部队行军。在日耳曼人围攻罗马人的城市时，这些猪就在罗马人的城市周围放养，直到战争结束。无论战争结果如何，它们的下场都只有一个：如果是它们的主人获胜，它们会被当成庆贺的主菜吃掉；如果失败落到罗马人手里也是难逃一死。

也就是在与蛮族漫长的战争中，肉食也逐渐被端上了罗马人的餐桌。当时罗马人常吃的肉食有猪肉、小羊羔、山羊、鸡、鹅、鸭、鸽子，此外还有野兔、公猪、鹌鹑、野鸡、鹿、獐、画眉等。这些肉食都在当时供不应求。蛙和蛇也是古罗马人特别喜好的食物。此外，鹅肝作为一种美味也深受罗马人的欢迎。和鹅肝一样被西餐继承的罗马大菜还有著名的法国蜗牛，这是罗马皇帝的最爱。

至于罗马普通人的最爱依然是猪肉。不过和日耳曼人比起来，罗马人养的猪非常"不健康"。罗马人常常将猪饲养到肥得没有人帮助就站不起来时才宰杀，制成咸猪肉和火腿。罗马咸猪肉的做法是：把猪肉洗净，剁下猪腿，剩下

的带骨肉切成二十余斤的大块，然后整块地用盆腌渍、烟熏而成。

罗马元老加图的《农业志》中则详细描写了罗马火腿的腌制方法：每个大腿要用半斗盐，放在缸中腌制二十余天后，取出风干，先后抹上油和油醋混合物。食用时，或整块或略为切割后烤制即成。

在中世纪，猪肉也是欧洲下层民众的最爱，一个农民基本上一年就吃一回猪肉，香肠就是欧洲农民为了处理猪下水等杂碎发明的。

在中古时代的中国，猪肉的发展有了不少变化。从先秦时期养成的对猪肉饮食习惯，在后世一直被扩展。猪肉的地位，基本上是随着中国人口密度的增加而提升。

比如在唐代著名的烧尾宴[①]上，菜谱是这样的：通花软牛肠（羊油烹制）、光明虾炙（活虾烤制）、白龙曜（用反复捶打的里脊肉制成）、羊皮花丝（炒羊肉丝，切一尺长）、雪婴儿（豆苗贴田鸡）、仙人脔（奶汁炖鸡）、小天酥（鹿鸡同炒）、箸头春（烤鹌鹑）、过门香（各种肉相配炸熟）等。牛、羊、鸡、鹌鹑，甚至还有青蛙，就是缺少猪肉。

在宋朝，猪肉仍然不是士大夫阶层的主要肉食，或者说猪肉仍然是低档的肉食。宋高宗赵构在清河郡王张俊府上赴宴，食

---

① 唐朝授予官职和升迁的答谢宴，当官升官就像鲤鱼跳龙门，自然要烧尾化龙，所以有此名号。

材算得上是海陆空齐全，唯独没有猪肉。在随从高宗出行的禁卫食谱中却有猪肉三千斤，可见当时猪肉的主要消费群体档次实在不高。所以苏东坡说："（猪肉）富家不肯吃，贫家不解煮。"

但在普通老百姓那里，猪肉就是主食了，《东京梦华录》称，每天有上万头猪被贩子们从四乡收购送入东京（今开封），无数的猪肉摊贩，无数的张屠户宰杀这些猪，给普通百姓的餐桌上送去肉食。

真正让猪肉沾上点贵气的，还是苏东坡。在杭州任上，因为治理西湖，要解决民工的吃饭问题，他创造性地发明了"小火慢炖"的方块肥肉，这种以姜、葱、红糖、料酒、酱油等做成的猪肉菜肴，被命名为"东坡肉"。

宋朝时，汉人居住区以羊肉为贵，但辽朝却正好相反，猪肉成了高大上的美食，猪肉在辽朝是"非大宴不设"。宋朝的使节出使辽，北人会用最好的猪肉款待使者。为何在同一时代南北区域对猪肉的态度有着如此大的差别呢？究其原因无非就是"物以稀为贵"。辽朝猪少，以猪肉为贵；大宋羊少，以羊肉为美。于是在互市的时候双方就互通有无，契丹人出口肥羊，换取宋朝的猪，双方都很高兴。

到了金朝，猪肉真正扬眉吐气了一把，猪肉是女真民族的传统美食。女真族并不算传统意义上的游牧民族，女真人过的是一种将农耕、渔猎、畜牧相结合的生活，他们作战方式和生活风格和早年的日耳曼人非常相似。

明朝时，猪肉逐渐流行开来，至少在皇家食谱中已有所见，《明宫史》记载，在皇家过年的食谱中就有烧猪肉、猪灌肠、猪臀肉、猪肉包子等。但在民间，猪肉的盛行程度却被牛羊肉后来居上。万历年间，北京的物价显示，万历五年牛肉1斤0.013两纹银，猪肉0.018两纹银；万历二十年猪肉涨到0.02两，牛肉和羊肉1斤都只需要0.015两。也说明在这个时候，牛羊肉是比猪肉更普及的肉食。

到了清朝，由于女真民族的再次崛起，猪肉也再次实现了逆袭，成了中原地区的主要肉食。在美食家袁枚的《随园食单》中，已经将猪单独列为"特牲单"："猪用最多，可称'广大教主'。宜古人有特豚馈食之礼。"在他的介绍中，与猪肉相关的有43道菜，其中有红煨肉三法、白煨肉、油灼肉等。

猪肉在清朝也彻底成为皇宫的主要肉食。清朝皇室祭祀祖先时喜欢用猪肉，皇后住的坤宁宫的一大用处就是充当白水煮肉的砂锅居，这些白水煮猪肉在祭祖之后就被分给清朝的大内侍卫，一般人还吃不上。清朝时孔圣人在人间饱尝"冷猪肉"，他的后裔聚集孔府也把猪肉当成是主要食品，孔府每年都要向自己的佃户索取数万斤猪肉。

历史上也有因拒绝食用猪肉而爆发的战争。

塞琉古王朝是当年亚历山大大帝东征的遗产，全盛时期统治着叙利亚、两河流域、波斯和巴勒斯坦地区，统治疆域350万平方公里，人口三千多万。

当时的巴勒斯坦地区在地中海经济圈内并不起眼，但因其对塞琉古王朝和托勒密王朝统治的要害地带产生威胁，而被塞琉古王朝和托勒密王朝反复争夺。

在巴勒斯坦，托勒密王朝有着不小的影响力，可随意招募到犹太人雇佣兵加入自己的军队。为了争夺这块要地，塞琉古王朝的安条克四世可谓煞费苦心。安条克四世在耶路撒冷建造了巨大的竞技场和公共浴池，还建造了宙斯神殿。他万万没想到的是，这一系列举措却激怒了犹太人。犹太人并不像希腊人那样热衷于各种运动，他们甚至对希腊人裸露身体以显露肉体自然美的方式感到厌恶。更令犹太人无法接受的是，希腊人竟然在祭祀异教神的祭坛上摆满了猪肉。

在安条克四世征战期间，犹太人认为这是民族解放的绝佳时刻而纷纷起义。盛怒中的安条克四世急忙召集军队将耶路撒冷圣殿的金库席卷一空，上万名犹太人被贩卖为奴。这次，安条克四世失去了耐性，开始强制犹太人食用猪肉。

公元前167年，战争终于因猪肉事件而爆发。犹太教老教士马加比杀死了耶路撒冷以南摩丁村的一名屈服于暴力的犹太农夫。马加比当即就被塞琉古王朝的士兵包围起来，在他的五个身强力壮的儿子的掩护下，才杀出重围，逃往山区的荒野之中。

马加比家族是世袭的犹太教教士，与犹太教祭祀阶层和知识阶层有着广泛的联系。在这些人脉资源的帮助下，马加比家族从不满的犹太人中迅速征集了一支12000人的队伍。马加比本人在公元前167年去世，他的五个儿子中最强壮的犹大马加比[①]成为起义的领袖。起初这支军队只是些由犹太人组成的民兵，一开场就被塞琉古王朝的4万马其顿希腊军队打得落花流水，但犹太人用他们的顽强弥补了军事经验的不足，大有野火烧不尽之势。接下来的事情就是一系列的围剿和反围剿，马加比家族领导着犹太人和塞琉古王朝打了三年的游击战。

塞琉古王朝并不把巴勒斯坦的犹太人起义放在心上。对塞琉古王朝来说，安息地区的再次独立更危险。安条克四世把平定巴勒斯坦地区的任务交给自己的部下，把军队主力用于远征亚美尼亚和安息。

公元前164年，安条克四世去世。同年，马加比家族领导的起义军收复了耶路撒冷，重新修建了圣殿。因为安条克四世的王位是从自己侄子手里夺来的，他死后，塞琉古王朝在罗马人的煽风点火和大力支持下内乱不断，塞琉古王朝更加没有用于维护巴勒斯坦地区长期治安的兵力了。

公元前143年，马加比家族派出代表前往罗马，向罗马元老院进献礼物。在这些礼物中，就有一个用近1吨黄金铸就的盾牌，希望罗马人不要在战争中保持中立。

---

① 犹大马加比，外号"挥锤者"，这个外号反映了他所使用的武器，也反映了他的强壮，古今中外拿铁锤当武器的好汉一般都有超人的力量。

这一事件标志着马加比家族已经在巴勒斯塔地区建立起了稳固的统治。他们的统治持续了近百年，最后被"伟大的人"庞培覆灭。

到了现代，猪肉为战争做出的最大贡献就是提供了廉价的午餐肉罐头，其中就有最著名的二战罐头——斯帕姆罐头。

1932 年，明尼苏达州奥斯汀市的荷美尔公司创始人之子——杰伊·荷美尔发明了一种 12 盎司的罐装午餐肉。它的配料表上写明，这种呈砖形的午餐肉由火腿、猪肉、糖、盐、水和马铃薯淀粉制成，其中还加入少量的亚硝酸钠，"使午餐肉保持漂亮的粉色"。罐头当时的售价是每罐 40 美分，是同等分量肉食的三分之一，很受经济危机时下层民众的欢迎。

因为廉价和斯帕姆公司的努力公关，斯帕姆罐头成了二战美军的主要食品。美国大兵对这种猪肉制作的午餐肉罐头根本就没有好感，用很多刻薄的话语来嘲笑斯帕姆罐头。而一向缺少油水的中国却对这种食品趋之若鹜，从军官到士兵都把斯帕姆当成宝贝。当时在哈尔滨和上海等地的西餐店，罐头就是单独的一道大菜，中、美两国当时在经济实力上的巨大差异由此可见一斑。

"肉类贵族"牛肉

如果是羊是游牧民族的标志性牲畜，那么牛则是农耕民族的标志性牲畜。草原上的游牧民族并不喜欢养牛，在他们看来牛的生长速度过慢，繁殖率也不如羊高，养牛划不来。但定居的农业民族却不这么看。自从牛学会了耕地，它们的地位在农业民族眼中就立马飞升到一个可怕的高度。这其中最重视牛的就是印度人。

从早年雅利安人的史诗《梨俱吠陀》的记载来看，古代印度的雅利安人也把牛肉当成战争美食。在这部史诗中，雅利安人爱好战争、饮酒、赛车和赌博。雅利安人的战争之神因陀罗是最理想化的雅利安

◎ 在印度教的传说里，每头牛身上都居住着很多神灵，甚至连牛的粪便都是名贵的药材

武士，他的作战风格是快活地冲锋陷阵，身披金色盔甲，一餐能吃三百头水牛的肉，能喝三大壶酒。

在印度教的传说里，每头牛身上都居住着很多神灵，甚至连牛的粪便都是名贵的药材。在印度教兴起后，牛就成了印度人眼里当之无愧的神兽。

中国也非常重视对牛身上资源的利用。中华民族是历史上最早发明并使用复合弓的民族之一，复合弓弓臂的主要制作材料就有牛角和牛筋。此外，牛皮也是制作皮甲的重要原料。因此，牛很早就被当作重要的战略物资，被先秦时代的各个诸侯国当成保护动物，以至于到了不加限制地吃牛肉就意味着大规模破坏国家军备的地步。《礼记·王制》上说："诸侯无故不杀牛，大夫无故不杀羊，士无故不杀犬豕，庶人无故不食珍。"也就是说，即便是周朝的大官也不能随便享用牛肉，但对于周天子自然就没有这些限制了。到了"礼崩乐坏"的春秋时代，相继崛起的几大霸主不但获得了周天子征伐四方外夷、维护诸侯国之间秩序的大权，自然也延续了周天子无限制享受牛肉的特权。在齐桓公、晋文公等举办的会盟大会上，代天子征伐的霸主们主动宰牛来招待各位诸侯，"手执牛耳"成为当时霸主的标志。

物以稀为贵，牛肉在肉食排行榜上自然名列前茅。《楚辞》的《大招》和《招魂》篇中就有菜单：八宝饭、煨牛腱子肉、吴越羹汤、清炖甲鱼、炮羔羊、醋烹鹅、烤鸡、羊汤、炸麻花、烧鹌鹑、炖狗肉。在这份菜单中，牛肉排第一，其重要性不言而喻。

牛肉的重要性还体现在春秋时代的著名战役——崤（xiáo）之战中。公元前627年，秦穆公打算派人偷袭郑国。春秋时代的郑国并不是一个轻易可以被击败的国家，就连齐国曾在郑国手里吃过败仗。晋文公在公元前630年压服郑国，靠的是晋国和秦国的联军。孟明视等人之所以有机会偷袭郑国，最大的依仗就是郑国都城的钥匙掌握在亲秦人士手里，但这个秘密很快被郑国商人弦高得知。这位爱国商人立即宰杀了三头牛来犒劳秦师，从而阻止了秦师的偷袭。在这场智斗中，弦高的三头牛起了巨大作用。"诸侯无故不杀牛"的规定，让孟明视等人对弦高的使者身份深信不疑。弦高献上的三头牛自然不是用来犒劳秦国普通将士的（因为肉太少不够分），而是用来向秦国军事统帅孟明视等三人摆明态度的——郑国上下已经得知秦国的计划，牛肉成了弦高掩饰真实身份的最佳道具。秦师相对于郑国来说，没有绝对优势，而秦国的偷袭计划又必须秘密进行。弦高的表态无疑让孟明视等人以为先机已失，只好撤军。其实秦国选在当时远征，还有一个重要因素——晋文公已死，秦穆公实际上是想把扩张的触手伸到了晋国的势力范围。此举激怒了晋国高层，在秦军回师途中，晋国统帅先轸（zhěn）设下埋伏，几乎全歼了秦军。从某种角度上说，正是那三头牛决定了一个国家和一支军队的命运。

到了战国时代，牛耕成了各国增产征收的主要手段，牛不但是战略物资，更是重要的生产资料，吃牛肉更成了罪过。商鞅变法后，秦国法律规定，将政府配给的牛养瘦了的当事人都要坐牢房服劳役，更不用说吃牛肉了。秦国灭亡后，西汉的法律虽然相对于秦法有些宽松，但依旧对吃牛肉深恶痛绝。汉律规定"不得屠杀少齿"，汉律对杀牛的惩罚十分严厉，犯禁者诛，要给牛偿命。汉民族对牛的保护不是宗教禁忌，而是实用主义。按照不少朝代的法律，牛也是可以吃的，只是条件不好满足。东汉时只有三公和大将军在过年时可以领到200斤牛肉，这是他们年终奖的一部分。东汉一共出了22个大将军，大多都是外戚。三公为政府首脑，相当于现在的总理、副总理级别。只有四世三公，家里有人担任三公职位长达九十年的袁绍家族才能经常性的过年有牛肉吃。但估计袁绍还分不到多少，因为他的继父是袁成，而他是袁家庶出的儿子。

袁术作为袁家嫡子吃的牛肉可比他哥哥多，脾气也牛得多，在东汉末年的混战中还没有拿到一个州的完整地盘就敢第一个称帝。

在东汉末年的西北凉州，还有一个远近闻名的豪爽游侠设宴招待自己的羌族朋友，这个外表粗豪的汉子为了让自己的哥们儿吃得痛快，眼都不眨一下宰杀掉家中的耕牛。虽然当时羌人和政府军争战几十年，但这些羌人豪帅对东汉政府的法规还是很清楚的，他们知道这位哥们是冒着杀头的风险给他们准备了牛肉大餐。感动之余，这些人在酒足饭饱之后为这个哥们儿送来了上千只牲畜，使之积累了财富和西北的丰富人脉，这个大胆的家伙就是后来掀起了东汉末年乱世风云的董卓。

同样是三国人物，"士林八骏"之一的刘表在得到荆州后就以养牛为乐。刘表养了一头名叫八百里的牛充当自己的门面，从这头牛的名字分析它应该是头擅于长途奔跑的牛。当时的牛车是比马车更加安稳且上档次的代步工具。公元前208年夏天，刘表病死后留下了一个内部分崩离析的统治集团，这给了强敌曹操以可乘之机。当年七月曹操三个月就拿下了荆州。刘表的"宠物"八百里肥牛也成了曹操犒劳三军的烧烤，辛弃疾的"八百里分麾下炙"说的就是这件事，这无疑说明牛肉是当时祝贺重大胜利的最佳食材。几个月后，吃过八百里肥牛肉的许多曹军士兵就在赤壁迎接了他们的死亡。

唐宋时期，更是不管老弱病残，牛都在禁杀之列，只有自然死亡，或者病死的牛才可以剥皮售卖或者食用。宋朝封王的大臣、宰相、节度使一级的官员年终奖分的也不是牛肉，而是每人三只羊。

说到这里，很多读者可能会想到《水浒传》。那里面确实有很多吃牛肉的描写，但水浒传写于元末明初，元朝的统治者可不是汉族人，他们对耕牛的重要性认识得不如汉族统治者深刻，从元朝开始对吃牛肉的限制才越放越宽。《水浒传》里描写好汉们吃牛肉的情节大概是为了突出他们对现实社会的叛逆。

民间强人私自吃牛肉在中国古代是和扯旗造反这一类有前途的事业有密切关系。如果说朱元璋少年时代和小伙伴分吃地主耕牛的故事还属于民间传说的话，刘黑闼反唐时的牛肉大餐可是确凿无疑的史实。

刘黑闼（tà）是隋末河北贝州漳南人，与窦建德是发小。窦建德在河北老家非常有大侠风范，影响力很大。如果说窦建德给人的印象是侠义无双的大哥（这是唐朝官方都认可的说法），那么刘黑闼就是无赖赌徒，两人对牛的做法也是大相径庭。窦建德可以为自己的邻居办丧事送出自己的耕牛，这相当于现在送出自家的轿车，甚至不惜惹上贼人上门打劫。

刘黑闼在河北乡间一向以不事生产滥赌闻名，看在两人从小交情的份上，窦建德经常接济刘黑闼，而后者从来就是拿到钱就上赌场。隋末风云中这对好友一开始并不是同路人，窦建德因缘际会中坐上了高鸡泊起义军的头把交椅，是河北各路好汉公认的老大。刘黑闼一开始追随的是郝孝德，接下来又前往瓦岗军入伙，为李密执鞭坠镫。任何团体都是各种社会关系的总和，在瓦岗军内部河北人出身的刘黑闼显然非常受排斥，他只混到了"裨将"这个不起眼的职位。

李密和王世充师兄弟在洛阳附近进行了五场对决（他们都是当时大儒徐文远的弟子），李密赢了四场，却输掉了最关键的一场，被王世充打败，刘黑闼也成了俘虏。本来就不受李密重视的刘黑闼毫无心理压力的跳槽到了王世充阵营。这一回刘黑闼受到了重用，被王世充任命为马军总管，镇守河南北部的新乡。但刘黑闼还没有坐稳椅子就迎来了河北方向的攻击，攻击他的敌人指挥官是昔日的瓦岗军巨头李世绩，刘黑闼的指挥能力不及李世绩，当了俘虏。不过这次李世绩率领的军队是刘黑闼的好

哥们窦建德的人马，刘黑闼很快见到了昔日好友，并得到了重用。在河北起义军中刘黑闼充分发挥了自己的能力，不到两年时间就成了河北起义中出名的骁将。

武德四年四月，窦建德在和李世民的决战中失败被俘，刘黑闼也成了8万战俘中的一员。李世民没有屠杀战俘做"京观"的习惯，刘黑闼等人逃过一劫。可刘黑闼的好友窦建德却难逃一死，这是因为李渊有残酷对待敌人的传统，基本上投降他的各路反王都难逃一死。此后李渊嘴里说着对窦建德既往不咎，却发布公文说要查找隋朝皇宫珍宝的下落。隋末皇室的珍宝在江都之乱后被宇文化及带走，宇文化及正是被窦建德集团击败的，追查这些珍宝的下落等于就是追查窦建德集团骨干。因此范愿、董康买、曹湛、高雅贤等窦建德集团的骨干被李渊逼得铤而走险。他们希望找到一个可以带领他们造反的人物，根据占卜的结果这个人必须姓刘。

"刘氏主吉"是从北魏末年就广泛流传的说法，河北民众非常相信这个说法。与此类似的是"十八子兴"即李姓之人当皇帝，这个说法在瓦岗军内部也很流行，瓦岗军主要将领投奔的李密、李渊都姓李。范愿、董康买、曹湛、高雅贤等人找到老战友刘雅，把造反的计划告诉他。刘雅不想以身犯险，因为造反这种事成功率很低。当了造反集团的首领难逃一死，反倒是其他骨干还有讨价还价的余地，刘雅自然不干。范愿、董康买、曹湛、高雅贤等人相信只有死人才能保守秘密，于是毫不犹豫的杀掉了昔日战友刘雅。这群人又找到了

◎ 牛排

刘黑闼，刘黑闼一贯是赌徒性格，造反这种天下最刺激的赌博自然愿意干。为更好地招待各位"赌友"，刘黑闼当即宰杀了耕牛下酒。根据唐朝的法律，私自宰杀耕牛是重罪，这等于刘黑闼缴了投名状，而吃了牛肉的范愿、董康买、曹湛、高雅贤等人也是从犯。这群人聚集了上百人的队伍攻陷了漳南县，掀起了反唐的大幕。他们给唐朝制造的麻烦比当年的窦建德还要多，甚至击杀了唐朝的重要宗室成员淮南王李道玄。

牛肉在中国古代备受推崇，在罗马帝国时代也是少见的食材。罗马人也很看重牛耕的生产作用，跟古典中国一样，轻易不让宰杀耕牛。

真正让牛肉西方餐桌还要到欧洲的中世纪。罗马帝国崩溃后建立起的一系列欧洲国家早先都把猪肉当成自己主要的肉食来源。中世纪欧洲贵族和骑士们相信食物的特质和人的特质密不可分，吃肉尤其是吃牛肉可以保持战士的勇猛品质。于是战士的优秀代表——欧洲的骑士们纷纷以吃牛肉为荣，带血丝的半熟牛排被认为是保持战士本色的最佳食物。在中世纪的欧洲，牛排这道菜是地道的男子汉料理，只有男厨师制作，并由骑士的侍从们端上餐桌，女人哪怕是厨艺再好也无法染指牛排的制作。

莎士比亚的剧作《亨利五世》中也曾赞叹英国战士们吃牛肉的豪爽和作战的勇敢，在当时人们心中这两件事是可以相提并论的。其实英国军人吃的牛肉明显是法国人的牛，牛肉并不是英军供应的主要肉食来源，鱼肉才是。骑士制度流行的欧洲国度牛肉都受到推崇，在骑士制度并不盛行的意大利，人们认为牛肉是下层穷人的食物，直到文艺复兴时代吃小牛肉才成为意大利富人阶层的时尚。

牛肉在西方也不是没有反对者，文艺复兴时期的名厨普拉蒂纳就反对吃牛肉。他首先说："有人会怀疑牛对人类的巨大贡献。在牛肉这一栏下我列出了公牛、母牛和牛犊，它们可以拉车、产出牛奶和奶酪，还可以用来制鞋。因此在古代，无故滥杀一头牛的人与杀人犯一样同是死罪。"然而，他又提出不要吃牛肉，因为"对厨师和你的胃而言它都太硬了"，牛肉所提供的营养是"使人恶心、忧郁，易受惊扰的那种。"此外，"它会招致四日热、湿疹和鳞状皮肤。"这是文艺复兴时代各种古希腊、罗马养生理论流行的结果。

西方人对牛肉的推崇在今天的食谱上可见，他们吃掉了全世界大部分的牛肉，学习吃牛肉也成了不少民族奋起直追西方的重要标志。在19世纪末20世纪初的印度，婆罗门出身的律师尼赫鲁就在自己的豪宅里大吃牛排，他是印度很多土邦王宫的代理律师，也是印度国大党的元老，更是维多利亚女皇的贵宾。

在日本，明治天皇也把吃牛排看成是西化的标志，多次在国人面前表演吃牛排以移风易俗。其实明治天皇的日本贵族胃口很难真正享受牛排，伊藤博文等留学归来的大臣才是日本最狂热的牛肉爱好者。

在日本军队的扩张中，牛肉也是普通日军士兵常见的伙食，250克一罐的牛肉大和煮罐头[①]是日军从日俄战争时期流行的军用口粮之一。不过，和吃罐头吃到吐的美军不同，日军在战时的一周只有一天能吃到大和煮牛肉罐头。

新大陆的扩张一样和牛肉密不可分，北美大陆有着数量惊人的野牛，仅仅在德克萨斯州就有超过500万头野牛。北美野牛除了肉粗一些外，味道和家牛并没有差别，根据现在北美野牛养殖广告的说法野牛肉还有特别的香味。美国建立之后，原先的十三个州各种发财机会已经变得越来越少，去西部占有土地开创新事业成了许多新移民的选择。牧场主只要能够圈定大片牧场就可以获得稳定的收入，而大量的牲畜，特别是牛群，催生了一种职业——牛仔。牛仔们只需按照固定的路线将大群牲畜赶到屠宰场就可以获得报酬。而北美大陆上千万的野牛则成了牛仔眼中最好的猎物。牛仔们屠杀野牛的效率非常惊人，牛仔中的传奇人物"野牛比尔"就有过8

① 大和煮就是用砂糖、酱油、姜炖制的烹调方法。

个月内杀死 4260 头野牛的传奇经历①。

可以说牛肉是当时最廉价的肉食来源，是西进移民不可或缺的食物，也是西进移民和印第安人之间冲突的导火索，更是牧场主之间大打出手的理由。美国西部在当时就是法律的盲区，是地道的蛮荒地带，牛仔们信奉"谁的枪法准谁有理"，热衷于让柯尔特手枪充当法官，让子弹充当陪审员。1878 年新墨西哥州林肯县爆发了墨菲派和麦克斯温腾斯派的冲突，这场冲突又被命名为林肯县战争，它是无数西部冲突的一个缩影，并且因为西部传奇人物好小子比利在美国家喻户晓。

林肯县占地面积 12510 平方公里，在1850 年还只是墨西哥统治下名叫"拉普西塔德尔·里奥博尼托"的小村庄。1866 年8 月林肯县和新墨西哥州一道成了美国的领土，并以林肯总统的名字命名。1866 年8 月牧场主奇萨姆和洛文开辟了古德奈特洛文运牛道路，林肯县开始繁荣起来。奇萨姆很快拥有了 8 万头牛，成了西部著名的牧场主。林肯县的繁荣很快引起了权势人物的注意，新墨西哥州共和党权势人物墨菲就把自己的触手伸进了林肯县。19 世纪末的美国"选举机器"控制了州政治和城市政治，选举机器和城市老板把持地方财政，安排各种公职，将司法部门当成是安排自己亲信的打手部门，美剧《大西洋帝国》就对这一现象有细致描述。墨菲本人是林肯县的土皇帝，他的盟友就是控制了整个新墨西哥州政治的选举机器"圣菲派"，墨菲的党羽就是林肯县战争的主角之一——墨菲派。墨菲在经济上也有巨大的影响力，他控制了林肯县的金融，垄断了当地的商业，在牧场生意上也是巨头，他被指定为林肯县斯坦顿堡的联邦驻军的牛肉供应商，金矿和保留地的印第安人牛肉供应"合同"也被他垄断。墨菲豪言在林肯县和他对抗的人就是拿着餐叉和海浪作对的傻瓜。奇萨姆等牧场主在经济实力膨胀后也开始不满墨菲的统治，奇萨姆等人雇佣的牛仔中就有大量的优秀枪手，牛仔们在与印第安人和同行之间的对抗中磨炼了非凡的用枪本领。比如在林肯县，著名的牛仔克莱·阿利森就在酒吧里用快枪技能杀掉了一个联邦军中士和四名普通士兵，这个战例可不是联邦军士兵欺压百姓，而是种族歧视。被克莱·阿利森杀死的联邦士兵都是黑人，克莱·阿利森只是维护白人的特权，他不想让"黑鬼"进入白人的地盘。

此后，两派人在林肯县冲突不断，法律纠纷只是导火索。1878 年 2 月 18 日，腾斯托尔派的代表人物腾斯托尔被墨菲派的枪手杀死。林肯县治安官布雷迪却对凶手置之不理，反而逮捕了腾斯托尔派牧场牛仔好小子比利和弗雷德·韦特。这个拉偏架的布雷迪治安官本来就是靠着墨菲的举荐才得

---

① 野牛比尔后来组建了演艺团队，印第安首长和西部著名快枪手都是其演艺团队的成员，这个团体被维多利亚女王召见过，他们刺激了美国西部电影的兴起，电影《沉默的羔羊》中的变态杀手"野牛比尔"只是他的粉丝而已。

以上任，麾下的德克萨斯骑警也都倾向于墨菲派。腾斯托尔派的"好小子比利"是这场战争中的著名炮灰。他出生在纽约，从小就很缺乏家庭教育，第一次进监狱是因为偷了中国移民的财物。由于是少年犯罪，没过很长时间就获释。比利在牛仔群体中之所以出名，是因为他在酒吧后杀死了向自己挑衅的爱尔兰人铁匠F.P.卡尔希。18岁以后比利来到林肯县，得到了牧场主的赏识，成了腾斯托尔派的牛仔和枪手。比利被捕后，腾斯托尔派不想无故损失人马，经过一番运作，4月1日比利获释。就在这天比利再次遇到治安官布雷迪，双方开战，比利获胜并击毙了布雷迪。墨菲派也找来著名枪手"大铅弹"罗伯茨统领枪手队伍加以报复。4月4日，在布来泽锯木厂两派人马进行混战，"大铅弹"罗伯茨在击毙了腾斯托尔派重要人物迪克布鲁尔后重伤两人，自己也受了致命伤。此后的三个月内双方各种小规模遭遇战不断，几乎每天都有人死伤。本来优势极大的墨菲派没能在第一时间压制住腾斯托尔派的主要原因，就是他们的首领墨菲此刻正在新墨西哥州的圣菲城医院治疗，战场事务由两个本派的小牧场主爱尔兰人詹姆斯·J.多兰和约翰·H.赖利指挥。7月15日，比利等大批腾斯托尔派冲入林肯县县城，开始在城内大张旗鼓地讨伐墨菲派。墨菲派的枪手人数当时是三十多人，而这场战斗中双方的枪手人数一共有八十多人，显然在人数上墨菲派一时没有优势。一时间腾斯托尔派占据了上风。

但墨菲本人很快扭转了战局。《教父》中对老头子科里昂的评价是他一个人就顶的上半个家族的战斗力，指的就是老头子科里昂的人脉和运作能力，而墨菲派首领墨菲的能量在林肯县比老头子科里昂在纽约要强得多。在他的操作下，斯坦顿堡退伍军人达特利上校带领大批退伍士兵和现役军人加入战场为墨菲派助战。斯坦顿堡联邦驻军中有大量黑人，他们在日常生活中就和当地牛仔有很多摩擦，现在有州政府高官撑腰，自然愿意报仇雪恨。达特利上校则是和墨菲勾结已久，墨菲给驻军的供应牛肉"合同"中达特利上校分肥不少。食品安全问题也是美国当时的大问题，驻军食物采购中一向有猫腻。此外，退伍转业的达特利上校希望得到神通广大的墨菲的帮助。达特利上校的枪法自然比不上出枪速度0.3秒的比利，他直接从斯坦顿堡带出了一门12磅火炮出战。

军队介入后，形势立刻向有利于墨菲派的方向发展。黑人骑兵立刻控制了林肯县制高点，其他的退伍老兵也帮助墨菲派锁定了胜局。在三天冲突中到底死了多少人，是一个至今都无法统计清楚的问题，墨菲派得到了统治新墨西哥州的圣菲集团的帮助，不光在司法、武力等方面有巨大优势，在压力舆论方面也很在行，欺上瞒下的运作下这场微型战争以非正常死亡3人的数字上报联邦政府。林肯县的牧师伊利声称，在冲突的一个月内他为38人举行了葬礼，只有一人是正常死亡，这个说法可以印证林肯县战争的血腥。

这场战争以腾斯托尔派全面落败而告终，墨菲派除了死掉一个治安官外再无重要人物被杀，奇萨姆的牧场也在之后被迫低价出售。大部分牛仔都得到了宽恕，唯独比利因为枪杀了治安官布雷迪在战后继续面临追杀。可以说，好小子比利是整个战争中唯一遭到清算的人。

同时，好小子比利等人作为棋子也被腾斯托尔派抛弃，不光被新墨西哥州通缉，更被腾斯托尔派当成了扩大战争的罪魁祸首加以 200 美金的花红追杀。此后，好小子比利在西部继续游荡，入狱又逃狱，最后在 1881 年死于昔日好友、林肯县新任治安官加勒特之手。北美西进运动的历史上林肯县战争并不是孤立事件，牛仔团体之间、牧场主为了争夺牧场、供货"合同"的微型战争始终此起彼伏。

"后起之秀"羊肉

肉 奶

在罐头之类的现代军事后勤手段出现前，军队后勤供应一直受到各种客观条件的制约。每个民夫可以背6斗米，士兵自己可以带5天的干粮，一个民夫供应一个士兵，一次可以维持18天[①]，如果要计回程的话，只能前进9天。两个民夫供应一个士兵的话，一次可以维持16天[②]。如果要计回程的话，只能前进13天的路程[③]三个民夫供应一个士兵，一次可以维持31天[④]。如果要计回程的话，只可以前进16天的路程[⑤]。三个民夫供应一个士兵，已经到了极限了。如果要出动10万军队，辎重占去三分之一，能够上阵打仗的士兵只有7万人，就要用30万民夫运粮。再要扩大规模就很困难了[⑥]。每人背6斗米的数量也是根据民夫的总数推算出来的，因为其中的队长自己不能背，负责打水、砍柴的人只能背一半，他们所减少的要摊在众人头上。另外还会

有死亡和患病的人，他们所背的也要由众人分担，实际上每人背的还不止6斗。所以军队不容许有吃闲饭的，一个吃闲饭的人二三个人供应他还不够。如果用牲畜运，骆驼可以驮3石，马或骡可以驮1.5石，驴子可以驮1石。与人工相比，虽然能驮得多，花费也少，但如果不能及时放牧或喂食，牲口就会瘦弱而死。一头牲口死了，只能连它驮的粮食也一同抛弃。所以与人工相比，各有得失。

这是负责过北宋军队后勤工作的大科学家沈括对北宋军队在低人口密度的非农业区域如何统筹后勤工作的理想安排。沈括的设计是以周密的安排、合理的调度而且不发生意外为条件的，在一般情况下很难达到这样高的水平。假定一支军队能以平均每天40公里的速度进退，在30万民夫的供应下，7万作战士兵（另3万负责辎

---

① 6斗米，每人每天吃2升，两人吃18天。

② 1石2斗米，3个人每天要吃6升米。8天以后，其中一个民夫背的米已经吃光，给他6天的口粮让他先返回。以后的18天，两人每天吃4升米。

③ 前八天每天吃6升，后五天及回程每天吃4升米。

④ 三人背米1石8斗，前六天半有4个人，每天吃8升米。减去一个民夫，给他4天口粮。以后的17天三个人，每天吃6升。再减去一个民夫，给他9天口粮。最后的18天两个人吃，每天4升。

⑤ 开始六天半每天吃8升，路中间7天每天吃6升，最后11天及回程每天吃8升，中间7天每天吃6升，最后11天及回程每天吃4升。

⑥ 遣送运粮民夫返回要派士兵护送，因为运输途中还会有死亡及患病的，而且要利用这些减员的粮食供应护送士兵。

◎ 使用弓箭的轻装蒙古战士

重）的活动半径只有 640 公里。汉、唐的军队以长安为起点，还到不了今天的兰州；如果要到达今乌鲁木齐，至少要六七十天左右的时间。即使不考虑粮食的产地，而以汉唐的玉门关或阳关（今甘肃敦煌市西）为起点的话，往返于今新疆西部或北部的行程也不止 16 天；要翻越葱岭（今帕米尔高原）的行程就更难想象了。

今天我们在史书上看到的数十万大军的征战都发生在高人口密度的农业区域，而且这些数字中也包含不小的水分。冷兵器时代将大军投放到远方最大的困难就是如何供养自己的军队。古代社会没有铁路，运输大宗物资主要依靠水运，因此中国近代以前的大城市和商业中心全部依水而建，水运繁荣的城市也为军队征伐带来了方便。

如果没有水运的便利条件，数十万大军就要依靠广泛搜集区域内的各种物资来供养自己。中国如此，西方军事强国也是如。亚历山大东征时明文规定，军队在脱离河流地区时不得远离超过行军路程 4 天的里程，因为大型牲畜能够驮运供每名战士 8 天食用的物资，计算回程因素，恰好是 4 天。罗马军团的活动范围也不超过河流以外 150 公里，他们和日耳曼人的分界线就是莱茵河。

古代文明国家之间的战争受限于物资转运条件，两个相隔数千公里的文明国家，比如两汉和罗马不可能出现数十万大军鏖战的场面，因为任何一方都不能让数十万大军经过上千公里的沙漠、草原等非农业低人口密度区域。真正能远征数千里完成十万军队远征的是游牧民族，其秘密就在毫不起眼的羊身上。

游牧民族起源于最早的畜牧部落，我们今天熟悉的游牧民族在历史上最早可以追溯到公元前 16 世纪的喜克索斯人。他们驯化了马匹，第一次在人类战争史上应用了战车。这种军事优势让他们征服了埃及，也让驯化马匹的技术开始流传。古代畜牧部落最常用的武器就是投石索，牧羊娃大卫击杀腓力斯巨人歌利亚用的就是这种古老的技巧，这是放牧羊群给人类带来的第一个军事上的进步。古代的畜牧部落经常是战争的挑起者，但却不是战场上的常胜将军，因为他们还没有学会利用马匹的机动性。人类利用马匹作战是一个漫长的过程，但马匹驯化技术和骑兵战术发展成熟后，游牧民族开始真正出现在历史舞台上。

游牧民族称雄于冷兵器时代的主要奥

◎ 游牧民族的大迁徙。这种迁徙和大规模远征几乎相同，这种便利使得他们在冷兵器时代是活动范围最广的征服者

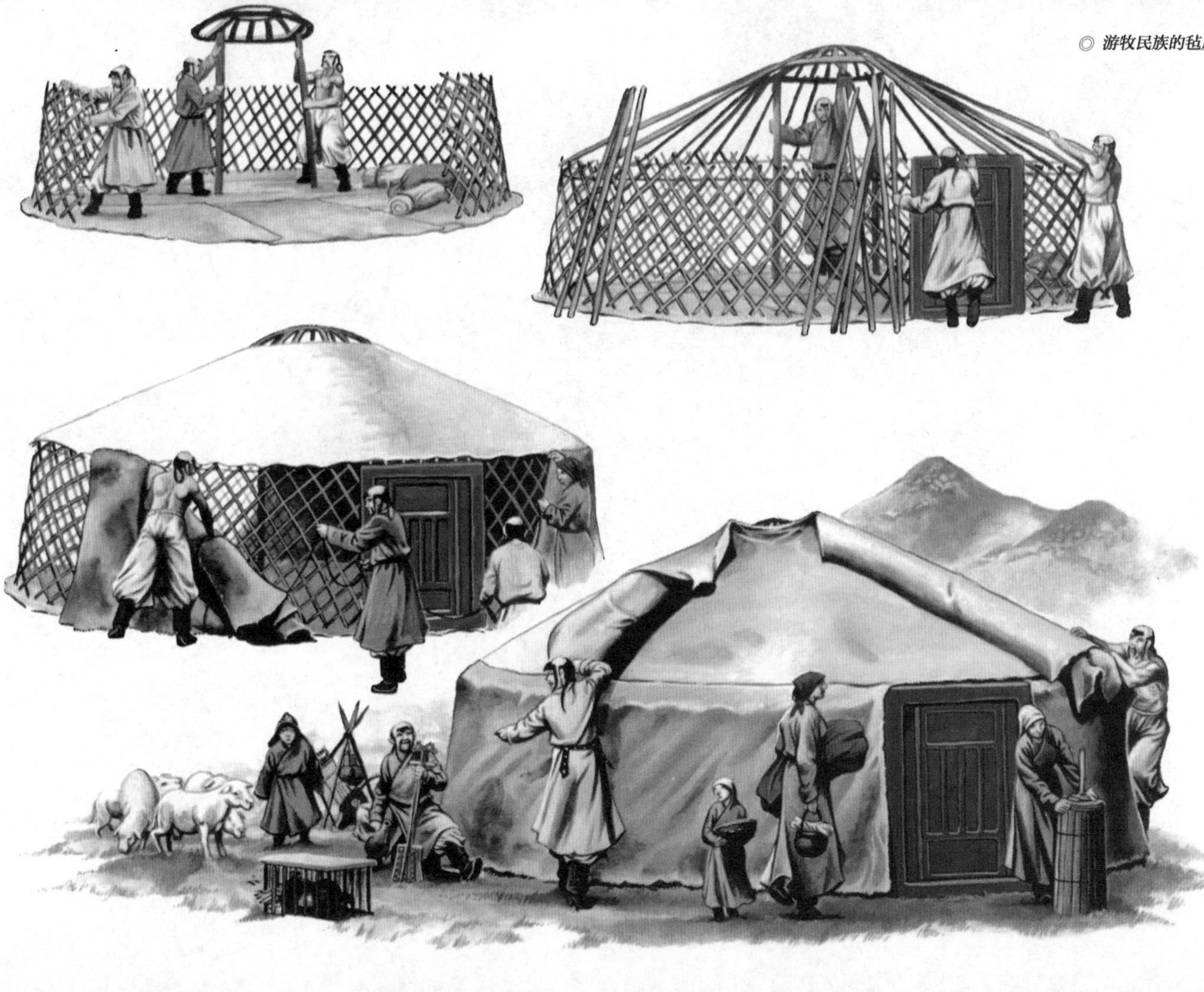

◎ 游牧民族的毡房

秘就是他们拥有数量庞大的马匹，匈奴、突厥、蒙古等在历史上留下巨大阴影的游牧民族都拥有上百万马匹。但文明国家中也有同样拥有巨量的马匹，汉武帝时代的西汉一样可以出动数十万马匹远征漠北，唐朝的马匹存量最高时达七十多万，被亚历山大灭掉的波斯帝国仅一个皇家马场就有十几万的马匹存量。就质量而言，一向是文明国家圈养的马匹质量为佳。和很多人的想象不同，游牧民族并没有培养出任何一种在力量、速度、耐力上都出类拔萃的马种。今天速度最快的纯血赛马就是混合了阿拉伯马和欧洲冷血马的马匹，与蒙古马相比它们至少有三分之一的速度优势；耐力最好的布琼尼马也是苏联培养出的圈养马；大名鼎鼎的汗血马则出自大宛国的马圈中，而不是在匈奴人、蒙古人的马群里。游牧民族追求的是自己部落中马匹数量的最大化，对马匹质量的要求并不高，更何况他们的生活生产方式决定了他们缺乏优化育种的条件。金庸《射雕英雄传》里关于汗血马的描述只是小说家的杜撰。

拥有巨大马匹存量的汉唐等军事强权，之所以没有达到匈奴、蒙古一样远征数千里横跨欧亚大陆的军事成就，原因就在不起眼的羊身上。在中国古代将领击败游牧民族的战报里，除了斩首数字经常会出现缴获很多只羊的记载，这些可怜的羊当然很有可能成了边关将士打牙祭的美味。游牧民族的战士当然不是主动给边关将士劳军的，这些羊是他们战时的食物来源。不过这些羊主要提供的不是肉，而是奶。游牧民族的主食其实是奶食，羊肉只是过年

过节和冬天不得已的选择。时至今日，羊奶制成的各色食品至今仍是草原人的主食。

今天内蒙古自治区牧民的平均养殖水准是百分之二十八的牲畜出栏率，也就是说每一百只羊每年可以利用的数量是二十八只。这是科技进步的结果，今天各种疫苗、兽医用药层出不穷，牧民也可以利用准确天气预报来防灾，古代游牧民族的出栏率恐怕要减半。如果以百分之十五的出栏率计算，拥有上百只羊的牧民家庭也很难保证他们可以顿顿吃羊肉。重要的是，草原游牧民族无法长时间保存肉食，在遇到雪灾、旱灾时他们也只能忍痛吃掉自己的羊。

游牧民族进攻农业民族的最佳时间就是秋季，秋高马肥正好是他们的战马最能发挥体力的好时候。在汉族等农业民族看来无法让大军通过的草原、荒漠并不能阻止携带大量羊群的游牧民族通行。正是这种生产生活和军事活动的高度一致性，让游牧民族成了近两千年来各个主要文明国家的噩梦。羊群的移动速度就是游牧民族长途行军的标准速度，羊群吞食行军路线上遇到的每一种可以食用的植物，然后转化为羊奶，这些羊奶制成的奶制品就是游牧民族军队的主要食物。蒙古人远征时的肉食供应主要靠他们采集、捕获到的小动物，羊肉并不是他们的主要肉食来源，欧洲传教士笔下的蒙古人把野味、老鼠，甚至人肉都当成是为数不多的肉食来源。很显然，如果羊肉是主要肉食来源的话，蒙古人是不会把精力放在这些事情上。一般的蒙古牧民如此，落魄的蒙古贵族也是如

此，成吉思汗早年和母亲一起生活时就四处采集各种小动物充当肉食，甚至因为一条鱼就杀死了自己同父异母的兄弟。根据成吉思汗早年的其他生活片段，我们知道他们家那时候也是有羊的，这只能说明一般蒙古家庭根本没有办法让羊肉成为主要的肉食来源。

蒙古大军远征前，先依靠商人、使者、间谍传回来的情报制定详细的行军路线图，他们固然不用考虑行军路线上的人口稠密程度，但几十万匹战马、上百万的羊群每天所需的饮用水和青草也是一个惊人的数字。在蒙古人的西征大军中，所携带的马匹、羊群每天要吃掉方圆二十平方英里（一平方英里相当于2.6平方公里）以上的青草，羊群吃掉的青草转化的奶食维持了他们征服活动所需的热量。羊群就是游牧民族活动的粮食仓库，这些活动"干粮"决定了游牧民族行军的速度，也决定了他们的行军季节。

吐蕃和唐朝反复争夺青海、甘肃等地的战争中发生在秋天的次数最多，发生在冬天的最少。因为当时的吐蕃军队还保留着大量部族特征，在伙食上非常依赖羊群的供应。唐朝军队也发现了这一点，他们纷纷利用吐蕃军队转移牧场的有利时机进入争议地带，修筑堡垒、囤积物资。一旦来年吐蕃军队回返，他们面对的又将是一场艰苦的攻坚战。顶住吐蕃人进攻后的唐朝军队会在争议地区大规模屯田，减少后方的供应，在唐朝和吐蕃战争中利用这点最好的就是主张"睡面自干"的娄师德。娄师德是御史文官出身，却是开荒种田的好手，他放下前

程去西北战场立功，更在公元682年赢得了对吐蕃执政家族——噶尔家族重量级成员论赞婆八战八捷的胜利。吐蕃人对此心知肚明，却无法做出整改，因为这是他们的军队从娘胎里带出来的毛病。

吐蕃人如此，蒙古人也一样。蒙古人的军事行动也是秋季开头，原因还在羊身上。今天我们司空见惯的涮羊肉传说就是忽必烈时代蒙古士兵发明的。他们有闲情逸致吃羊肉的原因在于蒙古人获取了大量的汉地粮食，改变了自己的饮食结构。元朝蒙古人家庭普遍喜欢喝羊肉汤。这个习惯甚至传到了汉族上层社会那里，元大都的汉人官僚子弟也普遍把羊肉汤当成自己的早点。到了明朝，蒙古人在内蒙古也有了不少耕地，羊肉才再一次在草原上的中上阶层风行。明朝政府对铁器管制得非常厉害，连铁锅也不允许出口到蒙古人那里。这不是明朝政府神经过敏，而是现实和历史的需要，限制潜在的对手拥有任何样式的铁器是古代社会的普遍做法。伊斯兰教徒征服伊比利亚半岛时也限制过基督徒拥有铁器，西班牙人征服美洲时也继承了这一做法，辽朝也严格限制铁器流入草原。铁器的价格在古代非常昂贵，向潜在的敌人提供任何样式的铁器都是资敌行为。金朝就一度放松了对铁器的管制，结果让蒙古人用铁制箭头取代了骨制箭头，从而壮大发展起来。荷兰人为了生意也把铁器卖给了新大陆的印第安人，让西方殖民者吃了不少苦头。

蒙古人在明朝时无法获得铁锅，使得铁锅成了蒙古家庭中显示自己富有的标志。

在一次次的蒙古人侵袭中，蒙古骑兵都把搜集铁锅当成发家致富的第一选择，而铁锅的用处其实就是炖羊肉，这也算是炖羊肉引起的战争。

在中原地区早期，羊肉一直是仅次于牛肉的重要肉食来源。到了宋朝，汉民族的饮食文化发展已是博大精深，由于对牛肉的禁食，羊肉在这个时期成为皇家士大夫阶层的主要肉食。

宋朝吃羊是从皇家流行开来的习俗。宋真宗时御厨每天宰羊 350 只，仁宗时每天要宰 280 只羊，英宗朝减少到每天 40 只，到神宗时虽然引进猪肉消费，但御厨一年消耗"羊肉 43 万 4463 斤 4 两"，而猪肉只用掉"4131 斤"，还不及羊肉消耗量的零头。

由此上行下效，从官员到民间，羊肉成了宋朝人餐桌上的头等肉食。民间无论婚丧嫁娶、中秀才举人，还是烧香还愿，都是羊肉作主角。

著名美食家苏东坡在京城为官时，虽然已吃腻了羊肉，表示"十年京国厌肥羜（zhù）"，但当他被流放到惠州监视居住的时候，仍然会被每月一次的官廨（xiè）杀羊所吸引。作为罪官他已经不能吃羊肉了，但弄一些羊骨头回去烤熟了也很解馋。南宋官员高公泗（sì）也是羊肉的狂热爱好者，他是掌管苏州税收的官员，留下了一则和羊肉有关的趣事来印证羊肉的地位。绍兴末年（公元 1161 年、1162 年）苏州郡守离任，由左朝议大夫兼劝农使林安宅兼管苏州大小政事，林安宅评判苏州官员的伙食标准是否超标的法宝之一，就是看伙食费中是否包含羊肉的费用。苏州通判沈度（字公雅）警告高公泗赶紧改伙食清单，否则会被林大人严查。高公泗笑而谢之，并留下了著名的羊肉打油诗："平江九百一斤羊，俸薄如何敢买尝。只把鱼虾充两膳，肚皮今作小池塘。"由此我们不难猜测羊肉在两宋南方城市期间的大致价格。林大人反腐倡廉只反羊肉，不查猪肉和鱼虾，羊肉在宋朝的地位可想而知。

"传统美食"鱼肉

肉 奶

除了牛、羊、猪、狗之外，鱼肉也是人类获取动物蛋白的途径之一，也是我们祖先发现的最早的美味之一。它哺育了渔猎民族，也是航海民族扩张的动力。中国历史上的渔猎民族鲜卑人早年就靠着捕鱼艰难度日，最后扩张到草原上吞并了匈奴民族的残余势力，是魏晋南北朝时期北方少数民族南迁中的最大赢家。热衷捕鱼、吃鱼的还有契丹人，每年春天的头鱼宴是辽朝皇帝视察东部领土，保持自己威严的保留项目。在公元1112年头鱼宴上，桀骜不驯的渔猎民族女真完颜部首领完颜阿骨打就丝毫不把辽朝天祚皇帝的命令放在心上，拒绝向辽朝皇帝跳舞助兴，一向嗜杀的辽朝天祚皇帝却没有处置好这个刺头。这就是后来辽金战争最早的开端，完颜阿骨打看出了辽朝外强中干的特点。1114年，头鱼宴结束两年后，完颜阿骨打以两千五百多名女真战士起兵，占领辽朝宁江州（现在吉林扶余）。女真人的大军像旋风一样在十年时间内灭亡了辽朝，建立了自己的霸权。今天的"钓鱼台国宾馆"就是来自当年金朝皇帝在附近设立的钓鱼行宫。

鱼肉在中国历史上扮演的角色并不是特别重要，除了吃鱼肉遭遇行刺的吴王僚之外，我们找不到太多关于鱼肉与战争有关的记载。人类历史上真正把鱼肉当成战略资源，为了捕鱼大打出手的是西方国家。

在古希腊时代，希腊人通过航海到达了今天的黑海沿岸，建立了一系列殖民地城邦。捕鱼和种植谷物、砍伐木材一样是黑海地区希腊城邦的主要收入来源。黑海地区丰富的渔业资源和盐业相结合，使得黑海鱼干成了地中海地区的著名产品。公元前3世纪一罐本都鱼干在罗马可以卖到两个第纳尔银币的高价，本都王国凭借着这种出产积累了经济实力，到了米特里达梯斯的时代本都更是有了能和罗马一较高下的力量。

罗马成为地中海的主人后，鱼类也成了罗马人餐桌上必备的食物。众所周知，地中海盛产各种各样的鱼，有鲣（jiān）鱼、沙丁鱼、凤尾鱼、鲭（qīng）鱼、乌颊鱼、鲷（diāo）鱼、电鳗、鳎（tǎ）、金枪鱼，以及鲟鱼和大比目鱼等。这些都在古罗马的市场上随处可见。鱼是古罗马大扩张后，古罗马人极为喜欢吃的食品，烹调的方法也很多，主要有煮、冻、烤三种。罗马人还发明了一种以鱼为主要成分，被称为"加勒姆"的调味酱。这种鱼酱是餐桌上每道菜所必不可少的，售价很高，数量也很有限，是有钱人才能享用的奢侈品。富有的奴隶主甚至自己拥有养鱼和贝类的鱼塘。

公元前3世纪时，罗马已经被鱼塘包围了。随着烹饪日益受外来影响，海鱼成了人们兴趣的焦点。淡水鱼塘不再稀罕，人们

◎ 捕鱼人

更钟情于海水品种。有钱人已不满足于商人提供的大菱鲆（píng）和鳗鲡（lí），也开始建造自己的海水鱼塘。古罗马的霍腾修斯就特别爱好养鱼，他喂养的鲻（zī）鱼从来不会用来做成菜肴，如果宴会上需要鱼他会派人到别处采买，他的朋友评论说："从他的牲口栏里牵一头拉车的骡子，也比向他要其鱼塘里的一条长着胡须的鲻（zī）鱼还要容易。"在罗马吃到海鱼俨然成了富人比阔的游戏，在这方面的最强者是击败了本都国军队主力的罗马名将卢卡拉斯。为了给鱼塘提供海水，卢卡拉斯建造了穿行在山涧的管道。为调节海潮的温度，他甚至在远离海洋的地方建起防波堤。西塞罗称他们为"鱼狂人"，这其中不乏羡慕嫉妒恨，

因为西塞罗本人也不是艰苦朴素的人。

古代基督教的斋戒日不能吃肉。根据统计，这种斋戒期会长达一百四十多天到两百天，但鱼肉不在斋戒的范围之内。

中世纪最负盛名的鱼肉是七鳃鳗，这种鱼从罗马时代起就是欧洲最贵重的食物之一。英国的亨利二世就是在自己的法国封地上吃了七鳃鳗而被噎住导致一命呜呼，给英国留下了长时间的内战纷争。中世纪的漫漫长夜里城镇人口一向都很少，斋戒期内吃的鱼大多是乡村人自己捕捞的。随着经济的发展，欧洲城市人口在中世纪晚期和文艺复兴时期终于赶了上来，城镇人口增多带来的问题就是人口密度加大，河流的鱼类开始减少，城镇人口对鱼肉的需求开始加大。

人们最常食用的淡水鱼（包括新鲜的和盐腌的）是欧鳊（biān）、鲱鱼、鲤鱼、鲑鱼、梭子鱼、鳗鱼和鲟鱼，而餐桌上最常出现的海鱼是鲽、鲭鱼、金枪鱼、鳕（xuě）鱼和红鲑。当时，鲜鱼的货源不是很稳定，加之长途陆运难以保持鱼的新鲜度，因此，住在内陆的人们吃到的鱼几乎都是经盐腌制的。

以吕贝克等城市组成的汉萨商业同盟首先发现了鱼肉的前景，汉萨同盟拥有当时先进的柯克船，吕贝克等城市又是欧洲的制盐中心，两者结合在一起促使了汉萨同盟决心把腌咸鱼推广到全欧洲。

汉萨同盟首先发现了波罗的海鲱鱼的活动规律，四百多个同盟商业城镇的船只集体加入了捕捞波罗的海鲱鱼的狂欢，波罗的海鲱鱼也因此被他们称为"波罗的海银"。相对低廉的价格、行销全欧洲的免税销售网络和保鲜技术[1]使得汉萨同盟在捕鱼上获取了惊人的收益。为了捕获更多的鱼，汉萨同盟的商船远达北欧海域，蛮横的要求垄断北欧海域的捕鱼权。北欧海盗的子孙当然咽不下这口气，1361年战争就此爆发。丹麦国王瓦尔德内尔首先洗劫了汉萨同盟在瑞典哥特兰岛的办事处，汉萨同盟也还之以颜色，由52艘战船、104艘辅助船只组成的汉萨同盟舰队在战争爆发后不久就攻占了丹麦首都哥本哈根。本来瑞典国王因为宣传丹麦军队掠夺的哥特兰岛是自己的地盘，一度要和汉萨同盟联合。可也许是瑞典国王觉得自己太冲动，也许是丹麦国王瓦尔德内尔和瑞典人达成了秘密协议，总之瑞典军队没有按照原计划配合汉萨同盟的军队。汉萨同盟的舰队并没有迎来瑞典军队的配合，独自深入丹麦国土，结果汉萨同盟的舰队被丹麦人奇袭，这场捕鱼大战最后以汉萨同盟的失败而告终，丹麦人短暂赢得了在自己家门口捕鱼的权力。

战争过后没多久，丹麦国王瓦尔德内尔就因为在国内推行集权政策得罪了丹麦贵族，为了对抗自己的国王丹麦贵族争相向汉萨同盟借款，汉萨同盟也对丹麦虎视眈眈。内忧外困之下瓦尔德内尔只好离开哥本哈根，逃到了条顿骑士团属地[2]，在那里他被迫和汉萨同盟签署了捕鱼协议。协议规定只有汉萨同盟可以在北欧捕鱼中心挪威卑尔根自由出入，而北欧所有的渔业交易被他们限定在这个汉萨同盟的商业殖民地中，北欧海盗的子孙失去了在自己家门口捕鱼的权力。德意志地区的渔民们在此后更是找到了新的赢利点，那就是当海盗。维京海盗的后裔从此被以哥特兰岛为据点的德意志波罗的海海盗反复抢劫，德意志人的船只吨位普遍达到100到400吨，吨位数倍于北欧人的传统船只，北欧人被打劫得苦不堪言。1397年丹麦、挪威、瑞典组成了卡马尔同盟，同盟的首要任务就是对抗北欧的"渔霸"汉萨同盟。三国保留了各自的王室和政府，由联盟认可的"共

---

① 条顿骑士团和汉萨同盟是盟友。
② 其实就是大把撒盐，汉萨同盟是当时欧洲最大的盐业垄断商人，有本钱撒盐。

主"负责外交和对外作战，三国设置对外作战"基金"，同盟的第一任共同君主是丹麦女王玛格丽特。1412年玛格丽特去世后，卡马尔同盟就在她的继承人埃里克的率领下和汉萨同盟开战，在战争中卡尔玛同盟攻占了石勒苏益格和荷尔斯泰因两个德意志公国。为了对抗卡尔玛联盟，汉萨同盟再次使出禁运法宝，禁止从瑞典进口铁矿石，卡尔玛联盟经济发展面临极度困难。埃里克派到瑞典的税收官员对此不管不问，只想完成任务，激怒了瑞典人。卡尔玛同盟从此陷入长时间的内战，再也没有多余的力量和汉萨同盟抢鱼了。

同样在捕鱼业中兴起的还有威尼斯人和荷兰人，捕鱼业为欧洲远洋商业培养了足够的水手和第一桶金。威尼斯人在垄断香料转口贸易之前也是捕鱼的能手，他们在此基础上建立了国营商船队，并一步步发展自己的远洋事业。为了排挤自己的竞争对手犹太商人，威尼斯人甚至不允许犹太人搭乘自己的商船。

荷兰的兴起同样离不开鲱鱼，荷兰人所在的尼德兰地区在15世纪后出人意料的交了好运。汉萨同盟和卡尔玛同盟的矛盾就在于鲱鱼，到了15世纪鲱鱼变的"聪明"

起来，离开了北欧的传统产卵区，来到了北海。鲱鱼们逃离了德国人的魔掌，却等来了荷兰人的致命一刀。1368年威廉·布克尔松发明了"一刀切"的鲱鱼处理方法：先将鲱鱼的肚子剖开取出内脏，而后去掉鲱鱼的鱼头，只剩下鱼身。这种方法在后来得到改进，技艺娴熟的荷兰渔夫只需令人眼花缭乱的一刀，便可完成处理全过程。

尼德兰地区在1364年落入了瓦卢瓦勃艮第家族手中，到了1466年大胆查理掌权以后，这个鲁莽的家伙更是鼓励自己领地上的渔民大胆的和汉萨同盟竞争，甚至鼓励尼德兰海员改行当海盗抢劫汉萨同盟成员。汉萨同盟对于勃艮第家族的强权无可奈何，尼德兰的捕鱼业得到了飞速发展。15世纪的尼德兰一共有100万左右的人口，有20万人从事着渔业，捕鱼业是尼德兰的经济支柱，为了捕捞鲱鱼尼德兰甚至不惜和苏格兰进行了三次战争。

英国人同样和鲱鱼有着不浅的渊源。1429年2月12日，一支英国补给队向萨福克的军队运送四旬斋口粮，正好与一支增援奥尔良的法国人和苏格兰人的联军遭遇。法国人的指挥官是克莱芒伯爵和苏格兰人约翰·斯图尔特[①]，他们麾下

① 约翰·斯图尔特就是著名的斯图尔特家族的先祖，斯图尔特家族在苏格兰是屈指可数的实力派，在法国也有很多姻亲。

的法军实力远远强于英国人。英军领队约翰·法斯托尔夫爵士急中生智，将其装满咸鲱鱼的战车排成车阵，掩护护卫队的长弓手射出漫天箭雨，冲锋的法国人和苏格兰人纷纷倒地。在大量杀伤敌人后，英军骑兵上马反攻，法军仓皇逃遁。这场战斗因此被称为"鲱鱼之战"（Battle of the Herrings），这也是英国长弓手在百年战争中最后的辉煌。鲱鱼之战4个月后，约翰·法斯托尔夫在帕提战役中败给了圣女贞德，被当时的人们公认为是战场上的逃兵，也成了《莎士比亚》剧本中福斯塔夫的原型人物之一。

鲱鱼之战过后不久，英国人就陷入了玫瑰战争中不能自拔。即使如此，英国人依然愿意用武力竞争渔业资源。1468—1474年，兰开斯特家族和约克家族交战正酣之际，第一次"鲱鱼战争"在北欧打响。战争起因是英国人在冰岛水域捕鱼，引起了与丹麦及其汉萨同盟盟友之间的一系列海上冲突。此后，英国同冰岛因为捕鱼权等原因爆发了海上冲突，俗称"鲱鱼战争"。

汉萨同盟的霸业在16世纪末期分崩离析，英国的伊丽莎白一世女王不但派人封存了汉萨同盟在伦敦的产业，也学会了他们的各种伎俩，这其中就包括对渔业的认识。

伊丽莎白一世当政期间荷兰人已经兴起，尼德兰革命消耗了西班牙帝国巨大的军事资源。无敌舰队的覆灭对于手握美洲金银矿山的西班牙国王腓力二世来说并不是不能承受的损失。这位君主在听到战败的消息时，只是对上帝说了声"谢谢"，因

为美洲殖民地的资源能让西班牙在不长的时间内就补充了自己的损失，英国人并没有取得对西班牙的军事优势。而尼德兰革命才是令西班牙人无力和伊丽莎白一世再次争锋的原因。尼德兰在16世纪兴起，随着自己昔日领主查理五世入主西班牙和神圣罗马帝国，尼德兰更是分享了西班牙征服的巨大红利，西班牙帝国六成的税收都来自尼德兰。尼德兰漫长的消耗战也使西班牙帝国元气大伤，甚至连制海权也落入了荷兰人手中。当时荷兰人的商船吨位超过英国10倍，占据全欧洲的半数，是伊丽莎白一世难以战胜的对手。

想要发展海军、夺取制海权，伊丽莎白一世就要有足够的水手，而欧洲的海运业一时又难以插手。于是，伊丽莎白一世开始效法汉萨同盟的故伎。她开始在英国与教会合作，重新建立起英国人在斋戒期间吃鱼的传统。当时的英国天主教会势力已经被伊丽莎白一世和她老爸亨利八世重创，斋戒期吃鱼也成了守旧的象征。伊丽莎白一世本人对英国国教有巨大的影响力，她颁布的这条法令就是要振兴英国的捕鱼业，只有远洋捕鱼业发展起来才能培养出更多的水手，从而促进海上贸易和海军的发展。从此，鱼成了英国的国民食品之一，大量的水手也被培养出来，英国逐渐有了和荷兰争霸的本钱。在英国政府的支持下，英国渔船前往汉萨同盟独占的渔场捕鱼，而后者已经处于分崩离析之中，无力用武力进行禁止。此后英国和荷兰开战的理由其中有一条便是荷兰人越界捕捞英国的渔获，三次轰轰烈烈的英荷战争就此展开。

奶制品的传播

◎ 伊甸园

除了以上这些固体肉食，还有一种液体也在为人类提供着动物蛋白，那就是奶！如前面所说，奶和奶制品才是游牧民族的主要食品，不过，相比居无定所的牧民，农耕民族拥有着更多关于人类食用奶和奶制品的历史记载。

目前迄今为止发现的关于人类获取和饮用牛奶的最早历史记录，是6000年前古巴比伦一座神庙中的一幅壁画。但根据考古学家的推测，早在12000年前，人类就开始驯服牛作为家畜，并把牛奶作为重要的食物来源。公元前4000年左右，古埃及人使用牛奶作为祭品。埃及神话中象征丰产和爱情的神哈索尔，就长着一颗奶牛的头。近年来在瑞士等地的考古挖掘则显示，与此同时，欧洲人已经开始掌握了用牛奶制作奶酪的技术。

在《圣经·旧约》中，牛奶一共被提

及 47 次。上帝应许给以色列人的乐土，便是那"流奶与蜜之地"。事实上，在中亚的许多地方，一直到距近现代较近的时期，一个人拥有奶牛的数目还是衡量其财富的主要标准。

中国在魏晋南北朝时期也从北方少数民族那里学会了食用奶酪，和固体的欧洲奶酪不同，中国传统的奶酪是半固体半饮料。中国北方的世家大族很喜欢奶酪，在南下时也把这个习惯保留了下来。东晋士族的代表人物王导为了联合吴郡豪门，主动向顾家求婚，后者反对的理由就是王家是喝奶酪的，顾家是喝茶的，生活习惯差别太大。在唐朝时期奶酪依旧是中国北方人的日常饮品，价格并不昂贵。中国上层社会享用奶食的高潮是在元朝，从此之后奶制品在中国很多地区绝迹了。

虽然现在提起牛奶和奶酪，动不动就会与生活品质拉在一起，但在漫长的中世纪，情况却并非如此。19 世纪以前，由于没有安全的消毒和保存手段，牛奶是一种伴随着高风险的食品。直接挤出的奶常常被细菌污染，而在炎热的季节，几个小时就足以令牛奶变质。此外，还有相当多的人对牛奶过敏。几百年中，因为价格低廉，被称为"白肉"的牛奶和奶酪是穷人的主要食物来源，有钱人却对其敬而远之。

关于牛奶有很多古老相传的说法，比如，在欧洲的一些地方，人们认为把牛奶与牡蛎、菠菜、西红柿或黄瓜混在一起，会使它带有剧毒——事实上，问题的所在可能是牛奶变质或过敏反应。

生活在 13 世纪末的马可·波罗曾在他那本著名的游记中提到，成吉思汗的队伍长途行军时，携带干燥过的粉末状牛奶作为食物。这恐怕是关于奶粉的最早记录。不过，西方航海家探索新世界时，为了解决营养问题，用到的却是一种更原始的笨办法：带着奶牛上路。1493 年，哥伦布第二次驶向美洲大陆时，就吸取了前一次航行中的教训，携有奶牛。而当新教徒开始大批移居美洲大陆时，英国法律甚至规定，每艘驶往新大陆的船，必须严格遵循每 5 名乘客配备一头奶牛的标准。当船只抵达港口后，船长有权将这些奶牛就地出售，为自己赚来一笔外快。

1611 年，美洲的詹姆斯顿殖民地迎来了自己的第一批奶牛。在这些奶牛被运到美洲大陆之前，由于缺少牛奶，当地新生儿的死亡率一直居高不下。为了保护这些珍贵的奶牛，当时的殖民地统治者特拉华爵士甚至专门出台了一部奶牛保护法。今天波士顿的下院公园，就是当年大群奶牛放牧吃草的所在。

到了 19 世纪早期，由于鲜奶对保质条件的严格要求，城市居民饮用的牛奶实际上主要是酸酪乳，一种生产黄油的副产品。这实在不能算是一种美味的饮料，许多人用它来喂狗。近代的牛奶安全问题也一直非常严重。欧洲人为了保存牛奶和节省成本，当时的牛奶普遍掺杂了石灰。工业化使职业妇女数目增加，母乳喂养的减少相应增大了人们对牛奶的需求，因此，如何让城市居民喝到安全放心而又味美的牛奶，成为许多发明家考虑的问题。于是 1856 年成为牛奶历史上最关键的一年。

了延长牛奶保质期的种种办法。比如，高温煮沸可以杀死牛奶中的细菌，加糖可以抑制细菌的繁殖，脱脂也有相同的作用。不过博登的事业也不是一帆风顺的。有段时间他经营的两家炼乳厂相继关闭，直到南北战争的爆发才解救了他的生意。战时对延长食品保质期的需求让博登着实发了笔大财，竞争对手的效仿则让他的牛奶保质法广为传播。不过，这也导致了一个不太好的后果。因为高温脱脂保质法会将牛奶中的营养成分几乎破坏殆尽，1905 年前后，医学界曾发出警告，谴责这种牛奶提高了儿童软骨病的发病率。

1856 年，美国人吉尔·博登（Gail Borden）获得了生产炼乳的专利许可。在这之前，由于投资"肉饼干"———一种风味脱水肉干——生意失败，博登几乎失去了所有的财产，第二任妻子也离开了他。1852 年，穿越大西洋旅行中亲身经历的一件事给了他灵感。当时，因为船上的奶牛晕船晕得太厉害，无法分泌奶汁，一名婴儿因此丧生。博登于是开始思索：有什么办法能够延长牛奶的保质期呢？于是，他想出了浓缩奶的办法。

在制造炼乳的过程中，博登逐渐发现

也是在 1856 年，法国人路易·巴斯德（Louis Pasteur）在应葡萄酒商邀请解决葡萄酒变质问题时，发明了至今仍被广为使用的巴氏消毒法：将液体加热到一定温度（葡萄酒是 50 摄氏度，牛奶是 72 ~ 75 摄氏度），可以既杀死其中的有害细菌，又能最大程度地保有其中的有益成分和味道。可以毫不夸张地说，没有巴斯德，绝不会有今天如此繁荣的全球乳品业市场，世界人均牛奶消费量也绝无可能达到 100 公斤之多。

黑暗料理

有一种入口的肉食可谓最黑暗料理，那便是同类相食。巴布亚新几内亚东部高地的一个土著部落流传着食用已故亲人脏器的习俗，这个部落常年流行一种特殊的疾病——库鲁病。20 世纪的科学家发现，库鲁病是一种因为同类相食而导致人类朊（ruǎn）毒的体病。这类疾病也会发生在其他同类相食的动物身上。20 世纪末，欧洲因为给牛喂食了含有反刍动物蛋白的肉骨粉饲料而导致了疯牛病的爆发。

除了黑暗的食材外，还有些品相过于"另类"的"黑暗料理"。这其中自然包括古罗马著名的"重口味"大菜——"黄道十二宫"。顾名思义，这道"黄道十二宫"共有 12 道主菜：其中的大部分菜都比较正常，至于那一小部分嘛，大家不妨通过下面的介绍亲自"感受"下。"白羊宫"放的是鹰嘴豆；"公牛宫"放的是一块牛肉；"双子宫"放的是睾丸和肾脏；"巨蟹宫"放了圆面包；"狮子宫"放着阿非利加无花果；"处女宫"放着母猪的卵巢和子宫；

"天秤宫"放着装有松饼和蛋糕的天平；"天蝎宫"放了一条小海鱼；"人马宫"放着鸡冠鸟，"摩羯宫"放了一只龙虾；"宝瓶宫"放着一只天鹅；"双鱼宫"则放了两条鲻鱼。只能表示某些菜品是为了倒胃口而存在的。

罗马人品相可怖的名菜还有"特洛伊木马猪"。做法是在猪的身体里塞满香肠和水果，用炭火烤熟，让烤猪以站立姿势上菜。切开烤猪的时候，香肠像动物内脏一样溢出。对于我们现代人来说，那场景简直是"画面太美我不敢看"。

早年的英国也有"黑暗料理"存在，比如民间菜肴"假甲鱼汤"。据一份比较权威的菜谱描述，假甲鱼汤的做法是先将一只小牛头炖至牛角变软，然后连头骨带脑花一起剁碎，再配上牛尾、牛蹄和香料一起熬煮即可。当然了，这是比较晚期的做法。中世纪能够买得起香料做乱炖的人家，绝对能够吃得起新鲜牛肉。这份食谱其实出自《爱丽丝漫游仙境》故事盛行的 19 世纪。

◎ 中世纪栋鸟派，被网友戏称为"黑暗料理仰望星空死不瞑目派"。其实这是一种含有鸟肉的派，派上的鸟头以前是派冷了以后塞进去当装饰的活鸟，现在则是标本或者瓷器

◎ 油画《迦南波希的婚宴》。在油画左上角，侍者正在送上今天主菜——牛头和天鹅

苏格兰"国菜"哈吉斯（Haggis）是用羊胃囊填上羊杂碎做成的。欧洲人不愿意为烹调下水花费许多功夫，对他们来说，洗大肠、切腰花这些工作都太过麻烦。因此，动物大件的脏器他们会洗净翻烤，零碎的小件索性剁碎了用大锅乱炖，看起来虽然恶心，但味道却非常鲜美。

中世纪的一位欧洲名厨甚至还异想天开地设想了如何把传说中的独角兽做成菜肴。当然，这位名厨一辈子也没有见到独角兽，他的菜单至今也没人能够实践。和中国传说中的"龙"一样，"凤凰"也是并不存在的生物。罗马的豪门厨师们长期用孔雀来冒充凤凰。这一做法一直延续到了文艺复兴时期，厨子们甚至异想天开地在这道孔雀菜品上安装喷火装置，来模仿凤凰涅槃的景象，宴会也因此变成了充满梦幻色彩的魔术表演。

千年以后的普法战争中，无肉可食的境地激发了厨子们"发明创造"的潜能。当时的巴黎被普鲁士军队团团包围，新鲜肉食难以运入。一时间肉价飞涨，连老鼠肉都卖到了每磅半法郎，其他正常点儿的肉类价格更高，像是猫肉就卖到了每磅6法郎，兔肉则卖到了每磅40法郎。饥肠辘辘的法国人甚至把主意打到了动物园的动物身上，长颈鹿、骆驼、狗熊等纷纷成了法国厨师的"试验"对象。巴黎瓦赞饭店还推出了这样的菜单：填馅驴头、大象肉汤、英格兰烤骆驼、麝香袋鼠、烤熊肋、胡椒辣酱狼腿、狍子酱、猫肉配老鼠，以及羚羊松茸砂锅。

盐

第三章

盐的霸业

盐在今天的生活中毫不起眼，但在人类历史上盐所赚取的巨额利润却超出很多人的想象。为了争夺盐的产地和运输，无数人为之流血拼杀，可以说盐在古代乃至近代经济史上的地位可以和工业时代的石油相媲美。

在古代社会，谁控制了盐，谁就控制了财富。盐商是古代社会最富有的商人群体，古代扬州的繁华是盐商财富最直接的体现。而且控制了盐的人，也拥有非同一般的权力和影响力，翻开中外历史可以说每一个割据政权背后都有庞大的盐业资源为支撑，为盐而战在古代并不是戏言。

中国历史上第一场战争就是黄帝与蚩尤的涿鹿之战，这场战争到底发生在何处至今还有争论，支持山西是战争发生地的一个最有利的证据就是三皇五帝时代的华夏族的政治中心都在解州河东盐池附近。尧都平阳、舜都蒲坂、禹都安邑距离华夏族占据的河东盐池距离最远不超过150公里，这在人类文明早期也是常见现象，美洲印加文明和玛雅文明也有围绕盐井建立城市的历史。黄帝和蚩尤的战争从某种程度上来说就是人类历史上第一场大规模的抢盐之战，这种战争一直是古代战争的主题之一。

盐业争霸赛

〔盐〕

中国认识到盐的巨大威力的第一人是春秋时代的著名宰相管仲。管仲被齐桓公任命为宰相后和齐桓公有过一番富国强兵的讨论，讨论的内容收录在《管子》一书中，我们可以从中管窥中一下这个国家专卖政策发明人的思路。齐桓公想法很超前，他首先提出要在齐国范围内征收房产税。管仲反对这个办法，认为征收房产税会弄得天下骚动，居民流亡。在人口密度只有现在几十分之一的春秋时代，显然齐桓公的做法实行起来有难度。管仲乘机提出了征收盐税，实行盐业专卖的方案，在《管子》一书中管仲很明确地说他的方法会给齐国带来两个万乘之国的收入。管仲盐业专卖的方法是首先在齐国范围内对盐业实行"官煮"和"民煮"两种不同的产业政策，"官煮"实施的时间是每年十月到正月，在这四个月时间内严禁民间煮盐。表面上看"官煮"

时间只占全年三分之一的时间，但由于实施时间是在枯草最多、燃料充足的冬季，在"官煮"过后的春季民间依旧不能煮盐，所以"官煮"盐业生产取得了垄断性的地位，仅此一项管仲就取得了数倍到十倍的盐业生产利润。其次，管仲还实行官收政策，无论"官煮"还是"民煮"所得的盐必须上交给齐国政府，由齐国政府统一运输、销售。在食盐销售上管仲最看重的客户是不产盐的邻国，管仲用食盐换取了邻国的贵重物资和平抑本国粮价所必需的粮食。在本国销售市场上，管仲的做法是低价收购民间私盐，按照记口加价配盐的方式卖给本国百姓。在盐业专卖的基础上，管仲的政府精确统计出了全国人口，盐业专卖等于是另一种方式的人头税。管仲的专卖政策还包括对金属的专卖，对特殊服务行业的征税等等，这些切实可行的政策让齐国积累了巨大的财富，齐桓公一次出征时就拿出相当于过去齐国一年财政收入的4.2万金（指相当于4.2万斤金子价值的钱币）充当杀敌奖金。齐桓公的奖金分配方案是能破阵杀敌赏百金，在激烈战斗中生擒敌人战车车长的将士也赏赐百金，直接斩首敌军大将赏赐千金，奋勇杀敌表现优异的赏十金。

由此可见，齐桓公的霸业首先就是经济上的霸权，管仲的政策

◎ 管仲

不但让齐国拥有了雄厚的物质基础，更重要的是通过一系列运作建立起齐国在诸侯国中巨大的信用体系。齐桓公和管仲用于国内事务的支出只占全国财政收入的三分之一，另外的三分之二全部用来诱惑收买拉拢其他诸侯国。齐国和其他诸侯国交往时总是不吝啬丰厚的礼物，对周天子的贡献也格外丰厚。这种大投入的外交政策使得齐国左右了一大批诸侯国，成了春秋时代的第一个霸权国家。齐桓公称霸时基本上没有击败过同等重量级的对手，他总是凭借着众多的盟国压服对手，尤其是在面对南方强权楚国时。

齐桓公没有直接击败楚国，凭借着盟国众多的优势和周天子的权威背书，楚国只好不服气的承认了齐国的霸权。真正在战场上击败楚国的是晋文公，而晋文公恰恰也是解州盐池的主人。管仲的盐业专卖政策被包括晋国在内的诸侯国学会以后，晋国也迅速强大起来。解州的盐池和代地的马匹使得晋国长期保持了自己的霸权。晋国随之四处扩张，到了三家分晋时，它四分之三以上的国土都是在不断地扩张中得来的。三家分晋的结果是魏国得到了解州盐池这个聚宝盆，起初在三晋之中最为富强。赵国得到了河北沿海的盐田，在胡服骑射后又夺取了河套盐池。三晋中唯独韩国没有独立的盐业资源，虽然韩国的冶铁水平很高，武器装备精良，但它却是三晋中最弱小的，也是七雄之中最早被秦国灭掉的。

战国时代为盐而爆发的最大规模的战争发生在秦国和楚国之间，战争最早的由来是巴国的一场内乱。巴国是逐盐水而居的巴人部落建立的国家，盐业资源异常丰富。在春秋时代巴国一度是楚国的大敌，有过战胜楚国的战绩。到了战国时代，巴国首领在吴国称王后也自立为王，但好景不长，巴国很快出现内乱，巴国将领巴蔓子无力镇压，于是向楚国借兵。楚国趁机提出了割走鱼邑、巫邑两处产盐重地在内的三座巴国城市，巴蔓子只得答应。在楚国大军的帮助下，巴国内乱被平息。巴蔓子却不想支付楚军的酬劳，他要地没有要命一条，非常痛快地自刎身亡。楚王虽然对巴蔓子的做法非常敬佩，但夺取巴国盐泉的野心却丝毫没有放下，在楚王眼里，盐泉里流淌的是无尽的财富。巴蔓子的死亡并不能阻止楚军进攻的脚步，相反地，却在道义上给了楚国进攻的口实，楚军很快攻占了占据了巴国的"盐水"，占有了巴国重要的盐泉。公元前 377 年，巴蜀联军攻占了楚国的兹方，试图夺回盐水控制权。楚国迅速反击，击败了巴蜀联军，并且在盐泉附近修建关隘。公元前 361 年，楚国占领了巴国又一大盐业产地——黔中地区，拥有了伏牛山盐泉，设立黔中郡。此后楚国依旧不依不饶继续进攻巴国，从公元前 339 年开始，对巴国展开了长达十年的战争，巴国的盐泉和首都一道落入了楚国手里，巴国政府迁往阆中和苴国比邻而居。公元前 316 年，秦惠文王攻取了蜀国，顺道灭亡了巴国和苴国。秦国灭掉巴国后直接威胁楚国的盐泉，两国在巴山蜀水之间对峙，楚国自然而然地想到了用盐当作禁运武器向秦国施压。在这期间，楚怀王在外交上昏招不断，成了各国围攻的对象，秦国乘机抢走了安宁盐泉和郁山盐泉。楚国也不甘示弱，利用水运优势将郁山盐泉再次夺回。公元前 285 年，秦国正式在蜀地设立州郡，对巴地盐泉的攻略步伐加快。公元前 279 年，白起闪击楚国都城郢城，焚烧楚国王陵，并且截断了楚国和巫郡、黔中的联系。秦国蜀地太守张若趁机出兵巫郡、黔中，为了保证胜利，白起也一同进军和张若两路夹击这两地的楚国守军，巴东盐泉在秦军的攻势下落入了秦昭王的口袋。楚国并不甘心失去自己的钱包，在公元前 277 年，楚国遗民反抗秦国的占领，收东地兵十余万，重新建立巫郡，又夺取了一部分盐泉。秦楚两国的盐泉争夺战结束于楚考烈王时代，当时的楚国彻底放弃了自己在湖北旧都的势力范围，全心全意地进攻东方，春申君甚至做到了历代齐国君主都没做过的事情——灭亡鲁国。还有一个因素就是李冰在建造都江堰之余还四处开挖盐井，开凿了龙泉山盐井（四川广都）、蒲江盐井（总岗山北侧）、火井盐井（火井槽山谷）、什邡盐井（龙门山南侧）、富世井（富顺县）等四川沿用千年的盐井。李冰的努力让四川彻底变成了天府之国，也为四川以后的割据势力奠定了基础。在中国西南的版图上，云贵川三省都以地势险要而著称，唯有贵州从来没有割据政权出现，究其原因就是贵州没有独立的盐业来源。

秦国虽然从楚国手中抢走了众多盐池，但秦国的百姓依旧没有享用到廉价的食盐。秦始皇一统天下后盐价依旧昂贵，甚至有超过以前 20 倍的记载。

秦汉之际盐的暴利在司马迁所著的《史记货殖列传》中可见一斑，在这份富豪榜名单内，过半富豪都经营着盐铁生意。盐的暴利不但催生了富可敌国的商人，也成为滋生祸心的温床。

吴王刘濞（bì）在自己的儿子被未来的汉景帝砸死后，就立志复仇。他的封国盛产两样东西，一样是铜，另一样就是盐。刘濞铸造的铜钱通行全国，为后面的造反活动奠定了良好的经济基础。但刘濞觉得还不够，"煎矿得钱，煮水得盐"，刘濞在吴国大兴煮盐事业。他在春秋时代吴王夫差所开挖的邗沟的基础上进行大规模的扩建，把吴国境内给地盐场的食盐运往扬州统一销售，使得扬州成了江淮地区的盐运中心。运盐河西通扬泰，东达海滨，是跨地区的水上通道。江淮东部地区地理状况是：高宝以东，泰州海安以北，兴化、盐城两县和东台、富安等中下十场地势凹下，"形若釜底，众水所归，汪洋停汇为下河"，上河较下河则高出许多。上官运盐河排泄洪水担负着非常杰出的功能。《泰州志》记载："金湾河水势七份入芒稻河，三份入运盐河，东流经宜陵镇抵泰州城，又东流经姜堰、海安，由力乏桥下海。"显示上官运盐河排泄洪水入海的功能。通过这些河流网络，刘濞封地上出产的食盐得以行销全国，赚取了巨额利润。刘濞得到这些财富后在自己的封地实行税收全免政策，就连交给汉朝中央政府的税收他也一并替自己的百姓上交了。当时的吴国好比现在的海湾国家，刘濞不但不征税还在自己的封地内推广福利政策，收容各方难民，增加自己领地的人口基础。刘濞自己也颇有叔叔刘邦的家风，主动和各方豪杰人物打成一片，吴国境内无论贵贱都可以寻求刘濞的帮助，他甚至会替自己辖区内百姓的劳役埋单（汉朝时服劳役是义务劳动，不去的人要被罚款）。如果说这些措施还是藏富于民，那么刘濞收纳各方亡命之徒的举措就昭显了他的野心。在他的统治下吴国成了西汉各路好汉眼中的避难所，邻近地区的治安官员只能看着犯罪嫌疑人逃入这个西汉的法外之地而无可奈何。汉景帝即位后晁错提出了削藩的主张，刘濞的三郡封地中被削去了会稽郡和豫章郡。会稽郡的范围是今天的太湖流域和福建一带，包括苏锡常和杭州地区，是刘濞属地中农业基础最好的地区。豫章郡的大致是现在的江西，是刘濞铜矿的所在地。在晁错和汉景帝看来，将吴国的盐业中心留给刘濞已经算是恩典了，可刘濞却被彻底激怒。新仇旧恨此时一起涌上心头，刘濞索性把心一横，联合薄太后葬礼期间因"非礼"而被罚的东海郡楚王刘戊和被削去了河间郡的赵王刘遂，以及胶西王刘昂一起起兵造反。因刘濞最富有，顺理成章地成为了七国之乱的盟主之一。胶西王和胶东王、淄川王、济南王都是齐王刘肥的后人，他主要负责整合齐王刘肥一系的力量，因此成为了和刘濞平分天下的角色。刘濞将国内 14 岁以上、60 岁以下的青壮年全部征召入军，凑齐了 30 万大军，浩浩荡荡地奔杀至长安。齐地胶西王、脱东王、胶川王、济南王的大军将临淄城围得水泄不通，因为同宗嫡传的齐王刘将闾事到临头反悔了。

中央政府的周亚夫太尉应对战略如下：周亚夫率领南北军主力对决七国中实力最强的吴楚联军；郦寄攻略北地，阻止赵王和匈奴联手；栾布进攻齐地，眼下齐藩各支还在内战，静观其变，伺机解决；窦太后侄子窦婴统领预备队，驻扎荥阳、敖仓之间，防止齐、赵两军联合，必要时支援以上三支部队，战事不顺务必保住敖仓的战略仓库，利用当年太祖刘邦建立起的荥阳、成皋防线阻止联军西进。周太尉打击的重点是吴楚联军。"吴军轻悍"这是周亚夫对吴军战斗力的评估。吴地居民在西汉一直保留着春秋战国时代的传统，民风悍不畏死，项羽当年的八千子弟兵就出自吴地。既然对方战斗力强，那就不要与其正面争锋，利用梁王刘武充当挡箭牌就成了周亚夫的现成战术。周太尉大军放弃解梁王刘武的睢阳之围，直接绕过吴王大军奔向昌邑等地，他的目标是刘濞的补给线。睢阳城下，吴王刘濞费尽心思和梁王刘武展开了较量。梁王封地四十余城从山东一直到河南商丘、开封都是他的地盘，在诸侯王里仅次于刘濞。（刘濞封地五十余城，他的封地比梁王富得多，战争潜力却强的有限）打下刘武的封地，刘濞才能直接打通一条通往关中的道路。至于刘武则非常无奈，他被吴楚联军的偷袭打了个措手不及，眼下被吴楚联军包围在睢阳城。睢阳附近一马平川，地利条件有限，刘武发出的求援使者一直不复返。他的皇帝哥哥似乎认定了"刘武打死刘濞我开心，刘濞宰了刘武我放心"，对睢阳之围不闻不问。太尉周亚夫的回答则是"梁王强悍"，意

◎ 蜀省井盐制法

思是我看好你，精神上支持你，但援军我还是不派，人只能靠自己，刘武也只能打起精神率领部下和刘濞死战到底。

吴王刘濞在接到周亚夫主力动向后，依然没有分兵保护自己补给线的意思，在他看来，灭了刘武粮食给养就都不是问题，实在不行还有敖仓。双方像打了鸡血一样在睢阳城下血拼，而周亚夫的军队却端掉了吴楚联军一个又一个后方仓库，吴楚联军的水上补给线也被周太尉掐断了。后方运来的粮食越来越少，胶西王那群猪队友还在临淄城下和自家兄弟打打谈谈，全然没有过来帮忙的意思，而赵王居然被郦寄包围了都城，反过来还要向刘濞求助。看着面有饥色的士兵，刘濞决定撤退回去收拾周亚夫找粮食去。饿疯了的吴楚联军红着眼杀向周亚夫，周太尉却早就布置好了防御阵地以逸待劳应对吴王的挑战，几番冲击，吴军都败下阵来。刘濞依然想和周亚夫抖机灵，他派人佯攻周亚夫军东南方向，但周亚夫却猜出了他真正的主攻方面是西北，双方你来我往，周亚夫不急，但刘濞撑不住了，他早就断粮了。刘濞下令全军后撤。但刘濞忘了他的部下以步兵居多，骑兵力量远不如周亚夫。而战场附近全是平原，中途撤军的吴楚联军被拥有优势骑兵的汉军赶上，双方大战一场，飞将军李广首先夺下了吴军的帅旗，吴军一片大乱，被周亚夫指挥的大军消灭了大半。已经是六十二岁高龄的吴王刘濞逃跑速度比较快，一口气跑到东越，试图依靠东越人的力量东山再起。但东越王觉得还是他的脑袋比较值钱，于是吴王刘濞的人头就成了东越王讨好大汉天子的礼物。吴楚联军败北，栾布也在得到支援后东向齐地，临淄城下斗成一团的刘肥后人们顿时作鸟兽状散，胶东、胶西、胶川、济南四王纷纷倒台。尚有余勇可贾的栾布再接再厉杀向赵地，和郦寄一道水淹邯郸彻底灭掉了赵王的希望。

"盐铁论"的威力

盐

汉武帝时代是汉帝国大扩张的时代，刘彻似乎真的要把自己的国土变得和年号一样名副其实（"汉"的意思是"星汉"，也就是"银河"，这个朝代名字非常霸气，大有银河之下尽归王土的意思），在东西南北四个方向大规模用兵。刘彻的用兵并没有给国库带来太多实际的收益，相反用兵的巨额开支让西汉积攒了几十年的家底迅速见底。刘彻无奈只好软硬兼施让商人募捐，但这些豪商软磨硬泡就是不给钱。元狩四年（前119）刘彻采用御史大夫张汤的建议，将天下盐铁之利全部收归国有，排富商、锄豪强。刘彻招募了齐地大盐商东郭咸阳和南阳大冶商孔仅为大农丞，领盐铁事，并采纳了这两个昔日行家里手的建议，派他们乘传车举行天下盐铁，在各地设置国家的盐铁机构，任命从前以经营盐铁致富的人为吏；将原由豪富占有的产盐滩灶收归国家，由官府直接组织盐业的生产、转输与销售，并不借手商贩。刘彻的制盐法是由官府置备煮盐器具，雇民煮盐，给以工费；销售方法改由盐吏坐列市肆，贩物求利。刘彻的改制做到了官自卖盐，产供销一条龙，他的改制被称为"全部专卖制"。刘彻有了盐铁行业的垄断暴利后，和匈奴等民族开战就更加有本钱了。不过这些辉煌的武功都建立在全国居民的被迫高消费之上，盐工、铁匠生活水平反而直线下降。公元前86年，益州郡连然县等地的廉头（制盐工人首领）组织盐工进行了反抗，很快发展成波及24县的起义。这场起义被汉朝军队轻易镇压，却揭开了以后近2000年的盐业从业人员和政府较量的开端。汉昭帝始元六年（前81年），一场大辩论在朝堂内展开，所有的儒家学者对汉昭帝提出了"愿罢盐铁官营，毋与天下争利"的建议。御史大夫桑弘羊予以反驳，认为盐铁官营为国家大业、安边足用之本，不可废止。辩论结果是桑弘羊获胜，盐业仍行专卖，这场辩论的主要内容就是《盐铁论》。自此以后，盐业专卖成了西汉的正式国策。汉元帝初元五年（前44年）西汉政府因天下灾饥宣布罢免盐铁专卖，但在永光二年（前42年）汉元帝又痛苦地发现没了盐业专卖自己的收支更加不平衡，而救灾的钱依旧没有着落，于是又恢复官营。西汉灭亡后，王莽虽然在全国范围内实行各种复古措施，但盐业专卖这一制度依旧没改。

东汉建立后，刘秀为巩固自己的政权，实行减轻赋税政策，废除西汉以来推行的食盐专卖法，放开煮盐禁令，任民制盐，自由贩运。刘秀这么做的原因恐怕就要从东汉王朝的性质说起了。东汉王朝是刘秀结合南阳、河北等地的豪强势力建立的王朝，东汉的豪强地主拥有远远超过西汉同行的政治影响力，所以打击豪强势力的一系列政策包括地产统计和盐铁专卖都难以在东汉实施。刘秀也不是对盐业收益不动心，他在产盐较多的郡县设置盐官，征收盐税。这种模式产制运销皆任民营，官征其税，被称为"就场征税制"。到了东汉明帝、章帝年间，羌族和东汉政府爆发了连年战争，造成军费增加，国用不足。东汉政府一度依尚书张林的建议，采用西汉武帝办法，实行官自煮盐、官自卖盐，产销全部官营。这种"开历史倒车"的行为在公元89年汉元帝即位后得到纠正。

东汉的就场征税制并没有给东汉政府带来太多的盐业收入，东汉的军费开支水平也不如西汉。在这个基础上东汉的常备军水平也是大大落后于西汉，国内发生大规模动荡时东汉政府不得不依靠各地军政长官自行组织军队镇压，进一步加强了各地豪强的势力。东汉的分裂在镇压黄巾起义前就埋下了财政上的祸根。

东汉末年的战乱中各路诸侯都对仿效汉武帝旧法，实行全部专卖制，设司盐校尉等官主管盐政，供给军需国用，魏、蜀、吴三国政权都是如此。西晋统一中国后，依照曹魏旧例实行全部专卖制，设司盐各官管理盐务。晋元帝迁都江南后，中国由此分为南北两半。南朝自东晋开始对盐业实行征税制，这也成了宋、齐、梁、陈的惯例。北朝的盐业政策一直在专卖和征税之间摇摆不定，从时间上看是征税制居多。隋朝统一天下后对盐业一不收税，二不专卖，任由民间自由买卖。程咬金其实和私盐贩子并无瓜葛，因为当时就没有私盐官

盐之分。食盐自由买卖政策持续到了天宝年间，唐玄宗为了解决开支问题又采纳左拾遗刘彤的建议，派御史中丞与诸道按察使效法汉武帝故技在盐铁税收上做文章，逐步恢复征收盐税。开元十年（722年），唐玄宗正式敕令诸州所造盐铁按年征收官课，具体由本州刺史上佐一人负责检校，依令式收税，自此正式恢复食盐征税制。天宝十四年（755年）安史之乱爆发，两京陷落，唐朝失去了黄河流域的赋税，唐王朝财政陷入困境。唐肃宗即位后，为供给平叛所需军费，采纳北海郡录事参军第五琦建议，实行盐铁官营。乾元元年（758年），第五琦始立榷盐法，实行民制、官收、官运、官销的盐政制度。具体办法为：凡新旧盐民，皆登记造册，编入亭户户籍，隶盐铁使，免其杂徭，专事煮盐纳官，盗煮私贩者论以法；于山海井灶出盐之地设置盐政机构（小者为亭，中者为场，大者为监），收榷其盐，置吏出粜。产制由民，收、运、销归官，为平定安史之乱积累了巨额军费。宝应元年（762年），刘晏接替第五琦任盐铁使，再变盐法，将第五琦盐法中的官运官销改为商运商销。又创设盐商特殊户籍，隶盐铁使，允许子父相承，世代为业。盐仍由民制，仍由官收；官收之后，将盐税加入卖价（寓税于价）后转售商人；商人于缴价领盐之后，得以自由运销，所过州县不再征税（穷乡僻壤商人罕到之地，官设"常平盐"以济其缺）。即民制、官收、官卖、商运、商销五大纲领，这就是称为"就场专卖制"。为确保此制施行，从淮北起，在既有亭、场、监之外，另于各地列置巡院，

缉捕私盐。实行此制后，既改善人民食盐供应，又大幅度增加国家盐利收入。至大历末年（779 年），盐利收入已居天下赋税之半。与此同时，唐朝的盐价一路飞涨，"天宝、至德间，盐每斗十钱"。至第五琦变更盐法，盐价每斗更猛增至 110 钱。但这一时期制盐技术也在进步，制盐成本也在降低，官府所垄断的就是其中的销售环节，贩盐成了最暴利的买卖，各地私盐开始泛滥成灾。私盐贩子们从亭户（盐业生产人员）手中拿盐，非法贩卖。他们的具体做法是"多结群党，并持兵杖劫盗及贩卖私盐"。此外列入官府盐籍、资金雄厚、世代贩鬻官盐的合法盐商，为了获取暴利，也常常扯着贩卖官盐的幌子夹带贩卖私盐。公元874 年末开始的王仙芝、黄巢起义就是这种盐贩造反的典型，他们揭开的抢盐大战不但造成了唐朝的灭亡，甚至主导了五代初年的政治格局。第一个在抢盐大战中脱颖而出是王仙芝。公元 875 年初，濮州盐贩首领王仙芝等人在今天的河南长垣发动起义。王仙芝的身份是普通的私盐贩子，在和唐朝盐业缉私人员的反复较量中练就了武艺和军事才能。

同年 5 月，山东也爆发了黄巢起义，黄巢的身份同样是和私盐有关，不同的是他家族的私盐生意做得比较大，属于盐枭级别。《新唐书》、《旧唐书》中对黄巢的家世记载不太一样，《旧唐书》里只说黄巢是盐贩子出身，《新唐书》里则说他的家族是盐贩世家，家境很富有，属于盐枭级别。从黄巢早年受过教育和参加科举考试不第的经历来看，《新唐书》的记载更

符合历史的真实。科举考试对人物身份的核查非常严格，黄巢家族只有非常富有，并在当地很有影响力才能打通一切环节让黄巢顺利过关。《新唐书》记载中的黄巢文武双全，还喜欢收买四方亡命之徒，这也只有大的盐枭家族才能做到。黄巢起兵以他的同族兄弟、子侄黄揆和黄恩邺等人为核心，他们一共招募了数千人起兵。这时王仙芝已经攻陷了濮州、曹州，击败了镇压他的天平节度使薛崇，人马发展到数万人。

黄巢为了更好地发展自己的力量就投奔了王仙芝，但自始至终黄巢都保留了自己的势力。王、黄两军会合后，两人协同作战，东攻沂州（今山东临沂）不克，就西向进攻洛阳周围地区。唐统治者急调大军夹击。王、黄乃于乾符三年（876 年）十月间南趋唐州（今河南泌阳）、邓州（今河南邓州市），以后又活动于今河南、湖北、安徽等地，年底就逼近了江淮产盐重地扬州。反复冲击唐朝的统治薄弱区域。

唐朝政府当时内忧外患不断，无力集中力量镇压王仙芝和黄巢的队伍。中央政府当时手中已经严重缺乏有战斗力的直系部队，各地藩镇并不想和黄巢王仙芝他们过多交战伤了元气，专门负责和黄巢交战的原平卢节度使宋威也是以保全势力作为第一要务，所以在王仙芝、黄巢大军四处流动作战时唐朝政府毫无办法。公元 876年底，在攻打湖北蕲州后，王仙芝俘虏了蕲州刺史裴偓。裴偓的背景很深厚，他是当朝宰相王铎的门生，当了俘虏后主动向王仙芝保证要给王仙芝讨要封赏，给黄巢

等人洗白身份。王仙芝信以为真,他等来的是左神策军押衙、监察御史的封赏。王仙芝很高兴,准备接受改编。这一举动激怒了黄巢,黄巢毕竟也是参加过多次科考的人,对唐朝中央政府官员等级实权的了解比王仙芝要深,知道这个任命惠而不费。尤其重要的是这份任命根本就没有对于黄巢的安排。黄巢当即翻脸在大营中痛打王仙芝,王仙芝猝不及防之下吃了大亏。王仙芝的首领地位看来并不稳固,不但他的个人勇武不及黄巢,他的部下更是没有几个人主动站出来为他出头。封赏一事就此作罢,王仙芝在众人面前丢了脸,也没有击败黄巢的能力,两人就此分道扬镳各自发展。王仙芝的能力真的不如文武双全的黄巢,在两人分手后一年多后两人虽然不时合作,但基本上各自为战。王仙芝在公元 878 年的黄梅决战中被宋威击败身亡,王仙芝的部下损失 5 万之众,剩余的全部跟随了黄巢。黄巢势力大涨,转战大江南北,他对唐朝政府的招降要求越来越高。前文我们说过黄巢看不上唐朝政府开出的条件,他自己的定位是管辖自己家乡山东的天平节度使和拥有是市舶司巨利的广州节度使的职位。这价码可比小小的左神策军押衙

要高得多,广州节度使所代表的巨大利益让一向昏庸的唐僖宗也不忍心轻易交付给外人。既然唐朝政府不想给,黄巢就自己拿,黄巢自己贡献了广州,对全城进行了大屠杀。在黄巢的军事行动中从来就没有建立稳定根据地的想法,他似乎从来就满足于捞一票就走,在他的眼中集合队伍四处劫掠也许就是另一种"生意"。

黄巢四处作战中遇到过不少强敌。公元 880 年初的战斗中,他的部下被唐朝山南东道节度使刘巨容雇佣的少量沙陀骑兵击败。

黄巢在各地流窜作战的同时,不少他的昔日同行也加入了政府军一方。在浙江私盐贩子钱镠(liú)加入了浙江军阀董昌的队伍,成了浙江土著部队中的一员,并在击败了黄巢后名声大噪,受到董昌的重用,他后来反客为主建立了吴越国。河南蔡州地区的私盐贩子王建也在乱世之中加入忠武军节度使周岌的队伍,很快成了军中骨干。和黄巢战场交锋的昔日同行还有朱宣,朱宣的家族也是世代贩盐。朱宣的家族没有黄巢家族富有,朱宣的父亲在贩盐过程中被唐朝执法机构处死,朱宣本人为了生活也只好在乱世之中投入唐军阵营。

河中盐池和唐末、五代鏖战

盐

在黄巢掀起的战争中变化的还有唐朝政府的盐政，公元877年在黄巢的鼓舞下，河中盐池的驻军也放逐了自己的长官节度使刘侔（móu）。河中盐池包括解县、安邑两地的盐池，是中国最早的盐池，也是供应洛阳和长安的盐池。河中盐池的收入每年都在100万贯铜钱以上，高峰时每年150万贯。在唐末中央政府年财政收入才一千三百多万贯，并且大部分被各地藩镇截留。因此河中盐池对唐朝中央政府来说极其重要。唐僖宗派京兆尹窦璟前往镇压，而后任命窦璟充当河中节度使。公元878年九月，户部尚书李都被唐僖宗下令兼任河东节度使，替唐僖宗保管这个钱袋子。河中盐池的巨额收益让解县和安邑吸引了大量流动人口和商贩以及"就地吃盐"的各路好汉，成了各方枭雄眼中的肥肉。乱世中，唐朝中央政府的钱袋子很快也保不住了。公元880年十一月，河中都虞侯王重荣在自己亲信的拥戴下兴兵作乱，将安邑和解县的市坊抢劫一空，自任河中节度使。唐僖宗的反应是在当年的十一月十一日召回正牌的河中节度使李都，任命王重荣为河中节度使留后。节度使留后在唐末是节度使的继承人，等于说是默认了王重荣的所作所为。唐僖宗的忍气吞声是因为黄巢已经再次逼近了东都洛阳，实在没有余力夺回河中盐池。河中人事变动一周后

的十一月十七日，黄巢攻陷了东都洛阳。十一月二十二日，黄巢又拿下了河南和陕西交界处的虢（guó）州，长安城的屏障又失去了一个。虢州是现在的河南三门峡灵宝一代，著名的函谷关就在它境内，秦穆公偷袭郑国被晋国全歼的战役也在此地发生。五天之内这种险地就落入敌手，唐朝中央政府的军队战斗力可想而知。十一月二十五日，唐僖宗派张承范率2500名神策军士兵援助潼关守军。当时的神策军早已经是长安富家子弟的安乐窝，战斗力全无，而且后勤工作也很不到位，这群富家子弟能被张承范带到潼关战场就很不容易了。十二月初一，张承范军到达潼关，和潼关守将齐克让一起为粮食发愁。十二月初二，黄巢军队到达潼关，仅仅用了一天多时间就攻克了潼关，十二月初三，唐军丢失了潼关。十二月初五唐僖宗任命了留守内阁，在退朝后和亲信宦官田令孜一道悄悄离开了长安城。这天黄昏时分黄巢的部下开进长安城，昔日盐贩黄巢的事业达到了历史最高峰，刚刚夺走河中盐池的王重荣也不得不向黄巢俯首称臣。

黄巢本来就是盐业从业人员，对河中盐池也非常熟悉。黄巢在王重荣称臣后，将河中盐池当成了自己的提款机。由于黄巢是专业人士，他的压榨能力可比原先的唐朝官员要强得多。王重荣的所作所为，

◎ 《明皇幸蜀图》，李昭道

简直就是给黄巢作嫁衣,这让王重荣非常愤怒。在一番鼓动后,王重荣的部下处死了黄巢派来的所有使者,双方正式翻脸。黄巢派来的夺取河中盐池的统帅是自己的族弟黄邺和后来的后梁开国皇帝朱温。在保护盐池暴利的刺激下,王重荣和他的部下超水平发挥,击败了黄巢军队。王重荣又和义武军节度使王处存结盟,进军渭水,和各路藩镇一起,准备反攻长安。

公元881年三月初五,各路唐军对长安城展开反攻,王重荣的人马负责渭桥方向。在王重荣的战友中,还有驻屯在武功的夏绥节度使拓跋思恭,这个人的地盘也出产盐,他是西夏王室的远祖。几路唐军争先进攻长安,黄巢的人马似乎不堪一击,撤离了长安城。首先进入长安城的是王处存和程宗楚的队伍,程宗楚是唐朝名将程咬金的后人。为了避免自己的功劳被其他人马抢走,程宗楚下令自己的部下封锁长安城被收复的消息。长安光复后,长安居民等来的却是唐军大规模的洗劫。由各路藩镇士兵组成的唐军把自己的首都当成了战利品,长安城一片狼藉。唐军的大肆抢劫让自己本来就不强的纪律荡然无存,当夜黄巢的人马又重返长安城将唐军击败。拓跋思恭、李孝昌的人马也对抗不了黄巢的大军,在随后的土桥之战中被击败。

唐军的惨败让王重荣心事重重,他仿佛又看到自己的盐被黄巢随意拿走,更要命的是黄巢这次反击战让王重荣彻底没了击败黄巢的信心。王重荣将自己的苦恼向行营都监大太监杨复光和盘托出,杨复光建议王重荣向拥有沙陀骑兵、"一心为国"的李克用求援。杨复光所说的沙陀骑兵就是李克用家族自己的部族私兵。沙陀人是西域突厥部族的一支,最初在唐朝社会里不光被汉族人鄙视,就连胡人内部也是鄙视链的底端。这个部族后来迁徙到山西北部一带,和迁徙到此地的胡人部族杂居,更吸收了不少代北汉人加入,在唐朝末年形成了一个军事集团。

从公元810年迁徙到代北开始,沙陀人就不断为唐朝政府卖命,和吐蕃、回鹘、淮西各路强兵都有交手记录,沙陀部的首领朱邪执宜也因为军功被任命为执金吾。李克用的父亲朱邪赤心率领自己的部众在公元869年为唐朝政府卖命镇压庞勋起义,因为作战得力被唐朝政府赐予官职和皇族的姓氏李姓,并正式获得了节度使的权力。沙陀骑兵在数十年的战争中积累了战斗经验,是当时天下少有的强兵。杨复光说李克用"一心为国"只是场面话,李克用16岁时(公元872年)就斩杀了唐朝的大同军防御使段文楚,占据了云州(现在山西大同)一带,此后的几年时间内沙陀部族占据代北和唐朝时战时和。从公元878年开始,李克用和父亲李国昌(朱邪赤心的赐名)利用黄巢起义的大好时机也不断扩张自己的势力,他们的扩张在公元880年画上了句号。这年幽州节度使李可举(回鹘后裔)、云州节度使赫连铎(吐谷浑后裔)在招讨使李琢的组织下扫荡代北,李克用的族父李友金也只得投降唐朝。李国昌李克用父子狼狈地逃往大漠深处,靠着鞑靼人庇护苟延残喘。黄巢攻陷长安时,李友金奉命招募了五千多沙陀三部人马。

走到绛州时，李友金联合绛州刺史沙陀人瞿稹向监军陈友思诉苦："黄巢大军号称六十万，我们这5000人以一敌百也不够，只有扩军才是正路。"陈友思也觉得兵马多多益善，于是这支部队很快膨胀到3万人。人马增多意味着管理难度加大，这三万多人很快惹出了不少乱子，让陈友思头疼不已。李友金则趁机推荐了自己的侄子李克用，陈友思无奈之下只好同意，李友金立刻派了500名沙陀骑兵去迎接自己的族侄。李克用回到代北时还带来了万余名愿意和他一起在中原花花世界捞一把的鞑靼骑兵。靠着这支武装和家族数十年来在代北形成的威望，李克用很快降服了陈友思招募的3万胡人武装。杨复光所期待的就是这样一支强兵，他要让这支当了几十年雇佣军的武装力量卖命就只能给他们巨大的利益。杨公公手中没有，占据了河中盐池的王重荣有，杨公公积极地充当王重荣和李克用的中间人。

为了保护自己的利益，王重荣只好大出血给李克用钱粮装备。"但既逼寇仇，且当津要，车徒遝至，竟赴齐盟；戎夏骏驱，共匡京室；虑风回于原燎，竭日费于云屯；辑睦允谐，供储克赡，栋持广厦，鼎镇厚坤；始以一城之危，抗移国之盗，竟以数郡之力，壮勤王之师；勋复旧都，庆延殊渥"这是史书上对王重荣大出血的评价。王重荣控制下的河中盐池除了武装李克用外，还向唐朝中央政府提供财力支持，为此唐僖宗不得不任命王重荣的哥哥王重盈为东面供应军使。黄巢也发现了河中盐池对于战局的重大影响。在公元882年正月，黄巢命

令朱温攻略河中方向。二月份的河中抢盐大作战中，王重荣为了自己的盐不被夺走再次大发神威击败朱温。

王重荣的胜利其实也有一定的基础。杨复光杨公公手中也有不少强兵，他早先是忠武军监军，忠武军的辖区就是民风强悍的蔡州。蔡州是今天的河南驻马店一代，在唐末以民风强悍盛产骄兵悍将而著称，王建、马殷、秦宗权的强人都是当时"蔡贼"的代表。黄巢攻陷长安后，忠武军节度使周岌被迫投降。黄巢没能很快消化掉忠武军的军力，在周岌的默许下杨复光收编了忠武军上万人马。杨复光将其中八千忠武军分成八都，八都指挥中就有昔日的盐贩子王建。

朱温两次进攻河中失败后眼看黄巢势力越来越弱，在当年9月干脆投降了王重荣。朱温投奔唐朝的第一份工作就是右金吾将军、河中行营招讨副使，这是他和河中盐池第一次正式结缘。

朱温投降王重荣三个月后，他未来的死对头李克用也来到了河中。李克用在多方斡旋下和河东方面改善了关系，此时也在河中驻扎，利用河中的出产壮大自己的力量。公元883年正月，李克用所部击败了黄巢的族弟黄揆，占领关中要地沙苑。二月十五日，李克用会合河中、易定、忠武军主力与黄巢展开决战，黄巢军队大败，元气大伤。三月初六，黄巢准备撤离关中，又被李克用和王重荣主力发现，又是一番大战，黄巢的撤离计划破产。四月初的渭南决战后，二十八岁的李克用收复了长安城，成了唐朝的拯救者。李可用被封为河东节度使、同平章事（唐朝宰相的别称之

一），他的父亲李国昌也获封代北节度使，得到了梦寐以求的代北之地，李克用家族正式登上了唐朝权力场的最高舞台。王重荣的哥哥王重盈也因为自己兄弟的缘故被封为节度使，这是唐朝对王重荣配合李克用的褒奖。同样被封赏的还有朱温，他被任命为宣武军节度使，带着几百名亲信去开封地区上任。

我们在之前的章节里说过，朱温的开局可以说非常差，辖区内的有大量骄兵悍将不服管教，外有痛恨叛徒的黄巢正在积极整合秦宗权的蔡州军随时可能过来教训他，最要命的是宣武军财政已经是在破产边缘不能为战争提供任何帮助。朱温读的书少，但对阴谋却是无师自通的天才，他明白这是唐朝政府驱狼吞虎两败俱伤的计谋。朱温在半年多时间内软硬兼施整合了内部，还亲自带人开垦土地，很快稳住了阵脚。几乎与此同时，杨复光杨公公在河中离开人世，制约李克用、王重荣的人换成了成事不足、败事有余的田令孜，唐末因为盐的战争又翻开了新的一页。

公元884年年初，黄巢迫不及待的对自己的叛将朱温发动了进攻，黄巢在整合了蔡州军后实力得到了较大的回复，不光朱温顶不住，连当时实力远强于朱温的周岌和时溥也岌岌可危，三方共同求助于李克用。李克用在中国传统史书上名声不错，在民间传说和戏剧舞台上评价也较高，他的脸谱是代表忠义的红色，虽然骄横还是比较讲义气的。五月份李克用所部援助朱温，在五月初八、初九、初十的三天大战中李克用再次证明了自己是黄巢的克星，重创黄巢所部，

俘获了黄巢的幼子。五月十四日的上原驿事件爆发，朱温翻脸不认恩人，几乎将李克用杀死。李克用想报复，但周边的盟友没人给他提供军粮，只得暂时作罢，李克用不得不退回晋阳。六月十五日黄巢在多路唐军的围攻下走向了穷途末路，被自己的外甥林言杀死。秦宗权的部下也被朱全忠联合天平军节度使朱宣击败，朱温得到了大批黄巢部下和秦宗权余部，实力在一年之内像吹气球一样膨胀起来。

同样军事实力暴涨的还有田令孜田公公。田令孜已经收编了杨复光手下的八都忠武军，王建等人都被田令孜收为义子。田令孜被唐僖宗任命为中央禁军负责人，手下直接掌管的禁军有五十四都之多。唐末每一都有上千人马，田令孜所部最少达到6万之众，人多了需要花钱的地方就多。田令孜还负责为唐僖宗提供还都长安后的财政开支，当时的财政状况是"江淮转运路绝"，"郡将自擅，常赋殆绝"，于是田令孜就把注意打到了王重荣身上。田令孜要求将河中盐池的盐利依"广明前旧事"直接调拨到他所掌管的神策军中，王重荣自然不乐意，双方开始打笔墨官司。公元885年五月，王重荣被调任为泰宁军节度使，六月田令孜直接向唐僖宗讨来了"两池榷盐使"的兼职，妄图直接控制河中盐池。王重荣自然不去上任，双方只好兵戎相见。田令孜明白自己军事水平不够，在当年七月联合邠宁节度使朱玫，凤翔节度使李昌符一同出兵河中去抢盐。王重荣面对众多敌人，只好求助李克用。李克用正在准备报上源驿的一箭之仇，便将作战目标锁定

为朱温。当时朱温和秦宗权正在苦战，一旦李克用参战，结局会相当悲惨。结果王重荣反复劝说李克用帮助自己，并指出邠宁节度使朱玫、凤翔节度使李昌符也是朱温的盟友，帮他就是帮李克用自己。朱玫、李昌符也十分配合朱温，派人在长安城四处搞恐怖袭击陷害李克用。当然最关键的是没了王重荣的财力支持，李克用很难继续自己的战争。在李克用的整个军事生涯中，他都不能建立完全自给自足的后勤、财政体系，奉行的是拿人钱财给人卖命的雇佣军哲学，在物资困难时李克用不止一次地下令在自己地盘上大肆劫掠，对屯田等措施兴趣缺乏。不得已，李克用只好给自己的金主王重荣联军对抗田令孜联军。十二月二十三日的沙苑大战中，李克用大发神威击败田令孜联军。战后朱玫、李昌符逃回自己地盘，田令孜带着唐僖宗在十二月二十五日夜轻车熟路地逃离长安城。李克用、王重荣联军占据长安后也不客气，将长安城劫掠一空，又在长安城内大规模放火，这场抢盐大战以田令孜完败而告终。

田令孜的失败让他失去了神策军的控制权，唐僖宗也彻底明白这个好朋友一点儿军事天分都没有，万般无奈之下唐僖宗请出了被田令孜排挤的杨复光兄长杨复恭。田令孜狗急跳墙生出了劫持唐僖宗的主意，打仗田公公不行，抢人田公公同样功亏一篑。和田令孜"英雄所见略同"的还有朱玫、李昌符两个败军之将，他们的大军攻破了凤翔的唐僖宗行宫。唐僖宗在少量部队的护卫下前往四川避难，在大散关要地再次被朱玫、李昌符所部追上。关键时刻，

昔日的"贼王八"盐贩子王建率领500名长剑手保护唐僖宗杀出重围。为了捉住唐僖宗当"肉票"李昌符的部下焚烧了栈道，又是王建背着唐僖宗和传国玉玺逃出生天。王建从此得到了唐僖宗和田令孜的双重信任，从此走上了称霸四川的道路。与此同时，钱镠也在董昌麾下建立了自己的势力，并在董昌许可下夺去了越州，把越州当成了自己称霸江浙的根本。

此后的乱局我们一笔带过，总之王重荣还是很给杨复恭面子，让唐僖宗回到了长安城。抢盐大战的主角王重荣在不到十年时间内一跃成了可以左右唐朝帝位人选的强者，盐在唐末的权力争夺中的重要性可想而知。公元887年六月，王重荣为部将常行儒所杀。常行儒杀王重荣纯粹是泄愤报复，他很快被王重荣的哥哥陕虢节度使王重盈诛杀，后者成了河中盐池的主人。王重盈的上任依旧是李克用全力支持的结果，他要用河中盐池的产出为李克用的战争提供动力。

公元888年，唐僖宗病逝，唐昭宗即位，唐末的抢盐大战进入新阶段。这回的主角是宰相张濬，他在配合李克用收复长安时和李克用结了仇怨，在杨复恭执掌神策军后因为盐税大权被杨复恭夺走又记恨杨复恭。在张濬的坚持下，"（大顺元年，890年）五月，诏削夺克用官爵、属籍，以为河东行营都招讨制置宣慰使，京兆尹孙揆副之，以镇国节度使韩建为都虞侯兼供军濬粮料使，以朱全忠为南面招讨使，李匡威为北面招讨使，赫连铎副之"，共同讨伐李克用。张濬亲领5万兵挂帅，并"会宣武、镇国、

静难、凤翔、保大、定难诸军于晋州"，结果是李克用的义子李存孝轻而易举地击败了张相爷的豪华阵营。唐昭宗也只好自打嘴巴将张濬革职，恢复了李克用的官爵。张濬失败的原因除了自身水平不高外，河中方面始终站在李克用一边也是原因之一。

公元895年正月十三王重盈去世，王重荣的养子王珂被河中镇士兵拥立为继承人。王重荣是整个河中势力的创始人，他过继了自己兄长王重简的儿子，在唐末的藩镇官兵看来，王珂担任他们的统帅毫无问题。王重盈接替自己兄弟位置时把原先的地盘陕虢节度使的位置留给了自己的儿子王珙，又安排了自己另一个儿子王瑶担任绛州刺史。王珙和王瑶兄弟不甘心河中这块肥肉被自己堂弟独吞，两人联手夺取河中。

王珙、王瑶知道自己伯父的家族和李克用的关系良好，就联合朱温充当自己的外援。本着朱温支持的就一定要全力反对的原则，李克用对王珂全力支持。李克用的军力使得王珂顺利即位，为了稳固两者的合作关系，李克用把自己的女儿也嫁给了王珂。

之后王珙和王瑶上书唐昭宗声称王珂不是王重荣的儿子，在继承权上没有他们二人靠前。同时，也需要把势力扩张到山东、江淮地区的朱温在武力上支持他们兄弟对抗王珂的靠山李克用。这个计划没有奏效，因为朱温正在山东方向继续扩张，没有办法插手河中事务。王珙只好发挥外交特长拉拢关中地区的王行瑜、李茂贞、韩建三位节度使一同干涉河中事务，河中节度使的内部纷争逐渐变成了关中和山西的大混战。王行瑜、李茂贞、韩建三人为

了获取更大的利益联名支持王珙，唐昭宗却拒绝了他们的提议。三人恼羞成怒召集大军跑到长安城下，一定要唐昭宗给个说法。面对这次武装示威，唐昭宗始终不为所动一直坚持自己的看法，王行瑜、李茂贞、韩建三人恼怒之下杀死了宰相、枢密使等多名高官。王珙有外援，王珂也有他的岳父李克用。李克用在王行瑜、李茂贞、韩建武装进京后以此为由大规模出兵，十天之内就攻破了绛州（现在山西闻喜县等地，是山西传统的农业区），杀死了绛州刺史王瑶。公元895年七月李克用再次攻略关中。李克用人马未到王行瑜、李茂贞、韩建的联军就乱成一团，唐昭宗也成了被殃及的池鱼。唐昭宗和自己的哥哥唐僖宗一样被乱军当成了护身符，乱战之中谁也没有抢到唐昭宗。唐昭宗被迫逃到终南山中避难，这又给了李克用很好的出兵理由。王行瑜、李茂贞、韩建的联合武装里，韩建最先和李克用服软讲和，王行瑜的态度则比较坚决，一门心思和李克用对抗到底。

王行瑜早先是朱玫的部下，参与过朱玫废立唐僖宗的动乱，对唐昭宗也态度最恶劣。王行瑜一度想担任尚书令，而尚书令这个职位在唐朝只有唐太宗李世民担任过，他在三人中胆子最大也最遭唐昭宗记恨。三人联军败北后，李茂贞元气大伤，只好把自己的部下当成替罪羊送给唐昭宗。唐昭宗接受了李茂贞的认错，对王行瑜丝毫不想原谅。李克用也把火力集中到王行瑜身上，王行瑜的部下接连受到重大打击，最后也学王行瑜昔日的做派杀死了自己的上司（朱玫就是王行瑜杀的）。王重荣家

族掀起的抢盐大战以李克用势力大增为结束，王珂也不得不把自己绑在岳父的战车上继续为李克用的战争机器提供动力。

李克用干涉河中事务是为了自身的争霸事业，这不光是因为河中盐池的暴利，更是因为河中的地理位置对他非常重要。河中和河北一样是李克用扩张势力的两大通道，也是李克用、朱温争霸的焦点。在公元 898 年到 901 年的战争中，朱温占领了河北的邢、洺、磁等州，关闭了李克用南下河南的通道。而河中则是李克用进入关中的要地，也成了双方的必争之地。公元 901 年正月十五日，朱温发布了对河中用兵的动员令称："王珂驽材，恃太原自骄汰。吾今断长蛇之腰，诸军为我以一绳缚之。"正月十六，朱温派遣张存敬统帅 3 万人马自汜水渡河出含山路以进攻王珂，并自率中军紧随其后。朱温大军在出其不

◎ 南唐贵族饮宴场景，《韩熙载夜宴图》

意速取晋绛后，又屯兵2万阻止李克用的援军。此后朱温不管唐朝中央政府的诏令，发兵围河中。二月初九，王珂在压力之下只好投降，举族迁大梁，这是朱温李克用争霸的关键一步。失去了河中的李克用实力大减，五月份朱温的大军甚至包围了晋阳城。虽然李克用击退了朱温的进攻，但晋阳城也没有了再战的粮草，不得不硬着头皮向朱温求和。值得一提的是，朱温对

所征服地区的控制不同于李克用，后者更喜欢在当地扶持支持自己的力量，思路也停留在藩镇争霸上，朱温拿下某地后就是直接吞并。公元700年五月，朱温上书唐朝中央政府直接要求自己兼任河中统帅，很快朱温的名号就变成了宣武、宣义、天平、护国四镇节度使。护国就是河中藩镇的别名，田令孜和王重荣抢盐作战失败后，唐僖宗被迫给了作乱的河中藩镇护国藩镇

的名号。为了更好地控制河中盐池的出产，朱温也不嫌麻烦又逼着唐朝中央政府给他加上了晋绛慈隰观察处置、安邑解县两池榷盐制置等使的名号。朱温占据的开封、洛阳地区，使他掌握了东部的漕运，全取河中盐池让他得到了北方最大的盐池宝地，掌握了战时最可靠的赋税源泉。朱温的发展从此进入全盛时期，李克用则只能勉强自保，关中的唐朝中央政府又和李茂贞勾结在一起苟延残喘。

朱温在称帝灭掉唐朝后，又把河中盐池赏赐给了朱简。正是这个人的叛离让朱温建立的后梁势力急转直下。朱简的发家源于公元 899 年的陕州兵变，陕州节度使王珙被自己的部下李璠杀死，李璠又被黄巢在后的朱简除掉。王珙就是上文所说的和王珂抢河中盐池的那位，他的地盘一方面和河中盐池相连，是河中盐池的屏障，另一方面也是中原势力进军关中的咽喉。朱温对陕州事变有着足够的关注度，事变后朱简很快倒向朱温被朱温赐名朱友谦。朱温的儿子名字中都带有友字，朱友谦这个名字就意味着朱温把朱简当成了自己子侄。王珙的军队本来就来自河中，朱友谦和河中军之间也颇有渊源，因此朱温称帝后就把这块要地交给了朱友谦。朱友谦在后梁开国后被授予了"河中节度使，检校太尉，累拜中书令，封冀王"的政治待遇。朱友谦的忠诚只是对朱温一个人的忠诚，公元 912 年朱温被自己的儿子朱友硅杀死后这种忠诚就消失了。朱友谦拒不服从朱友硅的调遣，同时交好李存勖。朱友硅勃然大怒派出 5 万大军征讨朱友谦，准备拿

朱友谦立威，李存勖很快作出反应击败了后梁的援军。朱友硅不久被自己的四弟朱友仁杀死，如果说朱友谦不服朱友硅还有大义的名分，那么他对朱友仁的态度就可以彻底说明他是一个随风草。朱友仁对朱友谦很不错，但朱友谦就是不买账，他一方面向朱友仁称臣，一方面又和李存勖一方保持结盟关系。公元 916 年三月，朱友谦和后唐的昭义节度使李嗣昭等向李存勖展开劝进活动（"各遣使劝进，帝报书不允。自是，诸镇凡三上章劝进，各献货币数十万，以助即位之费"）。不但如此，朱友谦当年六月还利用河中的资源进行大扩张，夺去了同州。朱友仁自然不能等闲视之，派遣刘鄩、尹皓统帅后梁军前去争夺。朱友谦不敌后梁军只好向后唐方面求救，很快得到了李存勖的救助。李存审、李嗣昭、李建及、李存质等后唐军将领解决了朱友谦的麻烦，朱友谦也顺势投靠了后唐。朱友谦被李存勖任命为河东节度副使，河中、河东正式恢复了联盟关系。后唐得到河中盐池的暴利后势力暴涨，乘机发动了灭梁之战。朱友谦在后梁灭亡后再次得到了新王朝的赐名李继麟，也暂时保留了对河中盐池的控制权。但好景不长，李存勖明白河中盐池的重要性，自然就不会让河中盐池长期被朱友谦控制。同光二年（925 年）三月己未，李存勖以大理卿张绍珪充制置安邑、解县两池榷盐使，同光四年（926 年）二月乙巳，李存勖又命右武卫上将军李肃为安邑、解县两池榷盐使，说明河中两池榷盐使已由中央派官担任。失去了盐池的朱友谦实力大减，最后死于变乱之中。

宋和西夏的盐战

五代时期的盐法是中国历史上最严酷的，民间私自煮盐贩盐一斤一两都是处死，这大概是不少五代十国的君主就是盐贩子出身有关。从后唐开始，五代中央政府开始逐渐收回盐税大权，但地方上骄兵悍将依旧把盐当成是自己财富的来源，轻易不肯撒手。后汉时的青州节度使刘铢就"有私盐数屋"，这相当于现在有几间屋子的人民币一样。

宋朝建立以后，在盐业上也有很多影响深远的创新。宋朝开国初年实行的是一国两制盐业专卖，把全国划分为食盐官卖区与通商区。一般来说以沿海州郡为官卖区，内地州郡为通商区。在官卖区，盐斤听由州县给卖，每年以所收课利申报计省，而转运使"操其赢，以佐一路之费"。其盐业生产，则沿用唐代旧制，设立亭户户籍，专事煮盐，规定产额，偿以本钱，即以所煮之盐折纳春秋二税；于产盐之地设置场、监等盐政机构，从事督产收盐。为了和辽朝、西夏作战方便，宋朝又推行"折中法"。具体做法是：让商人运输粮草到边境塞外，根据运输的货物成本价值，发给"交引"；然后商人拿着"交引"到京师，由政府移交场场，给其领盐运销。庆历年间，范祥又创行"盐钞法"。这个方法进一步体现了宋朝的市场经济原则：首先要商人交付现钱，买取盐钞，钞中载明盐量及价格；商人持钞至产地交验后，凭钞领盐运销。

政和年间，大奸臣兼财务专家蔡京又发明了"引法"。具体方法为：官府印引，编立号簿；每引一号，前后两券，前为存根，后为凭证；装盐以袋，每袋即为一引，限定斤重；商人缴纳包括税款在内的盐价领引，然后凭引至产地支盐运销。蔡京的做法实际上被后来几个朝代借鉴，这个政治上的小人在实务操作上还是非常有能力的。

有盐才有独立的割据政权，汉族农耕文明如此，少数民族的政权也是如此。和唐朝长期争霸的吐蕃就有独立的盐业资源，在《格萨尔王传》里盐是格萨尔得以称王的法宝。辽朝的建立者耶律阿保机出身的部落就占有契丹人的盐池，是契丹人盐的主要供应者。耶律阿保机在担任部落联盟首领期限将满时试图连任，遭到了其他几部的一直反对，耶律阿保机无奈之下只好放弃。之后耶律阿保机心生一计对各个部落首领说："你们吃的盐都是我的部落出产的，本人一直没要高价，你们可不能没表示？"其他各部首领无奈只好带着牛肉、美酒去耶律阿保机那里赴宴，结果被耶律阿保机全部杀死。同样建立在盐池之上的还有西夏，西夏的青白盐是西夏立国的根本之一，也是西夏和北宋战争的重要财政支撑。

西夏盐业资源丰富，不但有乌池、白池、吉兰秦池、细项池、瓦窑池、古朔方池、龟兹池等盐池的散盐，也有河西走廊一带盐山所产的岩盐。西夏的盐不但价格低，更有高品质的岩盐。岩盐中的极品就是自然成状如老虎的岩盐，这种罕见的盐能够直接用于祭祀或装饰用，"作兽辟恶，佩之为吉。"前文我们说过宋朝的食盐是分地区专卖的，京东、京西、陕西、四川是山西解池盐的经销区，解盐的收入是陕西等地财政的重要来源。西夏地区的"青盐价贱而味甘"，竞争力远远超出解盐。北宋建国后太平兴国七年（982 年）以前的二十余年间，北宋在局部地区放行青白盐通商。这一阶段北宋各项制度还在完善之中，主要作战目标还是结束五代十国的纷争，不想在盐业问题上和党项势力起冲突。公元977 年，北宋对盐实行大规模榷禁，但青白盐却受到了特殊保护："其青白盐旧通商处，即令仍旧。"青白盐通商之处，指的是西路青白盐销区，即解池以西的陕西各州军。当时党项人用盐与汉人交换米麦及茶叶、漆器、匹帛等；党项人"私贩"进入北宋境内也是常见的事情。公元982 年，拓拔族首领李继捧率领部落、氏族长二百七十余人，民户五万余帐，投附宋朝，愿意移民到汴梁城。北伐失败的赵光义急于在西北取得成就就答应了这个要求，并且在党项人势力范围内设立各种行政机构。李继捧的族弟李继迁却不想内附，率领部落贵族逃入夏州东北三百里的地泽，抗宋自立。李继迁叛宋，结束了双方多年以来的友好局面。宋太宗下令：青白盐"禁毋入塞。"但持续时间不长，随着李继迁降辽、银、夏、麟等州诸番内附，瑞拱元年（988 年）赵光义又宣布青白盐开禁，"许商旅贸易入川，以济民困。"公元987 年，宋太宗继迁附辽，就赐已降宋朝的李继捧姓赵，改名保忠，授为夏州刺史，利用继捧回夏州抵抗继迁。为了消灭李继迁势力在经济上配合军事斗争，赵光义宣布"禁沿边互市。"经济军事双重压力下李继迁终于在公元991 年七月，依附宋朝，宋朝授继迁为银州观察使封号，赐姓名赵保吉。同时宋与夏恢复互市。边界紧张局势得以缓和。

公元993 年初，李继迁恢复实力后第二次叛宋。赵光义接受转运副使郑文室的建议，严禁青盐销售，以图困死李继迁。北宋经济制裁的具体方法是"绝其青盐不入汉界；禁其粮食不及蕃夷。"北宋经济制裁的惩罚措施是："自陕以西有敢私市戎人青白盐者，皆坐死。"这次制裁鹊起到了反效果，"关陇民无盐以食。"本来已归宋朝内属的万余帐蕃部，因为没有廉价的食盐又反叛投归李继迁，羌族四十四首领也"入寇环州"，到"境上骚扰。"赵光义的经济制裁起到了反作用，当年八月，宋廷不得不除禁。

994 年初，李继迁攻掠灵州，掳掠居民，又前往夏州攻打李继捧。李继捧的军事能力本来就不如李继迁，结果是自然是战败。宋朝再度发兵将继迁赶至沙漠，同时又想起以盐作武器困死李继迁。郑文宝等人再度"禁戎人卖盐"结果又造成西北不稳定"致关中绎骚"，郑文宝因此被贬。北宋政府的经济制裁原则上没有错，失败之处不能保证西北各族的盐业供应，让掌握了盐业资源的李继迁在失去大笔财政收入的同时

◎ 西夏武士

得到了巨大的人力资源补充。一手胡萝卜一手大棒分化瓦解才是北宋政府的正确对策，郑文宝等人的失败就在于没有对党项人区别对待。

1000 年六月，北宋在梁鼎主持再次禁"断青盐"。但边境线上已经滋养了庞大的私盐贩运队伍，北宋的经济制裁政策效果不大。1006 年，李继迁之子李德明被北宋封为定难军节度使，西平王。双方开展开榷场贸易，榷场贸易中盐也是合法交易的物品，双方进入了和平期。

1038 年，李德明之子李元昊正式建国称帝，宋夏战争爆发。1040 年初，李元昊攻取宋延州，取得三川口之战的胜利。1041 年，夏宋两军战于好水川，宋将任福战死，西夏再次获胜；1042 年，西夏再次出击攻取定川寨，宋将葛怀敏等十四名将官战死，

夏兵俘虏宋降兵近万人，获战马六百余匹。宋朝无力在短时间内消灭西夏，只好进行谈判。双方谈判内容之一就是元昊要求开放盐禁，"每年入中青盐十万斛"于宋。宋朝君臣的共识是：青白盐在西夏财政中占有举足轻重的地位，盐产无穷，如果开禁，西夏财源充足，兵强马壮，将对宋朝造成极大威胁。为此，宋朝决定以盐的开禁为武器，控制西夏的发展。1044 年 12 月，宋夏谈判达成协议，西夏向北宋称臣，北宋则对西夏提供经济优惠，元昊生日时北宋要赠送 2000 两银子的"份子钱"。双方恢复往来贸易，但对盐仍采取基本上禁绝的政策。北宋只在个别的地方设官"榷场"，定量"买白盐。"两国关系缓和时，适当开点禁，一旦关系紧张，又厉禁，这种状况一直维持到西夏灭亡之时。

盐枭盘点

（盐）

北宋盐业制度的先进也消灭不了庞大的私盐团体，北宋的私盐问题依旧严峻。史料记载在福建路西部的上四州地区（建、剑、汀州及邵武军），"地险山僻，民以私贩（盐）为业者，十率五、六"，就是说当地居民的百分之五六十都常年以贩卖私盐为生。江西、两广一带也有类似的情形，有时甚至整个村落的人都外出往返兴贩。史载："赣、广间，（民）常以岁杪（年底）空聚落往返，号盐子。"北宋时，毗连西夏边境地带，边民"多阑出塞贩青白盐"入境，"虽严禁所不能止"。而河北代州宝兴军的民户也常"私市契丹骨堆渡及桃山盐"以食。为了对抗官军的缉捕，私盐贩子往往结伙而行，除了几人、几十人、上百人一伙聚众贩盐外，好些地方动辄就是千百为群，持械贩私，如江西、福建等路的徽、严、衢、婺、建、剑、虔、吉诸州民户"动以千百为群，盗贩茶盐"。北宋的主要军事力量集中在北方边境，南方地区的武装力量非常薄弱，这些数以千计的盐枭群体比一般的地方政府武力更强悍。不光陆地上的盐枭猖獗，水上也依旧如此。南宋初年，浙江温州有"私盐百余舰往来江中，杀掠商贾"。宋高宗绍兴四年（1134年）二月八日，监察御使广南宣谕明橐言："臣自入广东界，闻大棹船危害不细。其大船至三十棹，小船不下十余棹，器杖锣鼓皆备。

其始起于贩鬻私盐。力势既盛，遂至行劫。"盐枭们不但武力贩盐，客串海盗也是常有的事情。

元朝统一全国后采取了宋朝的盐业管理方法，私盐贩子们依旧不买账，仅在松江府闵行区一地就先后捕获"盐徒五千"。到元朝中后期，已经是私盐公行，盐枭的武装力量更加强大。

元朝末年的张士诚和方国珍就是盐枭武装的卓越代表，他们发动起义比红巾军更早，也影响了元末的天下大势。方国珍就是典型的浙江海上盐枭，也有着典型的有奶就是娘的奸商性格。方国珍是盐枭世家，祖上几代人就是干海上贩盐这个杀头的买卖。方国珍外貌体能也很有特点，史书记载是"长身黑面，体白如瓠，力逐奔马"，在浙江盐枭群体中很有领导魅力。红巾起义爆发前的元至正八年（1346年），方国珍就率先造反，造反的原因不是因为他受到元朝政府多大程度的压迫，而是他的仇人告发他和海盗蔡乱头有勾结。方国珍从祖上开始算就不是良民，不过这事是不是冤枉，只要上堂就不会有好结果，方国珍对此心知肚明，干脆一不做二不休杀了原告仇人一家，正式和兄弟方国璋方国瑛等人聚众造反。拜盐枭海盗世家的人脉积累和经验传承所赐，方国珍兄弟很快在浙江沿海聚集了数千人马，他们袭击浙江沿海地区、抢夺元朝的运量船只。元朝浙江政府讨伐失败方国珍不但兵败，还让参政朵儿只班做了俘虏。方国珍在过去的盐枭生涯中锻炼了不错的口才和处事能力，他居然劝服了朵儿只班招安。方国珍被授予定海尉的官职后，并不满足再次造反。元朝政府再次派兵讨伐，再次失败，再次被方国珍说服，又给了方国珍更大的官职。方国珍在元朝的所作所为就是造官家反，打官军，带官帽三部曲。只要有风吹草动或是方国珍又对自己的待遇不满了，他又在江浙地区挑起战火。元朝中央到地方的官员也都不全是饭桶，至少刘伯温在元朝当官时就非常反感方国珍这种把戏，认为必须剿灭。元朝政府如果能够听从刘伯温的建议，并重用刘伯温为清剿计划制定人，方国珍很可能会很快迎来自己的末日。但元朝政府的高官都被这个熟悉官场潜规则的盐枭搞定，不断重复着被方国珍打脸后高官厚禄再收买的游戏。在当时的浙江，跟随方国珍造反显然比当官军有前途，后者军中一家数人捐躯尚且得不到官职，投奔方国珍则在官军中升迁更快。方国珍不断地在各种势力之间找平衡，他也跟随元朝大军征讨过自己的同行张士诚，也一开始就认定自己不是朱元璋的对手。总之这个滑头在元末群雄之中造反最早，做事也基本上除了利益没有其他的底线，但凭借着自己的眼光和做人手法在朱元璋手下得以善终。方国珍的部下中只有数百骑兵，上万步兵，水师却高达 4 万，这是他能在浙江沿海纵横的基础，也是他不想过多地参与元末群雄争霸的关键。

元朝末年另一个著名盐枭就是张士诚，张士诚为人比方国珍厚道得多，下场也悲惨得多。张士诚从事贩盐业务似乎远不及方国珍，他是泰州白驹场亭人，兄弟三是跑私盐运输的个体户。张士诚没有方国珍的"家学渊源"，平时也不是穷凶极恶之人。张士诚在和众多富家子弟合伙做贩盐生意时不光经常被欺负，还被拖欠运费。就连普通的弓手丘义也觉得张士诚好欺负，有事没事就欺负一下张士诚。很多恶性案件的作案人往往就是人们心目中的老实人，把怒火藏在心头的老实人往往最可怕，他们所需要的只是一个引子。张士诚一忍再忍终于不想再忍，和自己兄弟以及好友李伯升一道聚集 18 人杀死了丘义，那些平日里耀武扬威的富家子弟也被这群人灭门放火。张士诚是贩盐出身，和盐场工人有共同语言，也熟悉他们的疾苦，惹下大祸后就跑到盐场招兵，很快聚集了众多造反同志，这年他三十三岁。张士诚的造反大军在很短的时间内就攻陷了扬州、苏州、杭州等元朝最富庶的领土，并顶住了元朝大军的围剿，在元末群雄之众经济实力排第一。和巧言令色的方国珍不同，张士诚平时话语不多，对扩张自己的势力也不热心。张士诚对自己统治下的百姓不错，一直被苏州人怀念。张士诚的混世哲学就是不惹事，一门心思在自己的领地上过自己的小日子，对自己的大臣赏赐也非常大方。朱元璋占领南京之后对张士诚的地盘进行了大规模进攻，没有取得效果。与此同时，陈友谅也迫不及待的争当长江的主宰，和朱元璋形成了直接竞争关系，为了击败朱元璋陈友谅准备联合张士诚。面对两个对手夹攻的局面，朱元璋凭借自己对这两个对手的观察认定张士诚不足为惧，这个老实人只要不逼急了不会产生威胁，危险的反而是陈友谅。朱元璋大胆地将主力用到和陈友谅争霸上，只让自己的外甥李文忠率领少量兵力和张士诚对抗，果然张士诚在进攻小有挫折后就不再主动进攻。陈友谅兵败后，朱元璋势力大涨，拥有了对张士诚压倒性的优势。明军围攻苏州时朱元璋给张士诚写了劝降信，要他以窦融、钱俶为榜样保全自己的性命和家族，昔日战友李伯升也劝张士诚看清形势。最后张士诚没有走别人眼中的生路，自缢身亡。

明代盐枭势力依旧猖獗，明代宗景泰年间，扬州一带"土豪纠合势要，持兵挟刃，势如强贼，昼夜贸易，动以万计"。宪宗成化时，"各处逃因不逞之徒，私造遮洋大船，兴贩私盐，每船聚百余人，张旗号持兵器，起自苏扬，上至九江、湖广发卖，沿途但遇往来官民客商等船，辄肆劫掠，所在虽有巡检巡捕，官兵俱寡，弱不能敌"。清代建立后长江中下游各省仍是私盐最为泛滥的地区之一，大江南北"私盐充斥，盐徒聚众贩私"，或数十人，或二三百人，甚至五六百人一伙"成群贩卖，一遇巡捕人役，自恃枭众捕寡，执械敌巡盐人役，轻则带伤，重则致命"。广东沿海一带盐枭"各带大船，携带器械，满载私盐，往来兴贩"等等，不胜枚举。清代各种盐枭武装多达数十万人，在军警不分的清代是治安上最大的隐患。清朝在南方一省驻军不过数万，每个县的治安力量也只有几百人，对于这种动辄数

百上千人娥亡命之徒毫无办法。清朝也是中国民间秘密社团兴起的年代，很多盐枭自然也是帮会巨头。清末民初的徐宝山就是一个很好的例子，1866年徐宝山生于江苏镇江。徐宝山早年在江淮一带贩卖私盐，后加入青帮，成为著名的"盐枭"头目和帮会首领。他还联络加入洪门，创设"春宝山"山堂，建立了一支颇具实力的帮会武装，成为清朝统治的威胁力量。徐宝山是上海青帮四大势力中扬州青帮的创始人，也和四大势力之一的山东青帮张仁奎关系莫逆。

徐宝山贩盐集团从自己势力深厚的两淮盐场将盐贩往江南发售，获取了暴利。清军的缉私营官兵也非常识相，并不敢得罪徐宝山一伙，往往听之任之。在清朝的盐业执法中贩私与缉私双方互相勾结共同盈利是常见现象，更何况清末的青帮势力已经渗透到了军警内部。徐宝山一伙人多势众，本人江湖地位高（他是青帮大字辈成员）熟悉江湖门道和中国潜规则，所以他的私盐生意越做越大。

到了1899年，徐宝山已经是南方最大的盐枭之一，不光他的盐船畅通无阻，收取其他盐枭的保护费也成了其团伙的主营业务，当时挂靠在"春宝山"山堂名下的盐船高达七百多艘。徐宝山本人在非法生意上已经达到了登峰造极的地步。为了更好地发展，1900年，徐宝山归顺清朝，为清廷效力。徐宝山归顺后的职位是新胜（水师）缉私营管带，这等于是让耗子看仓库，徐宝山自己团伙的私盐贩运更加猖獗。不久两江总督刘坤一又任命徐兼虎字陆营管带，让徐宝山水路人马齐全。徐宝山回报刘坤一的方式就是大

力清缴自己的竞争对手，消灭各路土匪，一时间江淮地区治安情况大幅度好转。清朝盐务专卖和徐宝山团伙的私盐贩卖都有了保障，民间缙绅、盐商对这种能带来秩序的盐枭也是拍手称赞。张人骏任两江总督时，徐宝山升任江南巡防营帮统。1902年，徐宝山领兵剿灭高资镇陶龙翔、陶龙丙二人，被晋升为参将。1903年，徐宝山又听从清廷指令，会同清军将他以前的绿林盟友曾国璋剿杀。1910年，"匪魁王正国率众数百，拥马家荡，劫公兴号运盐船十余艘，宝山剿擒之"。1911年4、5月间，江北积年巨枭朱盛椿、朱羊林等，"在江都市属嘶马镇啸聚"，徐宝山会同两淮缉私营统领王有宏，率部众先后擒获二人，在对付竞争对手方面徐宝山一向比较积极。1911年10月，武昌起义爆发后，同盟会会员林述庆、李竟成奉命到镇江酝酿光复，他们住在江边的三益栈。三益栈老板的妹妹是徐宝山儿媳，弟弟又是李竟成妹婿。同盟会就此和徐宝山扯上关系，这也是同盟会起义的老路数。经过一番讨价还价，11月3日，徐宝山到三益栈同林述庆、李竟成达成合约，同盟会以扬州地区的盐业收益为代价获取了徐宝山的支持。类似的事情同盟会做过不少，孙中山为了换取南洋富豪10万港币的捐款就把云南的铜矿收益系数抵押，只是没有成功。徐宝山眼看清朝摇摇欲坠就和革命党人签了协议。1911年11月7日，徐宝山宣布镇江光复。一江之隔的扬州也立即沸腾起来。扬州的同盟会坐探孙天生也发动一部分士兵和一些下层群众，举行起义，宣布扬州光复。由于孙天生和孙中山一个姓氏，扬州内外都盛传孙天生是孙中山的弟弟，

一时间孙天生势力大涨。孙天生的起义并不被述庆、李竟成认可，徐宝山也把扬州当成是自己的禁脔，革命尚未成功两家起义军就心生芥蒂。李竟成说："孙天生不该发展个人野心，不通知我等就去独占扬州。"与此同时扬州缙绅阶层也不满孙天生的举动，同样是革命党人的林述庆污称孙天生等人为假革命党人。林述庆很快答应了扬州绅商的要求，命江北部队司令李竟成会同徐宝山再次"光复"扬州。徐宝山很快杀死孙天生，占领了扬州、泰州、兴化、东台、盐城、阜宁等地。1911年11月9日，徐宝山镇压孙天生起义，在扬州成立军政分府，自任军政长，当上扬州土皇帝。1911年11月底徐宝山配合革命党人进攻南京，并在浦铁路葛塘集一带截击张勋所部，大获全胜。投机辛亥革命后徐宝山的军队扩充为两万多人，是扬州地区的主宰。徐宝山将扬州看成是自己的私有物品，不容他人染指，孙天生不行，昔日的战友林述庆也不行。收复南京后，林述庆奉命到扬州组织北伐军总司令部，触犯了徐宝山的敏感神经，他以强迫剪发为名，派人将总司令部二百名卫兵全部缴械。林述庆只身逃出，幸免于难。

这种倒打一耙的行为并没有得到革命党人的谴责和清算，1912年1月1日，孙中山就任中华民国临时大总统，宣布中华民国成立，徐宝山居然因为"反正"有功，部队被扩编成"国民革命军第二军"，授上将衔，兼扬州军政长，坐镇扬州，统辖苏北地区，是地道的"苏北王"。1912年3月，南北议和，徐宝山又倒向袁世凯。1913年春宋教仁被刺，同盟会和袁世凯的战争一触即发。为

了筹集军费袁世凯和五国银行团签订了《善后借款合同》，大借款的抵押品就是中国的盐税，这是民国时代战争和盐的又一次重大结缘。《善后借款合同》规定在中央政府财政部下分别设置盐务署和稽核总所，其中稽核总所负责收税、放盐。稽核总所设华总办、洋会办各一员，所有发给引票、款项收支均需洋会办签字才能生效；分所设华经理、洋协理各一员，所有盐税征收、称放盐斤均需洋协理签字同意；每年所征盐款必须存入外国银行团的银行，先行扣除当年应偿外债本息及支付当年盐务行政经费后，余款（称"盐余"）方可拨归中国政府，但取用时仍须经稽核总所洋会办签字同意。东南的革命党人也看中了扬州的战略地位，极力拉拢徐宝山。徐宝山对于革命党人的态度是"笑而遣之，若无其事"爱理不理，反之接受了袁世凯的25万银元，并把自己的儿子送到北京充当人质。徐宝山同时致电给袁，表示愿与宿敌张勋和解，"紧要时，当与张勋联为一气"，尽效犬马之劳。这些举动使得以陈其美为首的东南革命党人下定了根除徐宝山的决心。1913年5月23日，革命党人张静江派人以送古瓷瓶为诱饵，把称雄一方的徐宝山炸死。

革命党人炸死了徐宝山就以为万事大吉，没有对徐宝山的余部有进一步处理措施。徐宝山炸死之后，徐部军心晃动。在多方磋商后徐宝山的兄弟徐宝珍当了第二军军长，代理江北北伐军司令，授衔少将。徐宝山的部下马玉仁接受书记官陈宦献计，致电袁世凯，表示愿为效力，马玉仁的势力在袁世凯的授意下也得到了较大发展。江北的这支盐枭、帮会武装在二次革命中给了革命党人重大打击，1913年8月3日凌晨，徐宝珍师申振邦旅五百余人突然袭击镇江宝盖山。1913年8月14日，张勋所部进入镇江。镇江讨袁之战失败。接着张勋、冯国璋、徐宝珍开始围攻南京城。在南京之战中徐宝山余部伤亡六七百人，大肆抢劫后徐宝山余部又跑了一多半，最后徐宝珍只剩下可怜的两百多人。徐宝珍不得已在北伐革命后宣布退隐，徐宝山的部下张仁奎等人进入上海滩继续帮会事业，其中大字辈的张仁奎还收了黄金荣、杜月笙做弟子。这是中国盐枭武装最后的绝唱，他们已经没了争夺天下的志愿和能耐，最后沦为了帮会骨干，但民国时期盐的战争并没有结束。

近现代食盐战争

盐业和盐税的争夺在民国的军阀混战时期也是战争的重要导火索，这在西南军阀的争斗中尤其明显。1911 年 10 月 30 日云南独立后，滇军便于当年 11 月 14 日和次年 1 月 27 日，分别以援蜀、北伐为名进入四川、贵州两省。援蜀军入川后，驻川南叙府一带，随即又消灭了自称川南都督的"同志军"首领周鸿勋的部队，进占自流井，掌握了这一当时四川最为重要的财富之地——此地区的盐税，历来是四川最为重要的赋税收入来源。以 1911 年的比重来看，盐税占全川常年赋税的三分之一以上，而川南盐税又占了总盐税的九成比例。四川方面派出了川军第一师和滇军交战抢回自己的盐，双方交战的地点是自贡盐井 30 公里界场碑。川军第一师，就是原先的清末第十七镇，师长是日本士官六期毕业生周骏，装备、训练和军官素质是川军之冠。滇军虽然总体不弱于川军，从软件上讲滇军的军官培训机构云南讲武堂的教学质量也是很高的，朱德、叶剑英两个元帅都在那里上过学，很多川军军官也是那里毕业。在武器装备上滇军一向从法国进口武器装备，并不是土包子。但滇军毕竟是孤军作战，又缺乏补充，经不起持久战的消耗，滇军被迫撤回云南。

滇军临行前，也没忘了在驻地捞上一把。驻军自流井的第一梯团第三支队黄毓成部，向当地商会勒索了现洋 5 万元，滇军第二梯团在合江袭击了"同志军"黄方的部队，劫夺盐款白银三十多万两。巨大的收获刺激了滇军上下，是以后滇军图谋四川的预演。

袁世凯称帝后的蔡锷组织护国军北上四川，蔡锷的老部下云南军阀唐继尧派出了 3000 人支持蔡锷。在五个多月的护国之战中蔡锷在四川多次以少胜多大胜北洋军，而四川军队也以第一师师长刘存厚为首大批投到护国军阵营，其他的川军也在驻足观望。在这场为期五个月的大战中，很多后来的风云人物还只是崭露头角。在护国战争中北洋军中一向以善战著称的吴佩孚、冯玉祥都没在蔡锷手中占得便宜，川军方面日后大名鼎鼎的杨森、刘湘也还是默默无闻的小人物。十大元帅中的朱德元帅当时是蔡锷手下的猛将，而刘伯承元帅则是自发组织了护国军第一支队。护国战争的结果是全国超过半数的师长联名反对袁世凯称帝，领头人赫然就是北洋之虎段祺瑞。1916 年 6 月 6 日袁世凯在众叛亲离中去世，北洋军开始撤出四川。1916 年 7 月 6 日，北京政府任命蔡锷为四川督军兼省长，八月份蔡锷就病重不能管理四川事务，11 月 8 日蔡锷在日本去世。蔡锷和袁世凯的相继离世客观上便宜了唐继尧。

唐继尧在蔡锷和北洋军开战时吝啬的像守财奴，护国战争结束后却大方得很，不断派兵给蔡锷。蔡锷在 7 月 18 日发出"皓"电质问唐继尧："迩者滇省于袁氏倒毙之后，于刚出发之军，不惟不予撤回，反饬仍前进，未出发者，亦令克期出发，锷诚愚钝，实未解命意所在。"唐继尧派兵的原因就是抢盐抢地盘，在 1915 年自贡盐井的盐税收入就高达五百七十多万银元。而当时滇军一个师的军费至多不过 120 万

银元一年，这是滇军占据四川后给自己部下开出的优厚军饷。而川军一个师的军饷开支是 80 万银元一年，这是滇军故意限制川军的产物。综合来看当时西南的行情是供养一个师一年需要 100 万银元一年，占有了自贡盐井就可以让滇军至少扩充出 5 个师的兵力。蔡锷在发出这份电报后没多久就因病不能办公，唐继尧则加强了拉拢

◎ 辛勤工作的盐工

罗佩金等人的力度。蔡锷去世后，罗佩金成了蔡锷的接班人，而滇军在四川的总兵力也达到了三万多人，是护国战争时的10倍。罗佩金很"识相"的站到了滇军一方，把四川全省的兵工厂提供给滇军无偿使用，还把自贡盐井收入用于滇军驻扎。罗佩金在四川明目张胆的执行"强滇弱川"政策，强行解散了川军第四师。这种做派让川军携起手来共同对抗滇军，刘存厚就充当了川军的首领来对抗罗佩金。1917年4月18日刘、罗之战爆发，仅仅7天，罗佩金就丢了督军大印，狼狈的撤出成都。刘罗二人七日大战的结果是成都民房被毁三千余间，民众死伤八千余人，财产损失无数。接下来刘存厚又击败了黔军出身的戴戡，大有雄霸四川之势。

　　1917年7月护法运动爆发，唐继尧看准机会组织了"滇黔靖国联军"一统滇黔两省武装力量，准备再次到四川抢盐。唐继尧自任抢盐大军总司令，以杨蓁为总参谋长，以顾品珍、赵又新、庾恩旸、黄毓成、张开儒、方声涛、张熙、叶荃分任八个军总司令，加上黔军王文华第一师，共七十多营约四万人。1917年11月14日，唐继尧以川军刘存厚阻碍滇军护法救国为名，率滇黔联军誓师出发，发动了四川靖国战争。12月4日，滇黔联军进入重庆，向川南进击，于12月14日占领泸州。大义的名头还是很管用的，12月21日，川军熊克武、但懋辛、石青阳（这三人都是同盟会元老，唐继尧打出国父的主张还是很有威力的）等通电加入靖国联军，推举熊克武为四川靖国各军总司令，并推举唐继尧为滇川黔靖国联

军总司令。1918年1月9日，熊克武召集川、滇、黔靖国各军将领在重庆开会，决定兵分三路，直取成都。东路由滇军顾品珍、赵又新统领；中路由黔军袁祖铭、王天培统领；北路由川军第五师但懋辛统领。2月20日，三省联军攻入成都，刘存厚等部退往陕南汉中地区。2月25日，唐继尧以三省盟主的身份任命熊克武为四川督军兼省长。此后的几个月里联军就在不断的交易中度过，九月份唐继尧终于显示了自己的真实目的，他还是要抢盐抢钱抢地盘。他和贵州督军刘显世联手炮制的《川滇黔三省同盟计划书》中明确规定：四川兵工厂作北伐军械弹药补充，归联军管辖支配；四川造币厂亦归联军管辖支配；四川全省厘税，包括盐税、井税、酒税等，作北伐军军饷的补充，实则是作滇黔军的军饷；资中、资阳、简阳、叙府、泸州、重庆、万县及自流井、荣县、威远和会理、宁远、酉阳、秀山各属，凡川东南财富之区，悉作滇黔军所有；上述各项由联军总部在重庆特设机构主持办理。熊克武虽然依靠唐继尧才得以主政四川，但看到这份协议也是拒不签字，因为签了这份协议，四川的财税资源就基本上都和四川势力说再见了。熊克武不签字不代表唐继尧不抢盐，四川的盐税成了唐继尧扩充势力的最佳动力。时间到了1920年，在两年时间里熊克武一方面自己和党内的"实业派"争斗，一方面积蓄力量，终于有了和滇军叫板的本钱。滇军掌管四川盐税的人是赵又新，赵又新一度是朱德元帅的上司，在护国战争后就掌管过自贡盐税。唐继尧让他掌管盐税可能就是看重了这份经历，

◎ 自流井古法制盐，最后一张照片中的白色柱体是加工好的成品盐

由于身在川滇两军争夺的焦点地区，赵又新对川军的动向比较敏感，在川军准备动手之前就向唐继尧提出了预警。唐继尧对阵熊克武的战争是先胜后败，甚至被自己的部下顾品珍一度赶出昆明。赵又新也遭到了背叛，他被一手提拔的四川人杨森反叛击败，落下了战败身亡的结局。杨森的这次反叛收获颇丰，他获得了自贡盐井的控制权，势力大涨，在此后数年里成了可以左右四川的川军巨头。

北伐过后，南京国民政府全面恢复稽核机关职权，专掌税收，不受债约束缚，外债改由财政部负责偿还，盐税成了南京国民政府的一大收入来源。1937 年抗战爆发前，南京国民政府的财政收入前三名分别是海关税收、鸦片专卖、盐税。民国时代的盐枭武装依旧猖獗，民国政府负责为收取盐税保驾护航的税警总团自然也成了精锐部队，甚至连国民党内一些正规军都无法比拟。税警总团拥有中国最早的装甲部队，装备有"卡登罗伊德"超轻型坦克、维克斯两栖战车，在防空火力上有欧立根防空机炮。税警总团的步枪主要是德制 1924 年式标准型毛瑟系列枪或是比利时的 fn1924/30 步骑枪，轻机枪多是从捷克进口的 zb26，重机枪则多为马克沁二四式水冷式重机枪，手枪是大名鼎鼎的 7.63 毫米毛瑟 ml932。这支比正规军还精锐的"特殊部队"一半驻扎在南京国民政府辖下最大的食盐产地，苏北的海州；另一半驻扎在全国主要物流中心上海，并曾经在 1932年的"一二八"事变之中有过不错的表现。税警总团的人事任免最初有财政部部长宋

子文负责，弗吉尼亚军校毕业的孙立人是税警总团的军事主官。1934 年蒋介石开始收编这支武装，任命黄杰为负责人，后来成了新一军的主要组成部分。

抗战时期延安出产的食盐非常畅销，负责财经工作的陈云还利用国民党政府的盐业政策，在盐业投机生意中为抗日事业赚取了大笔经费。新四军的财政收入中盐业收入也是重要的组成部分，新四军的总部就设立在苏北盐业中心盐城。可以说盐业带给中国各派抗日武装力量的收入是中国坚持八年抗战得以胜利的一大因素。

其实在世界范围里，运用食盐禁运迫使对方就范的例子很多。最频繁使用这种武器的是汉萨同盟，汉萨同盟的核心城市之一吕贝克就是中世纪欧洲制盐业的中心。盐为汉萨同盟带来了巨额财富，禁运食盐更让汉萨同盟获得了在欧洲大部分地区免税的特权，一旦面临不友好的举动，汉萨同盟的第一反应就像今天的 OPEC 一样想到禁运这个法宝。同样靠贩盐取得第一桶金的还有威尼斯人，威尼斯原本是仅有一连串珊瑚小岛的滩涂之地。"处于咸水沼泽之中，无土地可耕，无石可采，无铁可铸，无木材可作房舍，甚至无清水可饮。"由于缺乏可耕地，威尼斯人只有向大海索取生存资源。从地中海中制盐然后贩运到缺盐的欧洲内陆，威尼斯商人因此赚到了自己的第一桶金。"没有黄金人们可以生存，但是盐是不可缺少的。"这是威尼斯人发迹后的总结。有了这两个奸商做榜样，大航海时代的欧洲人也学会了用食盐当武器压榨统治殖民地民众。

西班牙人征服美洲之处就控制了他们知道的所有盐泉，向印第安人征收盐税也是西班牙帝国在美洲开发初期的主要收入之一。尼德兰战争时西班牙断绝了对荷兰的供盐，荷兰人则另辟蹊径从西班牙控制下的南美洲委内瑞拉盐湖取得了充足的食盐，使得西班牙人的封锁政策得以破产。荷兰人自己尝过缺盐的苦，却不是"己所不欲勿施于人"的君子，他们在摩鹿加群岛复制了西班牙人的做法。荷兰东印度公司在摩鹿加群岛严格控制食盐输入，实行盐业专卖。在东印度公司的垄断经营下，每担食盐的售价从2荷兰盾暴涨到六七十荷兰盾。

开发殖民地同样需要食盐，英国人在北美洲进行殖民开发时饱受缺盐之苦。今天的北美大陆并不缺盐，当年造成这种局面的原因是北美的印第安人没有大规模的制盐能力，盐泉的发现需要殖民者自己一点点的探索。英国人用尽一切办法在加勒比海附近为北美殖民地寻找食盐，百慕大、托尔图加岛（加勒比海盗系列中的海盗港）、大伊纳瓜岛（现在属于巴拿马）等地都是英国人寻找食盐的地方。英国人在自己统治下的印度也同样是大发食盐专卖的横财，英国东印度公司在1793年到1844年间靠着盐业专卖搜刮了印度8000万英镑的财富，折合白银2.5亿两左右。这还只是英国东印度公司专卖的批发收入，大大小小的盐业零售商的层层加价让印度人把吃盐当成了奢望。

◎ 垄断印度盐业的
英国东印度公司

料

第四章

香料的争夺

人类最早利用香料的历史可以追溯到古埃及时代，埃及的祭祀们用香料来制作木乃伊，在埃及的宗教仪式中香料也必不可少。公元前3000年，埃及人就把香料制成的香膏涂抹在法老身上，古埃及人相信，香料是诸神的食物，香料焚烧的烟是通往天堂的阶梯。

《金字塔典籍》一书中就明确指出熏香可以召唤众神，是神灵现身的方式。香料香膏本身就是神物，涂抹香膏可以让人神圣化，最高等级的香膏自然要涂抹在最高等级的祭祀法老身上。

这个习惯也被犹太人接受，被先知涂抹香膏就在圣经中是合法称王的依据。犹太教的祭祀活动中乳香也是必备品。

在大洪水的最古老传说中，亚述人描写众神拯救世人获得的贡品就是香料，众神像吃烤肉一样吞食香料散发出的香气。同样记载大洪水的旧约中，挪亚也一样向耶和华献祭了香料，而耶和华和众多诞生于中东的神灵一样对香料也是情有独钟。

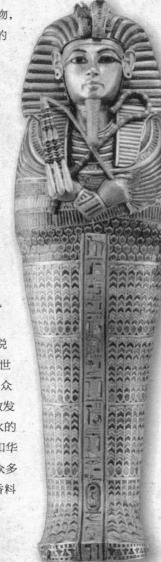

此外，香料也是诸多神话传说中神灵的必需品，希腊神话中奥林匹斯诸神的日常饮食中就有香料制成的神圣食物，神灵下凡拈花惹草时被凡人识破的方法就是他们身上挥之不散的香气。

公元410年，哥特人首领阿拉里克包围了罗马城。他为罗马人开出的保护费账单上除了5000磅黄金外，还有3万块银币、4000块丝绸、3000块红布料以及3000磅胡椒（古代颜色鲜艳的布料价值非常昂贵，今天的纯白婚纱过去可是欧洲妓女的服饰，西方贵族结婚一样穿颜色鲜艳的服装，阿拉里克攻打罗马前给自己老婆许愿要给她穿不完的丝绸）。罗马人融化神像上的金银装饰，凑齐了金银，最后也没能让永恒之城罗马免遭洗劫。

从这个例子可以看出，至少从古罗马时代，香料在很多地方就是黄金的代名词了。其实胡椒本身在西方很长时间内都可以充当货币使用，胡椒袋在欧洲就是巨富的另一种说法。

神奇的东方植物

香料散发出的香气及其制成的食品在地中海周边地区有着非同寻常的意义。罗马人爱食用香料，并把这一饮食习惯看作是文明饮食的标志。除此之外，香料也是罗马人葬礼中的必备品。火葬在古罗马非常盛行，并喜欢在葬礼中使用肉桂，他们相信在火葬中使用肉桂象征着死者的灵魂会像凤凰一样浴火重生。所以，无论罗马帝国的国势如何变化，罗马人对香料的热爱始终如一。在罗马为某人涂抹香料和供奉香火，甚至成为称王的前提。公元前 46 年，恺撒被刺杀前，罗马民众曾自发为他献上香料，给他熏香，但这一举动彻底激怒了共和派。罗马内战后，屋大维成了赢家，自他开始罗马皇帝就彻底享有和神灵一样的香料待遇。对于狂热的犹太教、基督教信徒来说，为罗马皇帝的画像焚香是不虔诚的表现，这是很多罗马帝国流血事件的起因。

◎ 油画《恺撒之死》，格罗姆（Jean-Leon Gerome）

番茄干
Sun-Dried
Tomatoes

罗勒
Dried Basil

牛至
Dried Oregano

白酒
White Wine

黑胡椒
Black Pepper

番茄酱
Tomato Paste

白洋葱碎
White Onion(minced)

水
Water

粗粒盐
Kosher Salt

蒜 Garlic

◎ 制作香料沙司

可在近代以前香料绝不仅仅是肉类的调料，因为它的价值比肉类要高得多。在当时的欧洲人看来，用香料来腌制肉类的做法，就好比在廉价布鞋上镶嵌钻石，根本就是本末倒置。

欧洲古代香料最便宜的时代是罗马共和国末期和帝国早期，当时罗马的中产阶级也能品尝到香料的味道，驻扎在不列颠的罗马士兵也有拿香料发工资的历史。到了公元3世纪，安息波斯逐渐垄断了香料、丝绸转口贸易。香料在西方的价格因此一路走高，在公元3世纪时，一公斤黄金可以兑换90公斤香料，到了阿拉里克围城的年代里显然香料已经和黄金等值。按照普林尼的说法，罗马帝国每年要花上一亿银币来进口香料。罗马人这种对香料的狂热一直维持到罗马帝国的统治在欧洲崩溃。

西罗马帝国覆灭后，拜占庭帝国依旧把持着西方的香料贸易。香料贸易给拜占庭带来了巨大的收益，以至于拜占庭帝国认为自己可以凭借财富永恒不朽。在早年西方的香料贸易还有一个主角就是犹太商人。罗马帝国在西欧的统治崩溃后，犹太人被禁止从事农业、手工业，而遍布东西方的犹太社团为犹太人贩运香料提供了条件，因此凭借着香料贸易犹太人成了精明商人的代名词。

到了中世纪，香料的作用就更加广泛。当时的人们迷信地认为散发出恶臭的尸体是灵魂堕落的标志，一个人如果有了圣洁的灵魂即使死去他的尸体也会发出香料的味道，这使得基督教会成了香料的最大收藏者。这个传说最早是基督教圣徒的专利，

后来也波及立下赫赫战功的贵族骑士，《罗兰之歌》中圣罗兰死后他的尸体就被香料保存。公元814年，罗兰的主君查理曼大帝（罗兰是虚构人物，查理曼可是货真价实）死后遗体是用香料涂抹了一遍。公元973年，战胜过马扎尔人的奥托大帝也享受了这个待遇。有这两个大帝级人物带头，欧洲的国王们纷纷效仿。收复耶路撒冷的鲍德温一世也认为自己的功业配得上这种待遇，因此他临终前也下令自己的部下必须照查理曼大帝的方法处理自己的尸首。征服苏格兰和威尔士的爱德华一世（就是《勇敢的心》中的反派）和英法百年战争中主角之一亨利五世都获取了这种荣耀。

如果找不到足够的香料，欧洲上层阶级的尸体处理方式就要大打折扣了。1167年，科隆大主教霍金纳德在翻越阿尔卑斯山时去世，周围找不到香料师傅，他的随从只好找来一口大锅，想用白水煮熟霍金纳德尸体的方法防治尸体发臭。结果随从煮肉的手艺也很差，大主教肉被煮得稀烂，成了一锅肉汤，只留下了一副骨架。

香料在西方世界还是上层社会的标志，罗马教皇在分发食品时给商人、普通市民、农民的食品是各种肉食、酒、谷物和鱼，分给贵族的则是香料。香料成了贵族家庭中显示自己财力和品位的绝佳载体，香料库是大贵族显示自己雄厚财力的最佳标志。在贵族的宴席上各种香料沙司（Sauce，一种用蔬菜或水果加调味品制成的流质或半流质酱汁）是绝对的主角，香料葡萄酒也是品位的象征。前文我们已经知道欧洲贵族喜欢的肉类是各种禽类，但这些肉食并

不和香料配合，因为当时的医学理论认为飞禽的肉和香料一样都是热性的，不能配在一起食用。和香料相得益彰的绝佳组合是鱼肉，鱼肉被认为是寒性食物，需要香料这种热性食物来中和。中世纪的欧洲最多有两百多天只能吃鱼的斋戒日，为了给咸鱼增加味道，香料就成了最好的选择。

香料在东西方的早年的医药理论里都占有重要地位，在当时，欧洲的医生们都会开香料配方来治疗伤寒、黑死病等种种病症。它也被当成是最佳春药，用来治疗不孕不育。

其中治疗阳痿早泄用胡椒肉粥的配方就来自阿拉伯的著名药方。治疗不孕不育的药方就是生姜，当时的医疗理论认为胡椒是热而干的特性，只能保证男人的床上雄风，香料中只有生姜才是热而湿的特性，能让男人产生强有力的种子。

因此，当时给贵族老爷开的药方里香料也占了很大的比重，当时的贵族老爷们也知道自己的医师和香料老板们勾结的现实，但还是趋之若鹜，因为他们认为这是符合他们身份的药方。

如西方的犹太人，在东方也有一个民族经营这东西方的香料贸易，他们就是粟特人。撒马尔罕、布哈拉、塔什干都是粟特人最早建立的城邦。不过粟特人始终没有形成强大的军事力量，他们被阿契美尼德波斯、巴克特里亚（希腊人最东方的存在，在今天阿富汗一带）等西方强权统治过，也被匈奴人、突厥人征服过。在漫长的岁月中，粟特人学会了不远万里买卖东西方的奢侈品，成了最早的国际贸易垄断者，也成了中

国的定居居民。在中国粟特人卖出香料买进丝绸，长安城的西市就是他们的大本营。粟特人的商队也在漫长丝绸之路中引起了各方强人的觊觎，为了自保粟特人招募了吐火罗人、突厥人等各族人士充当自己的护卫。他们的商队中配备了东西方最先进的武器。在和各族人融合的过程中，粟特人形成了中国史书上所说的九姓胡，也称杂胡。南北朝时期，粟特人形成了自己的萨保制度。萨保原来是粟特人商队的首领，后来被北魏中央政府设置为固定官职统一管辖各地的粟特人。粟特人也逐渐从商人转化为士兵和官吏，我们耳熟能详的安禄山、石敬瑭都有粟特人的血统。

中国人在祭祀祖先时也喜欢拿香料清除自己的身体上的异味，焚香祈祷、焚香静思也是中国古人精神生活的一部分，黄庭坚被贬时身居陋室还是不忘焚香。但中国人和香料战争并没有太大的缘分，唯一能扯上关系的是著名历史人物是澶渊之战的反派丁谓，这个被史书定位成奸臣、投降派的家伙，也是香料的著名鉴定家，中国著名的香料学著作《天香录》就是他的杰作。丁谓学问渊博，办事能力强，在福建主持茶叶工作时还能改进福建茶叶的香料配方，虽然是奸臣品位其实还是很高的。

香料在中国是贫富皆宜的东西，既有富贵人家饮用的"无尘汤""沉香熟水"，也有《武林旧事》中记载的，宋朝平民百姓的日常香料饮品陈香水、紫苏饮等。另外，端午节吃的香糖果子也是家家必备的香料食品。

中国上层社会对香料的喜好，也传到

了日本。日本平安时代的贵族中也流行赠送香丸、开香会，这在《源氏物语》中有充分的体现，到了幕府时代后期武士和大名也学会了附庸风雅来开品香会。

到了北宋末年，国库里堆放的香料太多以至于被宋朝政府当成了货币直接放给普通士兵充当军饷。对进口香料征收关税是两宋市舶司的一大财源，这些钱有很多也被当成了军费。

当时宋朝的文人墨客流行开香会，在香气缥缈间喝着香茶吃着各种香料食品较量诗词歌赋、琴棋书画。宋徽宗赵佶也是香会的爱好者，他的内库中收藏了大量名贵香料，在香器制作上也颇有心得。经常参与赵佶宫廷香会的就有蔡京等人，在香气缥缈中北宋最终迎来了自己的灭亡。

到了明代，在郑和下西洋后，大量的香料在此进入中国，成了士兵们的工资。

中国香料的暴增让香料在中国的地位下降，但是在欧洲则是另一种情况了。

7世纪阿拉伯崛起后，阿拉伯商人垄断了从印度到欧洲的香料贸易，阿拉伯世界也一样把香料看成是宗教祭祀和世俗生活不可或缺的东西。他们在婚丧嫁娶和接人待客上非常喜欢用熏香，在制作美食时也喜欢用香料。

埃及的马穆鲁克政权就把香料看成是自己的禁脔，它规定每年运往欧洲的香料不得超过200吨。这200吨香料大部分被意大利商人转手，成就了文艺复兴时期威尼斯、热那亚的辉煌。在15世纪末期，每年威尼斯人在香料转口贸易中会赚取350万英镑的巨大利益，同时期的英国王室年收入不过三万多英镑，巨大的利益让无数欧洲人眼红，找到香料和黄金成了每一个欧洲航海家最直接的动力。

大航海时代与香料的传播

（香）（料）

公元1414年的圣诞节，葡萄牙阿维斯王朝的开创者约翰一世为自己即将成年的儿子们召开了盛大的宴会，宴会上有各种造型夸张的食品，以及各种香料沙司。这次宴会决定了葡萄牙人和香料的不解之缘。宴会的主角之一是豪勇的骑士国王约翰一世，他是勃艮第王朝佩德罗一世的私生子，早年是阿维斯骑士团的首领。年轻时，约翰一世的身上骑士精神往往能让他忘记统帅和国王的职责。比如在著名的阿尔儒巴罗塔战役中，约翰一世时刻冲杀在和西班牙卡斯蒂利亚军作战的第一线，把军队统帅的职责交给了部下阿尔瓦雷斯。宴会的女主人是菲丽帕王后，她是英国摄政王"冈特的约翰"的女儿，也是亨利四世的姐妹，出身于著名的兰开斯特家族，她和约翰一世的结合是自己父亲染指伊比利亚半岛事务的产物。菲丽帕王后姿色一般，以至于自己的丈夫约翰一世在外有不少风流韵事和私生子女，不过从政治联姻的角度来说双方还算是模范夫妻。宴会的另两位主角是佩德罗王子和亨利王子，佩德罗王子被公认为是约翰一世最有才能的儿子，是当时宴会上的明星人物。另一个不太起眼的主角是亨利王子，当时被认为是约翰一世最乖巧的儿子，亨利王子出生时有预言家声称这个王子"会完成高贵的征服"，约翰一世也希望这个儿子建立起自己的功勋，他已经为这个儿子

准备了建功立业的舞台。

这场宴会之后不久的1415年春天，约翰一世远征摩洛哥休达城的准备工作正式启动，为了保密起见，约翰一世（又名若奥一世）并没有召开葡萄牙议会，这意味着远征的全部花费将由王室自己承担。按照原定计划他的儿子费尔南多、亨利（又名恩里克）在全国征集人手、准备包括腌牛肉在内的各种物资，而后亨利在波尔图集结一部分军队后再和费尔南多在里斯本召集的军队会合。远征并不顺利，恶劣的气候不但让船只难以航行，更带来了瘟疫，约翰一世的王后菲丽帕就不幸感染了瘟疫死在了出征之前。菲丽帕颇有乃父"冈特的约翰"之风，临终前劝说自己的丈夫和儿子继续前进，不要错过战机。约翰一世和亨利只好忍住悲痛在当年的6月23日离开里斯本，继续开始自己的战争。瘟疫还在继续，船只上的葡萄牙士兵并不知道自己的目的地是哪里，按照原计划八月中旬舰队会到达休达，但由于风向不利直到8月20日舰队才到达目的地休达。统治休达城的摩洛哥菲兹王朝此前已经得到葡萄牙人入侵的消息，但葡萄牙人遭受瘟疫的现实使得菲兹王朝的统治者认为葡萄牙人不可能马上入侵自己的国土，所以没有加强防御力量。

当时年仅19岁的亨利王子一向以自己

◎ 冈特的约翰宴请约翰一世

的外公（冈特的约翰是欧洲当时著名的骑士，虽然不如黑太子爱德华著名，也是英法百年战争中的英军统帅）和父亲为榜样，非常向往骑士精神，而攻打休达的战斗也给了亨利王子充分的表演机会。在战斗中，亨利王子是最先攻入休达城的突击队中的一员，并获得了在城头第一个升起葡萄牙国旗的荣耀。攻取休达城后，约翰一世按照惯例让葡萄牙士兵在城内自由抢劫，亨利王子却留意起在异国他乡的一切。休达城并不大，今天属于西班牙自由市的休达面积是 18.5 平方公里，当时城内却有数千家各种店铺，这最繁华的自然就是香料铺子。北非本来就是丁香等香料的重要中转

地，更重要的是摩洛哥本身就是番红花等香料的原产地。休达城惊人的财富简直晃瞎了亨利王子的眼睛，冥冥之中另一种命运之路已经向这位王子展开。约翰一世留下了唐·佩德罗和 3000 名葡萄牙士兵把守休达城，自己和儿子们回到葡萄牙。异域他乡的见闻让亨利王子夜不能寐，他逐渐改变了自己爱好，抛弃了骑士训练和比武等一系列欧洲贵族的"正经爱好"开始进行海外探索。

亨利的哥哥佩德罗王子也从那之后爱上了旅行，游历了欧洲很多地方，甚至有远行到奥斯曼的记载，对外部世界的兴趣让佩德罗在掌权后大力支持亨利王子。亨

利王子一生没有婚娶，他加入了葡萄牙基督修道会，并成了修道会的最高首领，利用这个修道会的财力进行远航是他的唯一目的。在阿维斯王朝内部，亨利王子并不热衷于权力，在王室中的地位一直都充当调停人。亨利王子只对航海技术发展和探索外部世界感兴趣，他重金收藏犹太制图专家的地图，支持各种航海活动，在自己的豪宅内开办航海学校招募航海人才。当时的欧洲人迷信南方的海水像开水一样滚烫，海上充满了各种怪兽，大部分人并不想出海，亨利王子只好重金悬赏资助愿意出海的探险家，在他去世前一共资助了20批探险者。亨利王子的航海学校发明了三角帆，这种帆和横帆相结合在速度上超过旧式帆船三分之一。在航海导航技术上，亨利王子的航海专家们从航海活动获取了各种风带的活动规律和原始的经纬度测量方法，为大航海时代跨越大洋的远航打下了技术基础。这一切都需要巨大的财政投入，1460年亨利王子去世时为了航海事业欠下了13万英镑的巨额债务。由于出身的限制亨利王子其实并没有主持过任何一次远航，航海家亨利王子的名号在行动上名不副实。亨利王子远行最远的地方就是摩洛哥，除了年轻时对休达的远征外，他还参与了对摩洛哥城市丹吉尔的远征，这也是一场香料的战争。休达被征服后，摩洛哥人将香料交易的中心改为丹吉尔城，休达的香料贸易很快停滞，而葡萄牙政府的驻军费用却一直居高不下，休达成了葡萄牙政府眼中的鸡肋。要改变这一切就只有彻底的征服休达周边地区，尤其是丹吉尔

城。当时亨利的父亲约翰一世已经去世四年，坐在西班牙王位上的是亨利王子的哥哥杜亚尔特。杜亚尔特博学却优柔寡断，只好召开家族会议。会议上佩德罗反对远征，主张把资源投入到探索非洲上，而亨利王子却一反常态同意开战。最后民主表决的结果当然是开战，葡萄牙军队远征的统帅是亨利王子和他的幼弟费尔南多。费尔南多是约翰一世最小的儿子，没有参加1415年的远征，在当时的贵族们看来难免成色不足，让他充当统帅有镀金的意思。1437年对丹吉尔的远征远远不能和22年前媲美，首先葡萄牙远征军为了搜集足够的船只，他们只好征集了在葡萄牙的英国商船，在开战之初就走漏了消息。其次，葡萄牙国内远征军的规模也很小，很多葡萄牙人反对远征，远征军始终面临人手不足的问题。1437年8月份，亨利王子和费尔南多领兵出发，试图独自赢得荣誉和香料。他们在休达登陆后，从陆路前往丹吉尔。结果葡萄牙海陆军配合并不完美，海军舰队先期到达，等于提前给丹吉尔守军打了招呼。亨利王子也在战术上犯了错误，他把陆军在内地扎营安寨，远离海军的支援范围，只能依靠陆军独立作战。对丹吉尔的战斗一共进行了37天，最后葡萄牙陆军被摩洛哥援助丹吉尔城的大军团团包围，被迫投降。亨利王子和摩洛哥军队达成的协议是葡萄牙人归还休达城，摩洛哥军队保证葡萄牙军人的性命，但葡萄牙人必须留下费尔南多王子当抵押品。亨利王子只好灰溜溜的逃回里斯本，让自己的哥哥拿主意。他的哥哥杜亚尔特国王在得知战败

的消息后第一反应就是召开议会，继续民主讨论。佩德罗王子虽然反对远征，却关心自己弟弟，同意拿休达城和赎金换回自己的弟弟。费尔南多在丹吉尔之战的战友阿拉伊奥洛斯伯爵显然没有多少袍泽之情，认为费尔南多有必要为国牺牲，国家的利益高于一切。同样葡萄牙商业界不同意放弃休达城，而和王室关系密切的贵族也就是农业派的代表认为休达城可以放弃。议会上葡萄牙代表们各执一词，杜亚尔特国王的决断能力和说服能力又实在差强人意，争论变成了漫长的扯皮。这次讨论一直持续了好几个月，费尔南多从摩洛哥人那里寄了书信回来，催促讨要赎金，但这也不能让自己哥哥痛快的下决断。亨利王子的意见是不能放弃休达，但赎金可以加倍，但如何劝说商人缴纳这笔钱，他也无能为力。到了1438年9月9日，丹吉尔之战结束了将近一年，葡萄牙政府对如何答复摩洛哥人依旧没有形成共识，但至少杜亚尔特国王不用发愁了，因为他在愁病交加中去世了。杜亚尔特的儿子阿方索即位，时年只有6岁，谁做摄政王又成了葡萄牙朝野上下争论博弈的焦点。最后摄政大权落在佩德罗手中，而可怜的费尔南多已经在摩洛哥人的监牢中去世了。佩德罗执掌大权后给了亨利王子垄断博哈多尔角以南所有殖民航海事业的大权，并且给了亨利王子名下各种产业免税的特权。亨利王子夺取丹吉尔的结果可谓是赔了弟弟又折兵，他只是葡萄牙人香料之路的开创者。

在亨利王子的支持下，葡萄牙人占有了亚速尔群岛等地，探索出了非洲西海岸的航线。在找到香料之路以前，葡萄牙人已经在亚速尔群岛等地开展了蔗糖种植事业，在非洲西海岸找到了黄金和黑奴，也找到了一部分非洲香料。亨利王子去世后，葡萄牙航海家戈麦斯在几内亚发现了马拉格塔胡椒——即非洲白豆蔻。与此同时，伊比利亚半岛上的政治格局也发生了变化，卡斯蒂利亚的女王拒绝了葡萄牙国王约翰二世（又名若奥二世）的求婚转而嫁给了阿拉贡国王费迪南，他们的结合形成了西班牙的雏形，西班牙成了大航海时代葡萄牙的有力竞争对手。1484年，一个热那亚水手莽撞地跑到葡萄牙国王约翰二世面前，要约翰二世提供资助，并表示他会帮助葡萄牙找到东方的印度。约翰二世和这个热那亚水手谈话内容我们不得而知，反正是两个人没谈成，这个热那亚水手就是哥伦布。约翰二世在位期间也非常热衷航海，他之所以拒绝哥伦布，主要是他手下有迪亚斯、杜尔莫、科委利亚、派瓦等众多海航技术不在哥伦布之下的航海家，相对于当时名不见经传的外来者哥伦布，约翰二世无疑更信任本国的专家。此外，哥伦布的"一直向西再向西就可以到达东方"的理论说服了对航海所知不多的伊莎贝拉，却让组织过多次远航的约翰二世心存疑虑。

哥伦布其实也是香料的狂热探寻者，哥伦布劝说伊莎贝拉女王投资自己远航的最动人说辞就是："只要花上一个中等卡斯蒂利亚贵族一年的收入，他就能找到通往印度的道路，让卡斯蒂利亚独占香料贸易"。在哥伦布的航海日志中到处都是他和他的船员们错过各种香料的记载：要么

◎ 哥伦布发现新大陆，及哥伦布1492年回程的旗舰卡拉维尔帆船"尼娜号"（Caravel 'Nina'）

是他们找到了大黄和生姜，但是这些香料没有到达成熟时节，不能采摘；要么是哥伦布和他的水手们有眼无珠，错过了香料，经过当地人提醒才知道自己错得多离谱。反正就是各种遗憾大集合。哥伦布用这些理由和几个印第安人以及少得可怜的金子满足了自己"风投"卡斯蒂利亚王室的胃口，可要盈利依旧是遥遥无期。尽管如此，1493 年哥伦布返回伊比利亚半岛时依旧趾高气扬，四处嘲讽约翰二世和葡萄牙有眼无珠，让葡萄牙贵族有了杀掉这个混蛋为国王出气的念头，最后还是约翰二世阻止了贵族们的举动。

为了自己未来殖民地十分之一的提成，哥伦布只得再次率领 17 艘西班牙船只远行新大陆。这次他找到了一种味道不同的香料，当地的"印度人"吃饭几乎离不开它，它的味道也比胡椒浓烈，哥伦布认为它是香料中的上等货，并把它当成是主要收获带回了西班牙。这种香料的种子在西班牙发育长大结出了果实，而且很快得到了人们的欢迎，但它的果实让所有人都明白它不是人们熟知的任何一种香料，这种作物就是辣椒。辣椒只是哥伦布糊弄自己投资人的一种道具，哥伦布四次远航新大陆还给卡斯蒂利亚王室带回了烟草、玉米、木薯等新大陆作物，他都声称这是不知名的香料，以至于后世的吃货历史学家把新旧大陆的物产交流称之为哥伦布交流。但哥伦布就是没有带来卡斯蒂利亚和阿拉贡王室梦寐以求的香料。1496 年，一份匿名举报信向所有西班牙人宣称，哥伦布找回的作物里根本就没有一点儿香料的成分。哥伦布最后丧失了卡斯蒂利亚王室的信任，他的远航宣告结束。在他之后，不少西班牙的探险家和征服者前赴后继的在新大陆继续寻找香料，就连科尔特斯也接连五次向查理五世保证他一定会找到香料群岛。

香料战争

哥伦布远航 5 年后的 1497 年 7 月 8 日，葡萄牙航海家达·伽马在亨利王子建造的伯利恒圣母教堂做完祈祷后出发，他们的队伍一共有 170 人和 4 艘船。在他们远航前的 1488 年，迪亚斯已经为他们探明了非洲大陆西海岸的大致轮廓。不过因为迪亚斯遇上了风暴，生气的他把非洲的最南端命名为"风暴角"，传说为了讨一个口彩，约翰二世把名字改为了"好望角"。达·伽马一行人的航程非常不顺利，一路上他们都在和不利的风向做斗争。花了 6 个月的时间，他们才正式驶向印度洋。

刚入印度洋，坏血病就在达·伽马的船队中大爆发，达·伽马只能使出全部办法才让自己手下的水手不造反。在肯尼亚的马林迪港，达·伽马开始转运，当地的苏丹急需外来势力帮助他们对抗宿敌蒙巴萨，对达·伽马一行欢迎备至，因为后者正好在蒙巴萨和当地阿拉伯人起了冲突。达·伽马拒绝了帮忙助战的要求，却依旧得到了马林

◎ 达·伽马的船队起航

迪人的帮助，他在马林迪找到了一个熟悉印度洋的领航员马莱摩·卡纳，这个人正好就是印度人。

这时已经是1498年4月，达·伽马的好运再次到来，印度洋季风让他们在23天内就度过了印度洋。5月17日，达·伽马的水手们已经认定他们即将到达新的大陆，因为海风已经送来了浓郁的植物气息。5月18日，印度卡利卡特的高山已经出现在水手们的眼睛里。5月19日，达·伽马和自己的水手们召开会议商定该如何登陆。

葡萄牙人和异教徒打交道有充分的经验，但这块他们眼中从未有欧洲人踏足的土地到底危险几何，谁也说不准。传说中印度的香料是由狗头印度人采摘的，这些印度狗头人是从大蛇和巨鸟的巢穴中得到香料的。为了保险起见，达·伽马决定采取了葡萄牙人惯用的方法，即扔一个"第格拉达多"探路。"第格拉达多"要么是从监狱里找来的囚犯（大航海时代去参加未知世界的远航死亡率比重刑犯判处死刑的几率还高，所以这个做法在当时并不是优待，大航海时代的探险者队伍里充满了人渣也是各国统治者有意为之的结果），或者严重违反船长命令的水手，要么是一个犹太人或者改宗基督徒（改宗基督徒大部分是犹太人或者阿拉伯人），总之是那种葡萄牙人眼中扔出去死有余辜的垃圾。

达·伽马扔出去的"第格拉达多"是一个来自阿尔加维的罪犯，这个倒霉的家伙战战兢兢地登上印度的国土，结果迎来了众多印度人的围观。除此之外，异教徒们没有不友好的举动。

印度人围观这个第一个来到印度的欧洲人（或许不是，希腊水手也曾到达过印度，拜占庭历史上有拜占庭商人和官员达到印度的传说），对他指指点点，而这位仁兄也不是外语达人，围观者和被围观者"鸡同鸭讲"一样手舞足蹈了很长时间。最后解围的是两个突尼斯人，他们会说一些意大利热那亚方言和西班牙卡斯蒂利亚语（西班牙语和葡萄牙语区别不是很大）能够和第格拉达多交流，并留下了历史上著名的问话。

这两个突尼斯人问道："你莫名其妙地到这个地方来干什么？"这个第格拉达多不懂太多的外交语言只好老实回答："我们是来寻找基督徒和香料的。"这两个突尼斯人来到印度显然也是为了香料而来，因为卡利卡特及其周边的马拉巴尔地区是当时全世界的香料集散地，阿拉伯商人来这里最主要的目的就是搜集香料。他们对于这群抢生意的异教徒当然没有好感，就径直离开了。

就在达·伽马登上这片土地六十多年前，中国的航海家郑和也率领着两万多人的船队到达过卡利卡特，印度卡利卡特的统治者对外来的使者船队并不陌生。卡利卡特的统治者信奉印度教，和埃及有非常重要的外交关系，并与统治着印度大部分国土的德里苏丹国不和。不过因为帖木儿的入侵，德里苏丹国已经四分五裂，有效控制区域只是德里周边地区。没有强敌压境，卡利卡特的武装力量也并不是很强。卡利卡特的香料最大的主顾就是阿拉伯商人，对带来大量财富的阿拉伯商人，卡利卡特的统治者查摩林自然是双手欢迎。

◎ 达·伽马和查摩林的会面

达·伽马上岸后就像刘姥姥进了大观园一样好奇，他见到了阿拉伯香料商人的豪宅和各种各样稀奇的货物，卡利卡特统治者查摩林的巨大宫殿和花园也给他留下了深刻的印象。达·伽马为查摩林精心准备了蜂蜜（印度当时也是糖业生产大国，蜂蜜这种欧洲人眼中的极品甜食自然不稀罕）、礼帽、猩红色兜帽（这件礼物最值钱，在当时欧洲人的衣物里，红色的染料最难见到）和洗脸盆等礼物，这些礼物自然不入查摩林的法眼。达·伽马的船员们也在卡利卡特的市场上发现他们的商品一钱不值，就连

他们身上价值 300 里尔的衬衫在卡利卡特也只需要 30 里尔就可以买到，船员们的自尊心一下子降到了极点。但达·伽马不这样认为，在到达查摩林居处前，他在卡利卡特见到了不少印度教宗教壁画，其中一些壁画被达·伽马自己认为是圣母图。达·伽马认定自己找到的是一个基督教观念被扭曲的国家，印度人虽然富有，但在精神上仍然需要葡萄牙人去拯救。

达·伽马和查摩林的会面充满了不和谐的氛围：查摩林对达·伽马的礼物一点儿都不感兴趣，他抱着看海外穷人西洋景的心

◎ *15世纪的欧洲火炮*

态接待了达·伽马，而非常不幸的是，这的确就是事实；达·伽马对查摩林也不够恭敬，他认为查摩林是需要接受基督教正统教育的堕落的异端，他唯有尊重上帝的使者，才能获得拯救。但在表面上，作为"山与波浪之主"查摩林至少还维持着礼貌，面对达·伽马并不怎么恭敬的行为，他只是"留"他在自己宫中暂住几天，然后暂时扣押了达·伽马船队停留在岸上的水手。

查摩林扣押了达·伽马一行人几天，但没有任何虐待行为，在他看来，这已经足够让远方的异教徒知道谁才是卡利卡特的主人了。几天后，查摩林释放了达·伽马一行人，并允许他们在卡利卡特自由买卖香料。重获自由后的达·伽马等人并没马上去找查摩林的麻烦，他们典当了自己的衬衫去买了香料，然后就此返航。不过，达·伽马在船头郑重发誓，自己还会回来。

返航的过程非常艰难，来的时候因为顺风只走了23天，但由于得罪了查摩林，达·伽马等不到风向改变就急匆匆地开始返航，风向全是逆风，从印度到非洲东海岸就花了 3 个月。接踵而来的又是坏血病，船员们病倒了大半，为了节省人力，达·伽马不得不放弃了一艘船。

在非洲西海岸的航行中，达·伽马和兄弟保罗都病倒了，回到里斯本成了这群人最大的奢望。在加纳利群岛，这群人做了短暂的停留，因为达·伽马兄弟保罗的病已经到了非治不可的地步。最后，保罗也被坏血病击倒，成了寻找香料路上的牺牲品。

达·伽马的航程轰动了整个欧洲，葡萄牙国王曼努埃尔甚至亲自拥抱了达·伽马，并封达·伽马为维迪格拉伯爵和印度海军上将。不过达·伽马的首次远航获利并不丰厚，他是带回了香料，可数量很少，扣除成本后仅勉强能保本。

继达·伽马之后，继续踏上香料之旅的葡萄牙人是卡布拉尔。他率领着曼努埃尔给他的 13 艘船继续向印度出发，从人员和装备上看，葡萄牙人就没打算作和平交易。这支船队在航行中偏离了达·伽马的航线，在离开了佛得角群岛后一路向西，也到达了新大陆。

他们在 1520 年 4 月 22 日到达了巴西，船队把他们临时发现的土地命名为"圣克鲁斯"，然后修正了错误继续前进。大概是迪亚斯真的和印度无缘，他在卡布拉尔的船队中却没有踏上过印度的土地，这支庞大的船队在到达好望角后，迪亚斯就病死在这次航行途中。卡布拉尔的船队沿着非洲海岸线继续前进，他们还顺道发现了马达加斯加岛。

这支船队最终也到达了印度，但和达·伽马所遇到的情况不同，查摩林这次见到葡萄牙国王曼努埃尔精心挑选的礼物后非常高兴，准许葡萄牙人开设贸易商栈，并允许葡萄牙水手上岸保护自己的货物。接着卡布拉尔得寸进尺地向查摩林提出了非分的要求，要求后者履行"基督徒"的义务，驱逐所有的阿拉伯商船。查摩林的财政收入中有很大一部分来自于阿拉伯商人缴纳的税款，对查摩林来说，葡萄牙人只是他的新客户而已，从生意份额上看，还不是特别重要的那种，这种过分的要求自然被查摩林拒绝。

查摩林涵养不错，至少没有把提出非分要求的葡萄牙人轰出自己的城市。卡布拉尔一看查摩林"不上路"，就自己动手扣押了一艘等待季风准备返回红海地区的阿拉伯商船。阿拉伯香料商人本来就对这群抢生意的异教徒心生不满，眼看对方不客气，自然也不甘示弱，他们杀死了葡萄牙人留在岸上的 53 名水手。这样一来，葡萄牙人更有了动手的理由，他们炮轰卡利卡特整整两天。

当时距离莫卧尔王朝军队利用火炮和火枪大胜德里苏丹国联军还有 22 年的时间。1504 年，也就是三年后，莫卧尔王朝的开创者巴布尔仅依靠 300 名衣衫褴褛的士兵就攻下了喀布尔。所以，查摩林和当地的印度军队对欧洲火炮的威力并没有充分的认识，这才任由葡萄牙人将船只停留在最佳的攻击位置。

炮击开始后，卡利卡特人惊恐万分，查摩林率领少数卫士逃离了卡利卡特。葡萄牙人占领了卡利卡特，又洗劫了查摩林的宫殿和全城的香料市场。至于阿拉伯商人的船只，葡萄牙人也自然不会放过。所有能被找到的阿拉伯船只都被葡萄牙人捕获，货物被抢光，船只被凿沉，船主和水手都被葡萄牙人吊起来当着自己家人的面活活烧死。这就是葡萄牙人和后世的西方同行对于"自由贸易"的最佳注释，那就是对他们利益最大化的自由贸易，如果自由抢劫和暴力垄断能取得最大的利益，那么这也是他们口中的一种自由贸易。

卡布拉尔带着葡萄牙人在大肆洗劫后撤出了卡利卡特城，这不是因为他们良心发现，而是由于兵力的确不足。葡萄牙人的新式武器和"光荣战绩"也让他们在印度找到了盟友，那就是卡利卡特的竞争对手科钦。科钦城也是印度香料的集散地，更有发达的航运基础，号称是"阿拉伯海的新娘"。科钦和卡利卡特一向不和，因此欢迎任何敢于冒犯卡利卡特人的势力。

卡拉布尔于是移师科钦城，将自己的指挥部建在那里，并不惜代价地建立了一座欧洲式样的城堡。在科钦，葡萄牙人补充了物资，建立了固定的商业局点，也补充了兵员，科钦人充当了他们的盟军，欧洲人走出了殖民印度的第一步。

卡布拉尔留下了六艘船驻防印度，其余船只满载着战利品返航。这次远航葡萄牙人带回了足足两船的香料，轰动了整个欧洲，佛兰德斯市场上威尼斯人的香料份额骤降，佛罗伦萨人甚至预言威尼斯人不得不重新干捕鱼的勾当。威尼斯人也不看好自己的前景，称威尼斯遇到了"新生儿断了奶一样的灾难"。曼努埃尔甚至给自己的岳父、岳母伊莎贝拉和费迪南写信，炫耀说滚滚财富

将像流水一样流进他的王国，全然忘了自己为了迎娶西班牙公主在葡萄牙设立宗教裁判所驱赶犹太人的模样。

1501 年，曼努埃尔又派出了诺瓦率领的船队支援卡布拉尔驻军，此后形成了惯例。1502 年，达·伽马也率领着 20 艘船再次来到了印度，其中 15 艘船上装有大炮。这次航行途中，达·伽马俘获了一艘卡利卡特朝圣麦加的船只，将货物和财宝抢光后，杀死了 380 名"异教徒"。到达卡利卡特后，达·伽马再次对话查摩林，要他驱逐阿拉伯人。查摩林可是自由开放理念的忠实崇拜者，自然再次拒绝了这个建议，于是达·伽马再次炮轰卡利卡特，用火炮和死亡宣告了自己的强势回归。我们可以看一下达·伽马自己记录的印度之行的收获：他在科钦花了 2 埃斯库多金币买下了的 220 磅胡椒，然后在欧洲以 80 埃斯库多金币卖出。正是这种暴利驱使着葡萄牙人前仆后继地奔向大洋，去世界各地烧杀抢掠。1503 年 10 月，达·伽马返回葡萄牙，而被葡萄牙人欺负得惨不忍睹的查摩林却在积蓄力量，准备报仇，达·伽马走得还真是时候。

查摩林的好脾气被葡萄牙人消磨殆尽，他集结了大批包括藩属城邦在内的军队，打算一举拔除葡萄牙在科钦的据点。1504 年年初，查摩林的大军集结完毕，根据交战双方的记载，他的军队估计在 57000 人到 84000 人之间。葡萄牙人在科钦城的守军是 140 人，还要加上数百科钦盟军。在海上，查摩林集结了各类船只 240 艘，而葡萄牙人只有 1 艘卡拉克帆船和 2 艘卡拉维尔帆船（一说 5 艘），无论是海上还是陆地，查

摩林都有 100 倍以上的绝对优势。1504 年 3 月份，科钦攻防战爆发，拥有巨大兵力优势的印度军队却屡战屡败，以至于葡萄牙人认为这场胜利是葡萄牙人自己的"温泉关"。

造成这种局面的原因，除了葡萄牙军事技术的优势外，还有科钦城的地形因素。科钦城和直布罗陀很像，都处在一个狭小的海角上，查摩林庞大的兵力完全无从展开，只能依靠船只将步兵添油一样的送到科钦城下。开战不久，印度人就发现他们对欧式要塞完全无能为力，他们的攻城武器（据说是射石炮）在葡萄牙人看来极为简陋，几乎完全没有效果，简陋的石弹对付中世纪程度的要塞是没有问题的，但欧洲人经过文艺复兴后已经掌握了新的要塞筑城方法，此类型的要塞的抗击能力是以前城堡的数倍。葡萄牙守军也拥有火炮、火绳枪、十字弓等远程攻击武器，这些武器的射速很慢，在野战中还称不上是制胜利器，但在守城战中却最能发挥它们的威力，它们的穿透力、杀伤力以及节省体力的优点使得葡萄牙人拥有了巨大的防御优势。

第一次进攻的印度军队的密集队形就遭到葡萄牙火炮、火绳枪、十字弓的猛烈打击，丢弃了 1300 具尸体，而葡萄牙人竟然没有遭受任何损失。很明显，在远程火力杀伤上葡萄牙人优势明显。查摩林被葡萄牙人欺负得火大，命令自己麾下的印度人又发动了六次总攻，使得攻城战持续了五个月之久。印度人使用了他们所有想得到的冷兵器时代的所有攻城招数包括了炮击、攻城锤、步兵的强攻、围困战略、地道等等。这场冷兵器军队和冷热兵器混合军队之间的较量

毫无悬念，印度人除了遗尸累累之外没有取得任何进展。在海上的几次交锋也以葡萄牙的完胜而告终，葡萄牙人充分发挥其新式帆船在大洋上的速度和操作方面的优势，让印度人的桨帆船几乎没有近身肉搏的机会，像打靶一样被葡萄牙火炮一批批击沉。虽然成熟的侧舷火炮技术还没有出现，但安装在塔楼和甲板最上层的火炮还是足够对印度人阿拉伯样式的小船造成毁灭性的打击。葡萄牙人的士兵也有十字弓和火绳枪，在近距离交火中丝毫不落下风。

海上的胜利也确保了印度人的封锁名存实亡，因为葡萄牙守军的补给物资可以定期从海上运过来，五个月的时间里，葡萄牙人相对的可以以逸待劳，而征集来的印度土邦军队则在军事损失之外，还在承受着自己的土地无人耕种与收获的巨额损失。对于封建军队来说，这简直是一种致命的打击。战事越往后发展，查摩林的军队士气就越差，也越难在周边地区获得补给。在印度人第七次进攻期间，印度的雨季开始到来，这是印度次大陆上公认的停战信号，包括察合台汗国、莫卧儿王朝军队在内的外来入侵者也遵守不在雨季长时间交兵的印度作战规则，但查摩林显然已经气昏了头不把这个法则当回事。连续的暴雨导致疾病在印度联军中开始蔓延，使得印度军队的非战斗减员大大超过了战斗减员。

1504 年 6 月 24 日，查摩林终于放弃了这次从 3 月就开始了的自杀性的进攻，7 月初，科钦围城结束。印度方面死亡达到了19000 人，其中估计 5000 人战死，13000 人死于疾病，而葡萄牙人的阵亡人数根据他

◎ 开创葡萄牙辉煌的
曼努埃尔国王

们自己的记载为零——尽管守军中多有带伤者。科钦人的损失不明，他们的参战的总兵力只有数百人，就算全部阵亡，也改变不了双方惊人的战损比。科钦防御战的成功也保证了葡萄牙人在欧洲香料市场上的垄断地位。葡萄牙人大获成功的同时也是威尼斯人衰落的开始。15世纪末，威尼斯人通过转运埃及的香料每年可以获利350万英镑，是英国王室收入的近100倍。1502年到1505年的四年时间内，威尼斯人的香料收入降到了100万英镑，只有原来的三分之一。1504年，当年威尼斯商船到阿勒颇和亚历山大城购买香料时只能是空手而归。而葡萄牙人的香料生意却从1501年的22.4万英镑，上涨到1503年到1506年的每年230万英镑。葡萄牙国王曼努埃尔身价百倍，成了欧洲王室中的首富，连法国国王弗朗西斯都羡慕嫉妒恨地称他是"杂货铺国王"。

1505年葡萄牙国王曼努埃尔任命阿尔梅达为第一任印度总督，负责好望角以东的全部征服事业。阿尔梅达的征服大军为22艘战船、2500名船员，其中1500人是全副武装的士兵，200人是专业炮手和修补船只的工匠。阿尔梅达先在非洲的莫桑比克等地修建了城堡，又和马林迪的统治者正式签订了盟约，稳住了自己航行的后方。接着阿尔梅达把征服的目标对准了锡兰（今天的斯里兰卡）。锡兰的价值有两个，一是阿拉伯香料商人改变了贸易路线，阿拉伯商人直接在印尼、马六甲等地采购香料，经

过锡兰补给后直接返回红海地区，大有惹不起躲得起的意思；二是卡利卡特周围出产的胡椒在当时的欧洲价值已经严重缩水，它的价值已经下跌到普通中产阶级也能享用的地步，香料贸易中更值钱的货物肉桂的产地就是锡兰。

1505年，葡萄牙人在印度洋上俘获了阿拉伯商船。发现了船上的肉桂后，葡萄牙人通过百般拷打问出了肉桂的产地——锡兰。阿尔梅达之子劳伦斯在1505年登陆科伦坡，当时锡兰岛上乱成一团：泰米尔人和阿拉伯商人、北部国王肯迪是一方，南部辛哈勒塞国王帕拉卡马·巴胡是另一方。本着敌人的敌人就是朋友的原则，辛哈勒塞国王帕拉卡马·巴胡以每年上缴150担（15000公斤）肉桂的代价，热情地邀请葡萄牙人前来助战，希望这些外来人手中的可怕武器能够保护自己。劳伦斯就此在锡兰站稳了脚跟，并建立了一系列要塞。葡萄牙人后来贪心不足，甚至图谋夺取辛哈勒塞王国掌管的佛牙舍利，造成了双方的大战，辛哈勒塞王国可谓是引狼入室。

葡萄牙人独占贸易的方式就是暴力垄断。1506年阿尔梅达的部下阿尔布尔克攻占了亚丁湾外的索科特拉岛，依此为基地对阿拉伯商船进行大肆洗劫。1507年，阿尔布尔克又率领四艘葡萄牙军舰攻占了波斯湾入口的霍尔木兹岛，虽然因为兵力不足被迫放弃，但却实

实在在地威胁到了阿拉伯商人的香料贸易路线。埃及税收的重要组成部分就是向香料商人征税，葡萄牙人的所作所为就是掐埃及马穆鲁克政权的脖子。1507 年，埃及马穆鲁克政权派出军舰前往印度帮助卡利卡特政权，这既是利益需要，也是传统的盟友关系。埃及是当时阿拉伯世界的中心，埃及马穆鲁克政权扶持的傀儡哈里发获得了印度德里苏丹国的承认，鼎盛时期的德里苏丹国虽然实力上比起埃及马穆鲁克政权来只强不弱，却心甘情愿的称臣纳贡。卡利卡特政权也有大量的阿拉伯人，也和埃及马穆鲁克政权有着传统的盟友关系。1508 年3 月，埃及和印度的联合舰队终于捕捉到了葡萄牙人的舰队，葡萄牙舰队的统帅正好是阿尔梅达之子劳伦斯阿尔梅达，劳伦斯为了自己家族的荣誉不顾众寡悬殊勇敢迎战。虽然葡萄牙人拥有技术和战术优势，但他们的数量太少，不得不承受了失败的命运。三天激战的结果是葡萄牙人两艘军舰脱逃，一艘军舰被俘，舰队指挥官劳伦斯阿尔梅达阵亡。阿尔梅达得知爱子阵亡的消息后勃然大怒，却也知道援兵未到实力不足不能和埃及、印度联合舰队擅自决战，再次率领舰队来到卡利卡特，炮轰加入了埃及、印度联军的卡利卡特城。1508 年秋天葡萄牙国王曼努埃尔派出的另外两只舰队也顺着季风来到了印度，同时到来的还有曼努埃尔任命的印度新总督——葡萄牙海军少壮派的代表阿尔布尔克。阿尔梅达却拒绝交出指挥权，大有只要阿尔布尔克敢"抢班夺

权"就拼个你死我活的劲头。阿尔布尔克也知道阿尔梅达的心结所在，阿尔梅达是要亲自为儿子复仇，只好听之任之。

1509 年 2 月 2 日，阿尔梅达率领 18 艘葡萄牙大型战舰开始了他的复仇之旅，他的舰队有 1500 名葡萄牙海军和 400 名科钦同盟军，目标是印度港口城市第乌，那里是埃及、印度联合舰队的驻扎地。埃及、印度联合舰队士兵一共两万多人，有大小军舰一百多艘，在数量上居于绝对优势，也是防守方。2 月 3 日战斗打响，首先开火的是葡萄牙军舰，他们的火炮口径更大射程更远，炮手的水平更高，自然选择了先发制人。埃及印度联合舰队的军舰总数占绝对优势，但大型军舰只有 12 艘，火炮上没有优势，只好选择贴近作战，试图通过肉搏作战赢得战斗。但埃及、印度联合舰队在战术执行上却没能给葡萄牙人以沉重打击，联合舰队语言不通，配合上默契度不够，无法做到在局部形成绝对优势。联合舰队士兵的装备上也不如葡萄牙人，葡萄牙士兵在海上肉搏战中使用了火绳枪和原始的手榴弹，更有胸甲保护。在作战技巧上葡萄牙海兵受过专业训练，比埃及、印度联军士兵更有海上作战经验。这场战斗的结果是葡萄牙人伤亡三百多人，从士兵总数上看也不容小觑，这几乎占到葡萄牙总人数的两成，在当时的战斗中是一个不轻的损失。葡萄牙人的负伤人数中会有不少人因为当时的医疗条件限制而截肢，甚至伤口感染而死，这在当时的战斗中是家常便饭，对于在东方只有

数千人总兵力的葡萄牙人来说第乌海战只能算是一场惨胜。战斗结果是大部分埃及、印度战船被毁，联军士兵大部分被杀被俘。阿尔梅达对于被俘的联军士兵，实行了大屠杀，用烧死、绞死战俘的方式纪念了自己的儿子劳伦斯。第乌总督也被这场战斗吓坏了，迫不及待地同意了阿尔梅达的勒索要求。为了这场复仇之战，阿尔梅达花掉了葡萄牙国库8万杜卡特金币，只能见好就收。阿尔梅达复仇大业完成后痛快的向阿尔布尔克移交了指挥大权，让后者继续完成葡萄牙人的香料战争。

阿尔布尔克接手后，在1510年攻占了马拉巴尔海岸中部的果阿。果阿是东南亚香料途径印度的必经之地，果阿更有易守难攻的地形和完善的船舶停泊点，是印度洋上难得的海军基地。这几点优势让果阿成了葡萄牙东方征服的大本营，是葡萄牙人舰队的驻扎地。葡萄牙人占据果阿一直持续到1961年，当时印度独立都已经14年了，果阿的地理重要性可见一斑。阿尔布尔克的军事能力未必能名列大航海时代的顶尖高手之列（主要是他没有参加过太多的战斗），但战略眼光确实数一数二。

1511年，阿尔布尔克把征服的目标对准了马六甲。"马六甲"在阿拉伯语中的意思就是"市场"。马六甲是亚洲香料的最重要集散地，被葡萄牙人认为是全世界最富有的港口。为了征服马六甲，阿尔布尔克调集了18艘战舰。马六甲的统治者对阿尔布尔克的野心并不是一无所知，他们派出了

使者前往北京，向自己的宗主国明朝求救。这是几十年前郑和结下的缘分，但明朝政府却想出了一个匪夷所思的主意化解葡萄牙人的攻势。明朝政府的对策是让暹罗（泰国）出兵援助马六甲。整个明朝时期暹罗人给明朝的印象似乎就是强悍好用，丰臣秀吉侵朝期间，万历皇帝也曾两次通知暹罗出兵援助朝鲜。问题是马六甲和暹罗是明朝在东南亚朝贡最频繁的两个属国，他们在朝贡贸易上有矛盾，暹罗人可不想为自己的仇人出兵。暹罗政府又不想得罪明朝，暹罗政府只好两边都糊弄，一方面摆出出兵的架势，一方面看着葡萄牙人出兵摆出一副爱莫能助的样子。马六甲摊上这么一个悲惨的局面只好自认倒霉，他们已经没有多余的时间去北京求助了，因为葡萄牙人的进攻开始了。葡萄牙人的武力占据了绝对优势，在火炮的掩护下葡萄牙士兵冲向了马六甲城，冲在最前面的士兵中就有麦哲伦（就是第一次环球的麦哲伦），他在战斗中还救了同伴弗朗西斯科·赛朗，有这么一个主角光环笼罩的人带头冲锋，马六甲城很快被攻破。阿尔布尔克的手腕是软硬兼施，在武力屠杀马六甲城的马来人的同时，阿尔布尔克还不忘分化瓦解敌人，拉拢马六甲城内和马来人有矛盾的爪哇人、缅甸人、印度人。

攻克马六甲后，葡萄牙人也了解到马六甲和明朝的关系，为了不给明朝出兵的理由，葡萄牙人也派自己掌握的马六甲人出使明朝，继续朝贡，欺

骗明朝。明朝政府的精英们正在忙着和正德皇帝斗法，虽然知道有猫腻，但谁都不想多事去拆穿。明朝不在乎马六甲的香料，明朝官员在乎的只是万邦来朝的脸面。似乎是要和时间赛跑，阿尔布尔克迅速在马六甲修建了要塞、医院、教堂，在阿尔布尔克看来这些措施是保证葡萄牙占有马六甲不被明朝干涉的最佳保证。马六甲的要塞化使得葡萄牙垄断了东西方海上香料贸易的重要通道，占据马六甲以前，葡萄牙人运往欧洲的香料只是阿拉伯商队的四分之一，马六甲的占领是葡萄牙人垄断香料贸易的重要一环。葡萄牙不但通过马六甲的香料贸易获取了巨大财富，过船费、关税也是马六甲的一大财源。为了保证马六甲这个聚宝盆，葡萄牙人在马六甲特地留下了常驻分舰队，是葡萄牙人东方三大舰队基地之一。葡萄牙军舰火力当然更强，它和武装商船的主要区别除了火力外就是用途，武装商船是每年都要定期回航，军舰是长年驻扎巡航。葡萄牙舰队东方三大舰队基地是马六甲、霍尔木兹岛、果阿，其中果阿是主要基地，这三个舰队基地都是阿尔布尔克拿下的。1511 年 12 月，阿尔布尔克派出 3 艘船去香料群岛——摩鹿加群岛侦查，希望知道一千多个岛屿中出产最昂贵的丁香、肉豆蔻的岛屿是哪几个。三艘船在安东尼奥·德·阿布雷乌的指挥下找到了班达群岛，收获了满满两船肉豆蔻。安东尼奥·德·阿布雷乌自己带着收获去马六甲报捷，留下弗朗西斯科·塞朗继续寻找丁香。弗朗西斯科·塞朗似乎很有主角相，他的船只先是遇到了海难，而后又遇上了海盗。在和海盗激战中塞朗反败为胜，在自己的船只沉没后夺取了海盗的船只。塞朗在 1512 年到达了德那地岛，在德那地岛居民和临近的又一香料产地提多尔岛的冲突中，塞朗很明智的站在了德那地岛一边，赢得了德那地岛居民的支持，并娶了当地女子为妻。塞朗的努力让葡萄牙人在德那地岛上建立了要塞和贸易战，源源不断的丁香开始被运到葡萄牙人的商船。塞朗人生的最后岁月就是在德那地岛上度过，他一直和生死好友麦哲伦通信，后者在攻占马六甲后又回到了印度，他们的通信是麦哲伦环球远航的动力之一。阿尔布尔克在 1515 年去世，去世前他已经让葡萄牙人在香料战争中赢得了巨大优势。香料群岛的奥秘在阿尔布尔克死后被葡萄牙人逐步揭开，到了 1564 年葡萄牙人完全控制了香料群岛。阿尔布尔克去世的 1515 年，威尼斯商人也只好低下了头颅，向葡萄牙人购买香料，因为威尼斯人传统的老客户埃及那里实在没有货源了。与此同时，在欧洲和亚洲交界的君士坦丁堡，奥斯曼苏丹塞利姆一世也跃跃欲试准备在加入香料战争的赌局，他的家族也是老玩家，他本人也会改变香料战争的格局。

香料帝国的兴衰

香 料

塞利姆一世出生的奥斯曼帝国也和香料也有着不解的缘分。

土耳其人最早在小亚细亚站稳脚跟，就是因为曾帮助罗姆苏丹国赢得战争胜利。他们因此而获得了一条既不富饶也不值得羡慕的商业通道，作为自己430帐小部落的封地。这条商业通道就是香料贸易的通道，奥斯曼帝国开国皇帝奥斯曼带领土耳其人夺取了不少堡垒，用来收取往来香料商人的税款以壮大自己。

在塞利姆一世的时代，土耳其、苏丹都是通过阴谋和血腥夺取王座的。塞利姆一世也不例外，他是巴耶济德二世最小的儿子，却凭借着强硬的手段杀死了自己的两个哥哥和所有的侄子，甚至有谋杀自己父亲巴耶济德二世的嫌疑。在一向冷血的奥斯曼宫廷中，他的外号就是"冷酷者"。因此，对葡萄牙人来说，这是一个非常可怕难缠的对手。不过，塞利姆一世首先要对付的不是葡萄牙人，而是把目标对准了阿拉伯世界的另一个强国——波斯。1502年建立的波斯沙法维王朝用宗教信仰从奥斯曼帝国的土地上挖走了大批突厥部落。更重要的是，波斯沙法维王朝还介入了奥斯曼帝国王位之争，是塞利姆一世兄长艾哈迈德的支持者。

1514年4月，塞利姆一世率15万大军远征波斯首都大不里士。沙法维王朝的

统治者易斯马义亲率8万精锐骑兵在大不里士附近迎战奥斯曼军队，结果被奥斯曼加里沙尼近卫步兵配合火炮击败，沙法维王朝的首都大不里士被攻占。这次胜利没有彻底灭亡波斯，奥斯曼军队中的主力加里沙尼近卫步兵返乡心切。为了平息军中的不满情绪，塞利姆一世只好罢手。

塞利姆一世的目的就是垄断阿拉伯世界所有的香料生意，奥斯曼大军凯旋的兵锋转向了埃及和叙利亚。"匹夫无罪，怀璧其罪"，亚历山大和黎凡特地区这两个香料贸易的中心恰好在埃及马穆鲁克王朝的统治下，埃及马穆鲁克王朝只好和强敌苦战。马穆鲁克王朝的骑兵与奥斯曼的西帕西骑兵相比，并没有优势。他们的步兵也根本不是使用火枪的奥斯曼加里沙尼近卫步兵的对手。在火炮应用上，奥斯曼军队的优势更加明显。在多次会战中，埃及人屡战屡败。

1517年1月20日，最后的决战在开罗打响。埃及马穆鲁克王朝的苏丹突鲁亲自率领骑兵对奥斯曼军队展开冲锋，却在奥斯曼帝国的大炮面前败下阵来。马穆鲁克军队阵亡两万多人，苏丹突鲁在战斗中被俘处死。埃及马穆鲁克政权拥立的哈里发穆塔瓦基勒也被塞利姆一世俘获，被塞利姆一世投入大牢。塞利姆一世在监狱中百般折磨这个倒霉的哈里发，逼穆塔瓦基

◎ 奥斯曼帝国苏丹塞利姆一世的画像。塞利姆一世灭亡了埃及，重创了波斯，莫卧儿王朝的巴布尔也得到过他的帮助。当时奥斯曼的火器部队是阿拉伯世界最强的，巴布尔南下印度时使用的火枪和火炮就是由塞利姆一世提供的

◎ 奥斯曼士兵

勒交出"哈里发"称号，但塞利姆一世未能如愿。穆塔瓦基勒靠着坚强的意志熬了过来，反倒是塞利姆一世先死去了。塞利姆一世死在 1520 年，他让奥斯曼帝国在阿拉伯世界彻底称雄，也垄断了阿拉伯世界的香料贸易。从这以后，奥斯曼帝国进入了全盛时代。在埃及人丧失红海的制海权后，塞利姆一世还将枪支、弹药和其他军需物资送往埃及，同时派遣造船工程师和水手去帮助马穆鲁克人重建红海舰队。这支舰队在 1517 年谢利姆征服马穆鲁克王朝之后保留了下来。1525 年，土耳其人重建苏伊士（Suez）海军基地。五年后，他们

已在印度洋站稳脚跟，在阿拉伯海的要冲巴士拉（Basra）建起了新港口和舰队。

这场大战后，奥斯曼取代埃及成为了香料之路上的大玩家。有意思的是，奥斯曼虽然和威尼斯进行了几十年的战争，但在香料贸易这个问题上双方利益还是一致的。奥斯曼在占领埃及后，就派出舰队援助印度。和埃及人不同的是，当时的土耳其人在火炮技术上并不落后于西方。印度人很快就从土耳其人手中获取了制造大口径火炮的技术。葡萄牙人攻占印度城市，夺取香料的难度加大了。

葡萄牙人对香料的胃口越来越大，虽

然他们在全盛时期控制了亚洲香料产量的十分之一，但非洲的香料业务他们也并不嫌弃。北非最大的香料产就是摩洛哥，摩洛哥本身就是番红花（又名藏红花，其实和西藏没关系）的重要产地，又占有了北非—西非食盐黄金交换贸易的暴利，是葡萄牙人眼中的肥肉。

一公斤番红花需要手工采集20万朵番红花才能得到，在今天的国际市场上售价也高达每公斤4000英镑（折合四万多人民币）。番红花是北非摩尔人带入伊比利亚半岛的，因此葡萄牙和西班牙非常了解番红花的原产地，这也是葡萄牙最早将征服目标对准摩洛哥的原因之一。

1513年，曼努埃尔派兵远征摩洛哥阿泽穆尔，摩洛哥守军不战而逃。1514年，葡萄牙摩洛哥远征军统帅努诺·阿太德用少部分兵力奇袭摩洛哥旧都马拉喀什，被马拉喀什守军发现，并被数量上占绝对优势的守军击退。努诺·阿太德的偷袭算得上是胆大妄为，但其在战斗中做到了全身而退，且自身的损失非常轻微。这种传奇经历对当时的欧洲人来说很有噱头，这场失败的战斗因此而声名大噪。努诺·阿太德为自己赢得了荣誉，却没为曼努埃尔的钱包增加厚度，曼努埃尔被迫放弃了自己在北非的据点。

阿尔布尔克去世后，他昔日的两名部下塞朗和麦哲伦依旧保持着联系，麦哲伦很自负的对塞朗写信，称他也会踏上香料群岛的土地，不过不是以葡萄牙人的方式，而是卡斯蒂利亚的方式。麦哲伦这么说是有原因的，因为阿尔布尔克生前并不喜欢

麦哲伦，在麦哲伦从印度返回葡萄牙后，阿尔布尔克给麦哲伦的鉴定报告上下的结论就是不称职。曼努埃尔在北非开疆扩土时，麦哲伦也一度在远征军中服役，并因伤致残不得不退出现役。麦哲伦最后直接向曼努埃尔国王申诉，向国王讨要从西面发现通往摩鹿加群岛航线的差事。曼努埃尔只想保留一条通道就是葡萄牙人控制的好望角通道，对这种可能让其他国家占便宜的建议无动于衷。两个人最后谈判破裂，曼努埃尔解除了麦哲伦的所有职务，气冲冲地告诉麦哲伦可以随时为外国政府效劳。麦哲伦在里斯本研究了不少理论著作后，又翻出自己和塞朗的通信记录，认定从西方出发可以到达摩鹿加群岛。麦哲伦在里斯本还遇到了富格家族在葡萄牙的代言人克里斯托瓦尔·德·哈罗，后者和葡萄牙王室刚刚闹了别扭。之前虽然曼努埃尔靠着垄断香料贸易赚取了巨大财富，但他的开支也一样巨大，为了维护开销，曼努埃尔也不得不向欧洲最大的银行家富格家族求助。富格家族的借款年利率和其他高利贷银行家一样是每年百分之二十五，而且要打折扣（即借款只给九成，但要按全部贷款额还款）。多年下来曼努埃尔国王也欠了巨额债务，而富格家族的要价也越来越高，在香料生意上也指手画脚起来，曼努埃尔和克里斯托瓦尔·德·哈罗闹翻了。于是，两个同样对曼努埃尔不满的人自然想到了前往西班牙。

当时在卡斯蒂利亚的王座上的是伊莎贝拉的外孙查理五世，他也是富格家族的重要客户。查理五世继承自己外公和外祖

◎ 环球航行寻找香料的麦哲伦

母的王位时（阿拉贡和卡斯蒂利亚合并要到 19 世纪，美洲殖民地是卡斯蒂利亚的产业，意大利那不勒斯和西西里属于阿拉贡，当时的西班牙海外商船挂的是卡斯蒂利亚的旗帜）就得到了富格家族的帮助，在继承自己祖父的神圣罗马帝国皇帝宝座时更是向富格家族借了数百万杜卡特的借款，当时美洲的银矿还没有大规模开发，美洲殖民地每年只能给查理五世带来二十多万杜卡特的回报。查理五世也非常眼热葡萄牙的香料贸易，自然满足了麦哲伦的要求。麦哲伦的计划最让查理五世心动的就是找到摩鹿加群岛，这不仅仅是因为摩鹿加群岛出产当时欧洲最昂贵的香料丁香和肉豆蔻，还因为在葡萄牙人攻占印度香料产地后摩鹿加群岛的胡椒产量也在暴增，在 60 年内产量扩充了三倍多。1519 年 9 月 20 日，麦哲伦带着五艘船从桑卢港出发开始了环球航行，他航行的过程和我们的故事无关，最后他死在了菲律宾。一开始随麦哲伦航行的 270 名船员当时已有大半死于坏血病和营养不良，五艘船也只剩下了两艘，但找到摩鹿加群岛找到香料仍像咒语一样驱使他们继续前进。最后麦哲伦的马来奴隶首先看到了德那地和提多尔岛。这两个岛屿是两座紧邻的孪生火山岛，巨大的两座火山就是他们的灯塔。德那地岛上的葡萄牙人也看到了西班牙人船只上的卡斯蒂利亚旗帜，在葡萄牙人呆滞目光的注视下，这群难民一样的水手前往提多尔岛大肆采购丁香。按照原计划他们采购香料后会沿着原路返回，横跨太平洋到达墨西哥，再沿着美洲大陆返回西班牙。但季风才是当

时航行的主宰，这群人被季风吹回了摩鹿加群岛。两艘船中的特立尼达号被葡萄牙人俘获，最后这艘麦哲伦曾经的旗舰上的水手活着回到西班牙的只有四个人。维克多利亚号只好把心一横在印度洋上和葡萄牙人捉迷藏，一旦它被葡萄牙人发现也是凶多吉少。在九个月的东躲西藏后，85 吨的维克多利亚号回到了出发地桑卢港，时间是 1522 年 9 月 6 日。它运回了 381 袋丁香，支付了五艘船的全部三年环球航行费用。消息传来，葡萄牙人的对策是立刻派兵直接夺取了德那地岛，并大肆增兵摩鹿加严阵以待。这种反应很快被证明不是多余，因为西班牙人也派出了军队抢占摩鹿加。经过长时间的争夺，以逸待劳的葡萄牙军队击败了西班牙军队。除了先期准备优势外，葡萄牙人补充兵力和装备也比穿越整个太平洋而来的西班牙人方便，但西班牙人占据了"群众基础良好"的提多尔岛。这个基础是建立在德那地和提多尔每年开战的基础上，葡萄牙人站在德那地岛一边，自然提多尔人就拥护西班牙人。西班牙人无力再战，只好在两国交界的边境城镇巴达霍斯扯皮，两国外交官和地理学家争论的焦点就是摩鹿加群岛属于"教皇子午线"的那一边。最后结束争论的不是战争，而是查理五世的婚礼，查理五世在 1529 年以 350000 杜卡特的价格将摩鹿加群岛彻底卖给了葡萄牙人。

西班牙人暂时放弃了对香料贸易的角逐，但葡萄牙人还要应付奥斯曼帝国的挑战。曼努埃尔去世时（1521 年）留给自己儿子约翰三世（诺奥三世）的并不是金山，

而是沉重的债务。维护香料贸易霸权的开支越来越大，葡萄牙在16世纪初只有150万人口，却要维持10000人规模的殖民者队伍，其中半数是军队，仅每年损失的船员就高达百分之十二，此外每年还有大量的士兵因为战争和伤病去世。更让葡萄牙政府心寒的是印度的王公们也和自己争夺兵员，将薪水提高好几倍挖墙脚，保持香料贸易的霸权成本提高了许多，香料的价值却降低了。葡萄牙人运往欧洲的香料，利润已经不是达·伽马时代的动辄十倍、几十倍。16世纪中期的每金塔尔（33公斤）香料运到里斯本的成本是14克鲁扎多，而欧洲安特卫普的售价是33克鲁扎多，相对而言香料的暴利已经缩水了。威尼斯商人也没有被葡萄牙人挤垮，威尼斯商人经常随着葡萄牙武装商船采购香料。葡萄牙人并不是优秀的商人，他们在霍尔木兹岛上也建立了香料批发站，给阿拉伯走私商人和威尼斯人提供了便利。葡萄牙人在1521年以后的策略就是尽可能地减少开支，但奥斯曼帝国却有连根拔掉葡萄牙香料贸易基础的打算。1531年，葡萄牙人试图夺取果阿北面的第乌，由于果阿就是葡萄牙人在东方的海军大本营，所以葡萄牙人集结了号称是印度洋上前所未有的海上力量，结果遭到了失败。统治第乌的古吉拉特邦君主巴哈杜尔沙赫打退了海上的敌人后，又迎来了莫卧尔帝国在陆地上的挑战。巴哈杜尔信心全无，甚至一度打算逃往圣地麦加。最后他无奈之下只好和葡萄牙人和好，免得自己腹背受敌。葡萄牙人得以进驻第乌岛，在第乌岛上迅速修建了要塞。

莫卧尔王朝的军队刚退出古吉拉特，巴哈杜尔沙赫就后悔了自己引狼入室的决策，他联合西印度众多土邦君主组成联军一道对抗葡萄牙人，为了增加自己的胜算，奥斯曼帝国的海军也在他的邀请之列。1538年，奥斯曼海军从红海出发来到印度加入到围攻第乌的行列中来，他们的加入使围攻第乌的印度联军增加了火炮优势。第乌岛上的葡萄牙人痛苦地发现异教徒手中的火炮口径更大、射程更远、威力更强，还好当时的棱堡建造技术让葡萄牙人拥有了防御优势，联军的火炮一时间奈何不了第乌的要塞。第乌的围攻持续了一年，到了1538年末，奥斯曼海军和巴哈杜尔沙赫在并肩作战中起了冲突，奥斯曼海军一气之下返回了土耳其。1539年初，季风送来了葡萄牙人的援军，巴哈杜尔沙赫只好讲和。1546年，古吉拉特邦再次组成了印度、奥斯曼、埃及的联军围攻第乌。古吉拉特邦的新君主穆罕默德比自己的前任巴哈杜尔沙赫聪明得多，他收买了第乌城内的葡萄牙守军充当内应引爆军火库，还找来了以前在葡萄牙军中效力的意大利人充当参谋，穆罕默德和联军的配合上也没有问题。第乌葡萄牙守军只有两百多人，他们的指挥官马斯卡雷尼亚斯第一时间内发现了穆罕默德的图谋，清除了叛徒。但土耳其人的加盟让葡萄牙人火力优势不在，为了确保第乌万无一失，在第乌守军苦撑了八个月后，葡萄牙总督卡斯特罗收集了东方葡萄牙所有机动兵力投入到第二次第乌围攻战中，"以整个印度为赌注"击败了阿拉伯联军。奥斯曼在印度的冒险没有成功，却也加大了葡萄牙人的香料贸易成本，他们重新为红海和黎凡特地区的香料贸易赢得了优势。1554年，威尼斯商人在亚利山大城一次就购买了600包香料，控制红海印度洋香料贸易航线的奥斯曼帝国从中获利巨大。1560年，葡萄牙人在黎凡特的密探建议报里斯本还是从亚历山大和黎凡特进口香料为好，因为这两个地方的香料价格上更有优势。为了更好地攫取香料利益，葡萄牙人开始在摩鹿加群岛进行军事冒险。1570年，葡萄牙人绑架了一向和自己关系良好的德那地岛苏丹，德那地岛居民对这种背信弃义的行为感到无比愤怒，围住了葡萄牙人的堡垒，一场连续5年的包围战就此爆发。葡萄牙人的堡垒和火器再次帮助他们抵挡了人数上占有绝对优势的德那地岛土著居民的进攻，后者不得已只好把葡萄牙人团团围住。马德里当局对于葡萄牙人的大冒险却不闻不问，接连5年时间内都没派出援军，而土著人的围困决心很坚强，用尽一切手段断绝葡萄牙守军的补给。倒霉的葡萄牙冒险家在饿了5年之后，只好释放了德那地岛苏丹。葡萄牙人的武装商船也成了法国等国家海盗的猎物。法国国王弗朗西斯一世根本就不把教皇子午线的权威放在眼中，他声称："阳光照到别人身上，也照到我的身上。如果亚当的遗嘱有剥夺我参与分割世界的权利这一条，我倒很愿意拜读拜读。"

西班牙人在美洲没有找到香料，却找到了黄金和白银。1545年，波托西银矿被西班牙人发现。到16世纪下半叶，查理五世的儿子菲力二世登基为王时，西班牙人在美洲的收益从每年二十多万杜卡特变成了两百多万杜卡特。西班牙人的海外收益开始大幅度超过葡萄牙，哈布斯堡家族统治了半个欧洲和大半个美洲，最后连葡萄牙的香料也成了哈布斯堡家族的囊中之物。1557年，葡萄牙国王约翰三世去世，留下了三岁的孙子塞巴斯蒂安继承王位。塞巴斯蒂安的叔祖（约翰三世的兄弟）亨利（又名恩里克）是葡萄牙红衣主教和宗教裁判所的领导人，也一手扶持壮大了耶稣会，在葡萄牙朝野内有着巨大影响力，当仁不让的成了塞巴斯蒂安的摄政王。塞巴斯蒂安的成长经历可以说是毫无亮点，他既不是学霸型的君王，身体素质也不出众，在竞技场上没有取得佳绩，但塞巴斯蒂安却自认为自己是命运的宠儿，世界舞台当之无愧的主角，时刻以骑士国王自居。1574年，塞巴斯蒂安介入了摩纳哥的冲突，摩洛哥是北非的香料产地，也是葡萄牙人香料贸易开始的起点，但最终它也将埋葬葡萄牙阿维斯王朝。当时摩洛哥正在进行内战，塞巴斯蒂安以为有机可乘，就主动支持较弱的一方，试图在摩洛哥内战中捞一笔。

1578年塞巴斯蒂安正式开始了自己对摩洛哥的大规模远征，他集结了两万多军队，其中半数是葡萄牙人，半数是欧洲各地的雇佣军。当时的葡萄牙总人口是一百五十多万，塞巴斯蒂安的远征军一下子就占了总人口的近百分之一（只算葡萄牙人），可以说是空前的豪赌。1578年6月，塞巴斯蒂安开始出兵，为了获胜他特意取出了葡萄牙开创者阿方索·恩里克斯的盾牌和宝剑。塞巴斯蒂安的对手是摩洛哥苏丹阿布杜勒·马立克，他一开始也被这个阵容震惊了，对塞巴斯蒂安的大军不做抵抗，希望就此打消塞巴斯蒂安的敌意。塞巴斯蒂安得理不饶人，继续进攻摩洛哥，而阿布杜勒·马立克也从塞巴斯蒂安的行军过程中看出了这是一个初出茅庐的菜鸟指挥官，军力虽然庞大，却不足为惧。塞巴斯蒂安的进军就像黔之驴一样让对手看出了弱点，而他本人却一无所知，被阿布杜勒·马立克牵着鼻子走到了阿尔济拉背后的山区。塞巴斯蒂安试图用骑士冲锋一样用突击击败对手，因此发现敌人踪迹后毫不吝啬部下的体力，高温、干旱加上行军的疲劳让葡萄牙大军的体力和士气消失殆尽。1578 年 8 月 5 日，摩洛哥军队突然在阿耳卡塞尔克比尔向塞巴斯蒂安发出了挑战，后者又被敌人引入了无坚可守的理想埋伏圈。战斗进行到 8 月 5 日的黄昏就结束了，阿方索·恩里克斯的盾牌和宝剑并没有保护自己的后裔取得胜利，塞巴斯蒂安下落不明，他的大部分士兵都在战场上阵亡。摩洛哥的滚滚黄沙之下到处都是葡萄牙远征军将士的尸骨。幸存者没有看到国王阵亡的一幕，摩洛哥人俘获的数百名葡萄牙贵族中也没有他。

葡萄牙的王位顿时没了主人，塞巴斯蒂安的叔祖红衣主教、已经年满七十的亨利只好勉为其难地坐上了王位。非常不幸的是，作为教士的亨利职业操守不错，一直没有私生子，葡萄牙王位依旧面临后继无人的危机。除了亨利外，葡萄牙国内离王位最近的两个人分别是布拉甘沙公爵夫人，及约翰三世兄弟的私生子安东尼奥。布拉甘沙公爵夫人是曼努艾尔的孙女，但她的丈夫布拉甘沙公爵非常不得人心，据说是全葡萄牙最可憎的人。有这样一个极品老公，布拉甘沙公爵夫人在葡萄牙支持率低得可怜。安东尼奥人缘很好，但曾公开表示自己不想继承亨利的衣钵，虔诚又老派的亨利也看不上安东尼奥这种离经叛道的私生子。1580 年 1 月 31 日，亨利去世，这两个候选人都没有得到葡萄牙人足够的支持，而葡萄牙王室的亲戚——西班牙国王菲力二世此时已经准备好接受葡萄牙的全部香料生意了。

菲力二世收买了以马斯卡雷尼亚斯（第乌之战葡萄牙人指挥官）为代表的大批葡萄牙带路党为自己摇旗呐喊。6 月份，2 万名西班牙士兵在阿尔瓦公爵的带领下进入葡萄牙，很快击败了安东尼奥临时组织的武装力量。

安东尼奥不得不跑到法国和英国寻求支持。在法国，他和法国王太后凯瑟琳美迪奇订立了盟约。盟约规定他将用巴西的土地换取法国的支持，他找到的法国外援在海上被西班牙海军轻易击败。在英国，安东尼奥赢得了和德雷克并肩作战的权力。1589 年，无敌舰队覆灭后，德雷克统帅英国海军准备攻占里斯本，安东尼奥就是英国人的带路人。不幸的是，安东尼奥似乎自带失败光环。在他的影响下，德雷克也吃了少有的败仗。

最后在西班牙武力的胁迫下，西班牙和葡萄牙合并。阿维斯王朝开创的香料垄断贸易成了伊莎贝拉和费迪南后裔的嫁衣。

新教徒的香料梦

（香）（料）

西班牙成了欧洲香料贸易的主宰，它的力量和财力都远超葡萄牙，就连奥斯曼帝国也在勒班托海战中输给西班牙海军。但只要香料贸易的暴利存在一天，和香料有关的劫掠和战争就不会消除。1579 年，英国海盗德雷克带领金鹿号途径德那地岛，用抢劫自菲力二世的黄金购买了足足一船丁香，顺便和岛上的苏丹签订了建立香料贸易站和加工厂的贸易协定，这是新教国家插足香料贸易的开始。菲力二世得到葡萄牙王座后，把摩鹿加的香料看成是自己的禁脔，对这种挑衅自然不容放过，西班牙驻伦敦的大使正式提出要德雷克的脑袋。德雷克的脑袋自然没事，因为统治英国的伊丽莎白女王自己就入股了德雷克的抢劫事业，这可是收益率高达 48 倍的生意。有了共同的利益德雷克得到了英国的大力支持。德雷克和德那地苏丹的生意没有继续做成，却给了英国商人组团抢劫做生意的灵感。在整个伊丽莎白女王统治的四十五年时间里，英国合法和非法的海盗们一共掠夺了一千二百多万英镑的财物，平均每年接近 30 万英镑，而英国人建立的东印度公司初始资本金也不过是 30133 英镑 6 先令 8 便士。英国人掠夺的商船中，最多的就是西班牙运送金银的船只和葡萄牙香料船，特别是葡萄牙香料船上的水手在经过长期的航行后会丧失大量船员，是理想的

掠夺对象。西班牙人也不总是劫掠的受害者，西班牙阿尔瓦公爵本人的军队就是烧杀抢掠的高手。他的部下在菲力二世宣告破产，无力支付工资时在尼德兰大肆烧杀，毁掉了香料交易中心安特卫普三分之一的市区。菲力二世要用葡萄牙的香料贸易维持自己庞大的军费开支，无形之中也把香料贸易战争混入到整个新教、天主教宗教战争中了。不光天主教的法国眼红葡萄牙香料贸易，新教的英国、荷兰也把扩军备战的财源打到了香料身上。尼德兰地区是西班牙帝国经济的核心所在，也是查理五世的出生地，它为西班牙帝国提供了超过 6 成的工商业和赋税。菲力二世即位之初就和尼德兰本土势力起了冲突，再加上宗教矛盾，尼德兰北方终于形成了联合行省共和国——即荷兰共和国。"拿骚的莫里斯"率领着自己的荷兰军队和西班牙人鏖战不休，战争的结果是荷兰人赢得了独立，不过主要原因是菲力二世因为战争的巨大开销而不得不停止在荷兰发动新的攻势。战争是最大胃口的吞金兽，1598 年在菲力二世去世时，他把欧洲债务纪录的上限提高到了一亿杜卡特金币，是自己继承父亲查理五世债务额的五倍。西班牙人债台高筑，荷兰人也一样损失惨重，连年的战争就发生在了荷兰的土地上，荷兰人的工商业饱受战火摧残，荷兰金融业也因为独立而彻

◎　荷兰商务代表科内利斯·范登与印度人的会谈，企图开拓香料业务

底失去了向西班牙政府讨要债务的权力。荷兰人急需开拓新的业务，香料生意就成了他们的重点。因为在1594年葡萄牙人被迫听从菲力二世的命令同荷兰断绝了经济关系，荷兰人需要自己寻找香料。1595年荷兰人的商船绕过好望角开始了自己的征程，葡萄牙人的海上力量面对新兴强敌无能为力，只好听之任之。1597年，第一艘满载着香料的商船返回了荷兰阿姆斯特丹，在它成功的背后是巴伦支等不幸的航海家的前赴后继。

1601年，英国东印度公司成立，它仿照的对象就是德雷克。1602年6月5日，

英国东印度公司以红龙号为代表的商船来到了香料群岛，而武装商船红龙号做成的第一笔生意就是抢劫了葡萄牙香料船。

同年，荷兰东印度公司（简称VOC）成立，它的资本金一开始就远远超过英国东印度公司，为650万荷兰盾（约合50万英镑，是英国东印度公司初始资本金的近17倍，它最大的私人股东一次就投入了相当于85000英镑的财产），当时50荷兰盾就可以兑换1盎司黄金。这是荷兰人全力经营东方贸易，侵吞香料贸易的开始。

从1595年到1601年，荷兰人在香料贸易上已经攫取了相当于230吨黄金的财

富，让战后的荷兰恢复了昔日的繁华。组建荷兰东印度公司的首要目的就是更好地垄断香料生意，因此荷兰东印度公司被荷兰政府赋予了发行货币、雇佣军队、管理殖民地、开战议和等一系列巨大的权力，是"巨大的战争和征服机器"。1603年，荷兰东印度公司成立的第二年，它就发动了抢夺澳门的战争。1607年，荷兰东印度公司抢占了安汶岛（在今天的印尼），安汶岛的特产就是当时最昂贵的丁香。英国东印度公司也接踵而至，荷兰东印度公司还不想多结仇怨，默认了对方在安汶岛

上开设商馆。荷兰人不断地将自己的势力渗透进摩鹿加群岛，甚至主动攻击葡萄牙人在东方的重要基地马六甲，试图占领葡萄牙人在香料群岛上的战略要地以制服对手。葡萄牙人在马六甲的指挥官门多萨只好效法自己的澳门同行，临时征召了大批日本浪人和葡萄牙人组成联军，在防御作战中击败了荷兰人的入侵。英国人很快又占据了巽他海峡，葡萄牙人对香料群岛的控制大大降低了。1610年，荷兰东印度公司用2700盾在印尼爪哇岛购得一片土地，这片土地被河流和沼泽环绕所以价钱并不

贵。1619 年，荷兰和英国为了争夺这块土地爆发了冲突，荷兰人取胜，烧毁了英国办事处。这块土地被命名为巴达维亚，是荷兰东印度公司亚洲香料贸易的中心，它就是今天印尼首都雅加达的前身。巴达维亚这个名字是为了纪念荷兰人的祖先巴达维亚人。早年的巴达维亚城被河流和沼泽环绕，热带疾病泛滥，白种人的死亡率极高，是香料的暴利吸引着荷兰人在这里定居。荷兰人脚跟站稳后，同样是新教徒的英国人就成了眼中钉。英国东印度公司 1617 年在摩鹿加群岛的望加锡建立了贸易点，望加锡并不出产香料，它只是稻米的出产地，但荷兰人却肆意抬高香料收购价格试图挤垮英国人。荷兰人不同于葡萄牙人，他们是第一流的商人和会计，也最早明白垄断

的暴利。为了垄断香料行业，荷兰人对英国人也祭出了武力的招数。1619 年，荷兰东印度公司利用自己的优势海军力量俘获了四艘英国商船，英国商船船员被戴上脚镣充当奴隶。英国东印度公司不甘示弱也采取了报复措施，但双方实力悬殊，英国人的报复能力远远不如荷兰人。之后英国、荷兰签署合约，这是一份强买强卖的合约，合约强行规定了英国人收购的香料种类和数量，并且英国人必须负责安汶岛荷兰人一半的驻扎费用。

在香料的其他产区和贸易点，葡萄牙人一样面临着挑战。1612 年，英国东印度公司的船队在托马斯贝斯特的率领下击败了葡萄牙人，这次胜利让英国东印度公司赢得了在莫卧儿王朝统治下的苏拉特修建永久据点的权力。莫卧儿在印度次大陆所向无敌，但在海上对葡萄牙人无可奈何，只好想出了以夷制夷的主意。1615 年英国东印度公司的海上力量在尼古拉斯·当唐的统领下再次在苏拉特海面击败葡萄牙人，葡萄牙人对印度洋的控制无可奈何的松懈了。1622 年，远在中东的波斯阿巴斯大帝也看出了葡萄牙人海上力量的衰弱，他联合英国人夺去了霍尔木兹岛，葡萄牙人失去了在中东地区最重要的香料转运站。葡萄牙人丢失的香料生意份额越来越多，它的繁华和荣光也就一区不复返了。1640 年

葡萄牙人再次赢得了独立，布拉甘沙王朝建立。葡萄牙独立的第二年（1641 年）荷兰人就抢夺了马六甲作为贺礼，1656 年 5 月 12 日荷兰人攻占了科伦坡，再次打击了葡萄牙人在香料贸易中的地位。有趣的是荷兰人进攻锡兰还是锡兰人自己邀请的，但很快锡兰人就发现自己请来的是什么样的魔鬼。锡兰人开始反抗荷兰人，激烈程度到了"岛上的每一块石头都反对荷兰人的地步"。荷兰人在香料贸易中的角色就是地地道道的垄断资本家角色，为了垄断香料的暴利，1621 年荷兰东印度公司的总督科恩在班达岛上进行灭绝性的种族大屠杀，将 15000 名班达岛居民消灭到只剩下 1000 人，荷兰人用爪哇岛的奴隶解决了大屠杀造成的劳动力不足的问题。为了解决刽子手不足的问题，荷兰人还请来了日本浪人帮忙。荷兰人严格限制摩鹿加群岛上的香料种类和香料产量，任何到达他们势力范围内的外来者都会被当成是敌人。1623 年 2 月 4 日，荷兰人寻找借口在安汶岛上处死了 10 个英国人、9 个日本人[①]、1 个葡萄牙人，宣告了英国荷兰关系的彻底终结。英国人也对荷兰人在班达岛上的屠杀大加讽刺，全英国都在上演嘲笑荷兰人为了财富不择手段的卑劣行为（虽然后来的英国人也好不到哪里去）。

1616 年，英国东印度公司的纳森尼

[①] 当时有很多日本浪人在东南亚地区充当雇佣军，这里面既有经济的因素，也有政治、宗教的因素。当时日本国内局势不稳，常年的政治、军事斗争导致大量浪人流落南洋，德川幕府对基督教的敌视态度也让一些信奉基督教的日本人更愿意乔迁至欧洲及其殖民地。

尔·科普特因为贪污被公司流放到摩鹿加群岛，但他却因势利导为英国人夺取了鲁恩岛。鲁恩这个今天不起眼的小岛因为盛产肉豆蔻，在英国人眼里好比王冠上的明珠，甚至连英国国王詹姆斯一世都自豪地宣称自己是"英格兰、苏格兰、爱尔兰以及鲁恩之王"。此后的四年时间里，荷兰人发起了多次对鲁恩岛的争夺，科普特用尽了自己的好运，终于被荷兰人杀死。鲁恩岛最后的结局是在第二次英荷战争结束后被英国人换取了另一块土地的所有权，当然荷兰人认为自己非常划得来，因为那块土地是荷兰人用烈性酒和玻璃珠从印第安酋长手中换来的。那块土地的名字叫新阿姆斯特丹，荷兰人为了防御英国人还特意在该地修建了一堵墙。因为第二次英荷战争的英军统帅是查理二世的兄弟约克公爵（即后来的詹姆斯二世），所以这块土地被英国人改名为新约克，也就是纽约，那堵墙所在的地方就是现在的华尔街。

荷兰人为了香料不光在摩鹿加群岛上实行严格的垄断措施，在本国也是如此。荷兰人每年都在本土举行香料篝火聚会，以实现物以稀为贵。比如在1735年，荷兰人就把125万磅价值1600万里弗尔的肉豆蔻投入了篝火之中，试图捡起这些香料的人都会被荷兰人投入监狱。荷兰人垄断丁香和肉豆蔻的另一措施就是减产，比如17世纪初的丁香总产量是每年四百多吨，而在17世纪五六十年代荷兰人成功地将产量降到了每年180吨，这种做法让荷兰人获得了最高12倍的惊人暴利。

香料价格的暴涨固然让荷兰人获得惊人暴利，但也让越来越多的欧洲人认为香料是腐化堕落的象征，医学的进步也让欧洲人不再迷信香料，香料尤其是丁香渐渐在欧洲人那里风光不再。到了17世纪末，荷兰东印度公司不得不把丁香的价格降低到每磅3.75荷兰盾（当时荷兰中产阶级家庭年收入不过150荷兰盾，虽然降价也不便宜），比起17世纪五六十年代的每磅7.5荷兰盾可谓是挥泪大甩卖了。到了17世纪末，荷兰东印度公司控制下的丁香生产已经供过于求，价格大跌，荷兰东印度公司不得不依靠棉布和蔗糖贸易作为自己的主要盈利点。

与此同时，荷兰人和当地土著的战争却在丁香大跌后此起彼伏，让荷兰东印度公司疲于应付。不过真正为荷兰人香料贸易画上句号的是法国人普瓦尔夫，一个独臂的海上冒险家。他像普罗米修斯盗取火种一样在1776年把丁香苗种带到了法国殖民地塞舌尔。此后丁香在非洲的马达加斯加、桑给巴尔等地安家落户，产量与日俱增，甚至到了如今印尼反而成了丁香的进口国。1795年英国人占领了锡兰，肉桂也扩散到了全世界各地。拿破仑战争期间，英国海军占领了摩鹿加群岛，肉豆蔻也被扩散到槟榔屿和新加坡。1843年，肉豆蔻更随着英国海军的脚步扩散到了格林纳达，今天的格林纳达国旗上就有肉豆蔻的图案。香料暴利时代的终结也让香料战争成了明日黄花，今天全世界的香料贸易加起来不过15亿到20亿美金之间，比不上一架B2轰炸机的价格，为香料流血自然成了历史名词。

酒

第五章

酒的鲜血

酒是欧洲军队行军打仗的必需品，欧洲人没有中国人喝开水的习惯，而喝凉水必然造成军队产生大量的病员。因此中世纪及近代基督教国家的军队在行军时必然会大肆搜刮啤酒、葡萄酒等酒类资源作为饮料。此外，欧洲军队也普遍使用烈性酒精来为伤员消毒或充当麻醉剂。也正因如此，烈性酒中的威士忌和白兰地并不是普通士兵能随时享用的便宜货色，它们一般是军官阶层的饮料。由于担心士兵喝酒误事，当时的军队对这类烈酒的管制通常非常严格。普通士兵只能通过两种途径获得这类烈酒：第一种途径是向随军商人购买。这类烈酒通常会比普通饮用酒贵 10 到 20 倍，普通士兵喝不了几杯就会花光当月的工资。拿破仑时代的埃劳战役结束后，华沙的犹太商人用雪橇拉来好几桶白兰地卖给那些冻坏了的法军士兵，一杯竟卖到了 6 法郎！要知道当时一名法国列兵的基础军饷只有每天 0.3 法郎。另一种途径就是负伤。在巴斯德消毒法发明以前，欧洲军医处理化脓伤口只有两个办法：一是拿酒精消毒，而烈酒就是当时最好的消毒剂；二是快速切除受伤的肢体。那个时代的外科手术和木工锯木头基本上差不多，军医们会给伤员灌烈酒，然后在几分钟之内把伤者的肢体锯掉，法国军医只需 90 秒就能完成一次截肢手术。

欧洲军队里，最爱痛饮的可能就是哥萨克人了。在大规模的军事行动开始前，哥萨克的勇士们往往都会开怀畅饮，以至于波兰人将哥萨克群落是否大规模聚集起来喝酒作为判断他们是否将要出征的依据。

哥萨克人虽然嗜饮，作战却并不含糊。"札波罗热人"是黑海地区哥萨克的俗称，这群乌克兰的哥萨克与他们在顿河的亲戚不同，他们是波兰军队最好的堑壕战步兵。17 世纪初，札波罗热人曾不断侵扰奥斯曼帝国，面对这群胆大妄为的家伙，奥斯曼帝国似乎也没有太多的办法。

在当时，一位称职的哥萨克首领必须要有强硬的手段和豪爽的性格，而具备这

◎ 油画《札波罗热人给土耳其苏丹写回信》，俄罗斯画家伊利亚·叶菲莫维奇·列宾

些性格品质的表现就是开怀畅饮。哥萨克人的冒险并非局限在东欧一角，他们在狂欢烂醉中战斗，也在醉眼蒙眬中打量沙俄、波兰、瑞典、奥斯曼等多股势力。他们可以为了上帝和东正教去解救黑海的奴隶（黑海的奴隶是奥斯曼后宫和达官贵人奴仆的主要来源，但奴隶中有很多人并不想被哥萨克解救，认为在异教徒的豪宅中做奴隶好过被哥萨克解救），也可以为了金钱抢

劫自己的基督教同胞。他们可以为了自己民族的独立和波兰翻脸，也可以为了对抗波兰而屈服于奥斯曼帝国和沙俄。当彼得大帝和瑞典的查理十世争雄时，乌克兰的哥萨克成了左右战局的重要力量。最后的结局是哥萨克人放了查理十世的鸽子，让查理十世输掉了"大北方战争"。大概是因为同样酷爱豪饮的彼得大帝更讨哥萨克人喜欢吧（查理十世则烟酒不沾）。

东方酒酿与各色"鸿门宴"

酒

其实中国本土酒的起源传说就和战争密切相关。传说夏朝时，夏王子杜康遇到了叛乱，不得不流落民间无意中发明了酒，这个中国最早品牌的酒就是杜康酒。实际上最早的酒是祭祀阶层的发明，不是某个人灵机一动的产物。促使酒度提高的主导因素是酿酒者对原料进行了科学甄选。这时期的酿酒界已经开始将食用谷物与酿酒谷物分开使用了。当时北方酿酒者基本上会选用黏性较大、出酒率较高的"黍米"为原料，就是我们今天的制作黄年糕用的大黄米；南方用糯米，当时称之为"秫（shú）谷"，并不是今天所指的高粱。

陶渊明就是个酒徒，在他担任县令的时候，就经常下令要多种酿酒的谷物，表示"令吾常醉于酒足矣"，后来是他妻子坚决反对才作罢。这也从侧面表明，当时的人们已经有了专门种植酿酒谷物的意识。

对于中国酒来说，最重要的改进之一就是汉代出现的新型酿酒法"九酝酒法"。这之前，酿酒最简单的办法就是把酒曲和粮食煮成半熟晾着，添上水闷，或者就是酿出来把过去的老酒再倒进去一点儿。九酝酒法使用的则是连续投料法，这种投料法也和战争有关。

相传三国时期，曹操曾将家乡亳州产的"九酝春酒"，进献给献帝刘协，并上表说明九酝春酒的制法，献帝饮过此酒后啧啧称赞："真乃天赐美酒"，于是命人年年进贡，"贡酒"最初的名字由此产生，而九酝酒法这种制法被小心地保存在皇室，后来几经波折流传到今天。"用曲三十斤，流水五石。腊月制曲，正月冻解。用好高粱，三日一酝酿，九日一循环，如此反复……臣得此法，酿之，常善。"这就是曹操所进献的九酝酒法的独特秘方。根据现代人依据此法所进行的酿酒复原，九酝酒法所酿之酒口感醇厚，香醇似幽兰，黏稠挂杯，回味悠长。

九酝酒法中提到了一个专业名词"曲"。制曲在秦汉形成了专业生产。一部分汉代酿酒者把精力关注在制曲方面，想方设法提高酒曲的发酵能力，以求酿出度数高的酒。也就是说，酿酒者和制曲者分开了，有专门制曲的技术人员了，并且专门制曲出售。汉代已经能把散装麦曲加工成饼状，居延汉简中还记载了酒曲的售价，同一地区的酒曲售价差别很大，可见质量相差也大。

总体上，汉代所造酒曲的发酵能力仍然比较弱，因此汉代酿酒虽然用曲量大，但酿出的酒度数仍然不高。

另外，汉代酒很可能是翠绿色的，因

为当时人们在培育微生物种群的时候不能保证酒曲的纯净，而酒曲的微生物种群就是绿色的。尽管周代就在强调酿酒的器皿要刷干净，但是古人的消毒技术不成熟，最多不过是反复蒸煮。比如当时医用时，水要煮三开才能洗伤口，那就是当时人们能达到的水平。所以酒曲中的霉菌就决定了酒容易变绿色，绿甚至成为酒的标志。之后随着人们改革制曲工艺，才逐渐把酒曲培育得更纯洁，酒就变成黄色的了。但直到唐宋时期酿成了黄色酒后，还有绿酒残留。

汉代还出现了各种香料酒，包括桂酒、椒酒、菊花酒等。这些酒都属于配制酒：有的是直接泡制，有的是在制曲过程中加入草药。其实古人为了让酒形成独特风格，在酒曲中加中药，这早在商代就有过记载。一种叫作"鬯（chàng）"的祭礼用酒，就是在曲中加了香草的酒，也有人说是加郁金香，不过到底配一种香草还是多种，尚未看到记载。

唐代可算是中国黄酒的起源时代。唐朝的人们改革了中国传统酿酒工艺，酿出了琥珀色的酒（虽然绿酒还占据了主要份额，当时人们普遍用"竹叶"来形容绿酒，这可能是著名的"竹叶青"酒名的来源）。唐诗中经常提到琥珀色的酒，比如李白的"兰陵美酒郁金香，玉碗盛来琥珀光"，还有"北堂珍重琥珀酒""春酒杯浓琥珀薄"。这种黄色、琥珀色的酒，属于谷物发酵酒中的优质酒，从色泽和外观上已开始向现代黄酒的标准靠拢。不过从味道来看，根据当时人的记载，这种酒应该很甜，没有充分酒化，和现代黄酒还是有很大的距离。

◎ 陶渊明

当时在酒曲中加中草药是为了增强它的发酵力，同时又能增强芳香度。这种加入药材或香料的配置酒在以后的历朝历代都有发展。至今南方酿米酒，还是用醪混合麸子一起掺到酒曲中。绍兴的黄酒是用辣蓼草参与发酵的，草药增强发酵力，而且还会有独特的香味。还有董酒，也保存了在曲中添加中药的传统。

这些酒的度数非常低，它们的酒精含量不超过百分之三，所以李白才能够"斗酒诗百篇"。中国出现蒸馏酒的时代是在金朝末年。成吉思汗在攻打金朝时就喝到了蒸馏白酒，他本人非常喜爱，却说蒸馏白酒度数高，会让人造成依赖，因此蒙古宫廷中的酒类主流还是马奶子酒和葡萄酒。明朝中后期北方流行的酒才变成了蒸馏酒，而南方依旧是黄酒的天下。中国蒸馏白酒占市场主流的时间并不长，今天可以证实的最古老的酒窖是明代万历年间的老窖，大部分的蒸馏白酒品牌的确切历史只

能上溯到清代。

跟欧洲一样，中国的君王也很早就发现了酒当中蕴含的经济元素。从汉武帝天汉三年（公元前98年）开始，中国历代政府就把创收达到了酒身上。御史大夫桑弘羊建议"榷酒酤"即酒专卖，但只实行了十七年，因在盐铁会上遭到贤良文学们的坚决反对，不得不作让步，改专卖为征税，每升税四钱。

东汉时为了保证粮食生产，政府一再下令禁止私人酒类贩卖，这是中国禁酒的开始。到了三国时代，为了保证粮食生产，酷爱饮酒写下过"何以解忧，唯有杜康"的曹操也不得不下令禁酒。还好另一个酒仙级人物孔融出于对美酒的忠诚，再三反对才让曹操解除了禁酒令。无独有偶酒豪刘胜的后人刘备也在夺取益州后下令禁酒，执行力度达到了只要发现酿酒工具就判刑的地步。

酒类专卖在宋朝达到高峰，宋朝政府对酒曲实行专卖。宋朝的军队也喜欢自己酿酒给自己增收，这是宋朝吸收五代十国时期各地军阀做派的结果。五代十国期间酒类专卖最著名的人物大概就是曹彬了。曹彬和后周建立者郭威有亲戚关系，得到了这个酒类专卖的肥差。一日某个军汉厚着脸皮向曹彬讨要官酒，要和自己的战友一醉方休。曹彬的官衔高于这个军汉，不过对于这个要求曹彬只是一笑了之。他对这个军汉说"我管的酒都是官家之物，不是我个人的，因此我不能拿这些酒做人

情。兄弟们要喝酒也不是不可以，我可以为你们买单。"说罢曹彬就自己出面请了这个军汉和他的朋友们。几年后这个军汉当上了皇帝，他就是赵匡胤，曹彬当年的做法既有原则性又有灵活性给赵匡胤留下了很深的印象。在统一中原的战争中赵匡胤重用了曹彬，留下了一段佳话。两宋军队可以近水楼台先得月的得到酒曲，酿酒方便，因此军中也有美酒，喜欢喝酒的将军不在少数。两宋军队中最精锐的部队就是岳飞的背嵬军，河北人称酒壶为"嵬"，可见背嵬军就是将领们身边给自己背酒的最亲信部队，战斗力自然没的说。宋朝唯一对酿酒不进行管制的地区是四川，因为当时四川还有不少地方上的少数民族并不太服从宋朝政府的管束，为了安抚他们，宋朝政府特许他们自己酿酒。

由此可见，自从有酒的那天起，酒和战争就有不解之缘。不光借助酒席除掉的对手的鸿门宴在人类历史上比比皆是，酒也是战场上英雄成色的试金石。项羽在鸿门宴上固然放走了刘邦，但在利益争夺方面却是实实在在的狠狠宰了刘邦一刀。鸿门宴上项羽通过武力威胁的手段从刘邦手中兵不血刃的夺取了关中的处置权，并把刘邦一方安置到刚开发的巴山蜀水之间。要知道，巴山蜀水之间当时可是被当作流放人的地方，秦王嬴政就曾把吕不韦、嫪 (lào) 毐 (ǎi) 的家人流放到那里去。可见在不见血的较量上项羽也不是良善之辈。

不过江山代有狠人出，项羽的手段被很多人学会并超越，石勒就是摆鸿门宴的高手。虽然石勒发迹后自称是羯族小部落

酋长之后，却拿不出一丝一毫可靠的证据来，连祖上姓氏名谁也说不上来，在石勒发家过程中也没有哪些羯族部落勇士主动找上门来投靠。石勒原先在并州乡下帮人种地当长工，有事没事还和乡里的年轻人互相打架斗气玩，还经常占不到便宜。石勒自己的武力值算不上多出类拔萃，早年没有名师教导也没家传绝学，只是凭着一把力气和人打王八拳。学武很费钱的，所谓"穷文富武"。找教师的授课费、练习器械的器材费用，苦熬苦练的营养费以及误工误时的费用算下来不是个小数字。弓马精熟、马上步下、多般武艺熟练的成本很高，过去练武都是乡间豪强居多，比如程咬金家其实就很有钱。但这种快乐、简单、辛苦的日子石勒也没过多久。八王之乱中司马腾为了弄军费帮老哥司马越助战，在自己领地上大肆贩卖除汉族外的其他各族百姓为奴，这些钱又被他大手一挥交给了拓跋鲜卑人好大一部分。"原来天下间人的价值就于武力的大小，伤害别人的能力的强弱。都是胡人凭什么我要被司马越、司马腾当成货物卖掉，拓跋鲜卑那些人能成为司马腾的座上宾。"在被贩卖过程中，石勒下了要变强的决心。

石勒被卖到冀州的一户家族中，主人名叫"师欢"，他看出了这个羯族小子眼中的不屈的斗志，这种人除非杀死否则不能降服，师欢不想造杀孽，因此对石勒很客气。在为师欢家里劳作之余，石勒还有机会四处闲逛，因此认识了隔壁为西晋朝廷公家养马的牧监小吏汲桑。两个胆大妄为的家伙臭味相投，很快聚集起十八名志

同道合的朋友。他们利用汲桑的职务之便，从牧监中领出朝廷的战马来为自己打家劫舍行方便。这十八骑很快闯出名头，抢出了一片天地。可以说，这纠集而来的十八骑四处打家劫舍的过程，也就是石勒一步步升级变强的过程。天下风云变幻很快，石勒等人刚有了收获，昔日河北最强的势力成都王司马颖在关中成了傀儡。司马颖的部下公师藩打出旧主的旗号在河北招兵买马，石勒等人就从四处打家劫舍的土匪流寇混出了编制。公师藩本事不大，但老战友众多，一上来就吸引了过去司马颖旧部参加，现成的组织方法大规模用兵经验让公师藩得以壮大，也让石勒明白了如何组织大兵团作战。好景不长，公师藩没和司马颖接上头，就被司马越一方的苟晞打得吐血，两战皆败，第一战公师藩元气大伤，第二战公师藩直接见老上司司马颖去了。

石勒、汲桑跑回老家，熟门熟路的摸回牧监，将牧监战马据为己有。石勒负责攻打各郡县、四处打砸监狱、看守所，收纳囚犯卖命，又广收各地亡命之徒，不分良莠扩充势力。

公元 307 年，汲桑再次打出为司马颖复仇的口号，在冀州造反。五月，石勒、汲桑就打下了冀州都督区的首府邺城。石勒作为先锋一马当先攻入邺城，这是这个羯族小胡第一次来到这座天下闻名的大城市。按照依往太平时代的惯例，邺城居民会用看乡下野小子的目光毫不留情的鄙视他一番，甚至会像洛阳人那样对石勒好好进行教育。之前在洛阳当小贩时，石勒曾因为仰天长啸制造噪音差点被西晋著名清谈家

王衍派人拿下。如今强兵在手，邺城却成了石勒予求予取和猎物，邺城男女都惊恐地看着骑在战马上的石勒，这种感觉让石勒很是受用。汲桑入城后，找到司马颖的棺木将其当作己方的圣物，希望司马颖可以保佑他们战无不胜。

结果证明这个主意很不靠谱，司马颖活着都做不到百战不败，死后才一年，更不能立马变成战神化身保佑石勒他们所向无敌。当然仗还要打，邺城被破，天下震惊，司马越再次派出苟晞出马。公元 307 年的苟晞实在忙得不行，因为他一人要在冀州、幽州、青州、兖州之间连续对阵王弥、石勒。苟晞、石勒在平阳、阳平数月间数战三十余场，互有胜负，谁都奈何不了谁，这也是石勒跻身一流高手的标志。苟晞能力确实很强，他是司马越争雄天下的最得力打手，石勒只用了两年多近三年时间，就能和这样的高手过招，堪称进步神速。

眼见苟晞干不过石勒这个泥腿子，司马越很讲义气的从官渡出来帮忙助阵，九月得到援军帮助的苟晞大胜石勒。石勒跑路，汲桑跑得慢，在乐陵被杀。

举目四望，也有刘渊才能收容石勒这样的天才反社会分子，于是石勒毫不犹豫抱上了刘渊的大腿。刘渊给石勒的第一个考验是拿下乌恒人张伏利度的队伍，不管用何手段。石勒此人口是心非，虽然嘴上声称要以刘邦、刘秀为榜样，看不起以诡诈起家欺负孤儿寡母的曹操、司马懿，一再声称男子汉作为大事要光明磊落。其实他自己也是玩诈术的高手，两面三刀的手法、演技一点儿不逊于司马懿。在收服张

◎ 《蕉林独酌图》

伏利度的过程中石勒将自己的诡诈伎俩发挥到了极致，先是用苦肉计哭到了张伏利度那里求投靠，让张伏得度以为石勒真的得罪了刘渊走投无路。而后在张伏利度的队伍中，石勒尽显悍匪本色，指点这群菜鸟劫匪如何更有效地打家劫舍。有了前辈的指点，乌桓马匪收益果然大增，石勒在张伏利度队伍中形成了自己的势力。短短几个月石勒就成了张得利度人马中的二把手，眼见时机成熟，酒宴上石勒突然出手降服了喝得大醉的张伏利度，让张伏利度人马认了自己做老大，这是石勒第一次成功的鸿门宴。

石勒的第二次摆鸿门宴发生在西晋灭亡后，设宴对象是石勒昔日的战友王弥。王弥的背景不同于石勒，他造反纯粹是喜欢这项刺激的运动。王弥的出身就是地方上的豪强游侠，家族势力不小，王弥和刘渊昔日也是好友，因此很看不起奴隶出身的石勒。刘渊在位时就建立了一国两制的传统，刘聪、刘曜作为亲信子侄统领本部匈奴大军和各族部落民众，汉人的统治则另有一套班底。这个制度保证了刘聪依靠族内大权和号召力轻而易举地击败刘和，同时高度独立化的将领军权也让刘聪不能过多干涉部下扩张势力。于是王弥根据自己同乡刘敦的建议选择了青州，并计划杀掉他一贯看不起的石勒。刘敦在西晋五次担任过司隶校尉，在监察御史任上也有出色表现。刘敦投降王弥后对杀掉石勒非常热心，主动提出替王弥联系王弥在青州的旧部曹嶷，希望两家联军夹攻石勒。刘敦带着王弥的亲笔信前往青州，结果在东阿被石勒骑兵发现并杀死。石勒决心将计就计再摆鸿门宴杀死王弥，王弥也一心要杀死石勒。但是双方都有各自的敌人，石勒的敌人是乞活军首领陈午，王弥的对手是刘瑞，陈午和刘瑞都是流民武装，但是穷极拼命之人，所以一时间两个枭雄人物都拿不下自己的对手。石勒为了让王弥相信自己的诚意，先主动放弃自己的对手陈午，反而帮助王弥击败了刘瑞。这份诚意让王弥放松了警惕，认为石勒人很实在，不顾自己部下张嵩的阻止去石勒控制的已吾县赴宴。石勒可能很会劝酒，酒席上王弥放松了警惕喝的酩酊大醉。石勒乘机下达了动手令，王弥的亲信部下被石勒手下一网打尽，石勒本人更是手刃了王弥。

之后，石勒击败最主要的对手刘曜从而称霸北方，这其中也不无酒有关系。刘曜文武全才，身材高大，是刘渊的侄子，也是覆灭西晋的主要人物。刘曜本人非常喜欢饮酒，从少年时代起刘曜就有酗酒的恶习。在刘曜和石勒最后的决战中正是酗酒的恶习让刘曜战败。

公元 328 年，石勒的侄子石虎率兵 4 万从轵关（今河南济源西北）西上蒲阪（今山西永济市），试图攻入刘曜的统治核心关中。刘曜亲率精锐救援蒲阪，两军战于高侯（今山西闻喜县境）。石虎虽然残暴善战依旧不敌刘曜，陈尸二百余里，南奔朝歌（今河南淇县）。石勒大本营襄国也进入紧急状态，生怕刘曜乘胜追击。刘曜从大阳（今山西平陆西南），乘胜进军追击石生于金墉（今河南洛阳以来），决千金堨（在今河南洛阳以北）以灌城，洛阳为之震动。

同年十一月，石勒发兵三路进攻刘曜。十二月石勒的军队集结于成皋，不见刘曜设防，军队迅速开至洛河。失了先手的刘曜忙陈兵十万于洛西。随后，石勒命令命石虎引兵自洛阳城北而西攻刘曜中军，命石堪率兵自城西而北，石勒自出洛阳阊阖门，夹击刘曜。在这场决定双方命运的战斗爆发前，刘曜还豪饮一斗多美酒，虽然当时的酒度数很低，但也足够让刘曜丧失清醒的头脑。果然战斗发生后前赵军队大溃，刘曜在退兵时马陷石渠坠于冰上，身上被创十余处，被石勒养子石堪生俘。

同样心狠手辣在酒宴上算计别人的还有李密。大业十三年（617年）十一月十一日，瓦岗军前任首领翟让应邀带着兄长翟弘、侄子翟摩侯到李密那里去喝酒。当时宴席正座上有李密与翟让、翟弘、裴仁基、郝孝德（李密投靠过郝孝德，所以他也有资格上座）等人一起喝酒，翟让的心腹猛将单雄信、大将徐世勣（jì）等人站在身后护卫，房彦藻、郑颋（tǐng）来来回回地查看。

李密说："今天我跟几位高官喝酒，不需要这么多人，只留下几个使唤的人就行了。"李密的心腹们都离开了，翟让的心腹还都留在那里。房彦藻说："今天大家在一起是为了喝酒取乐，天这么冷，司徒（翟让的官衔）的随从人员也喝点酒、吃点饭吧。"李密说："一切听司徒安排。"翟让想也不想，就说："很好。"于是让随从人都出去喝酒吃饭去了，只有李密手下的蔡建德拿着刀站在一旁。在开饭之前，李密拿出一张很好的弓给翟让看，翟让刚

刚把弓拉满，蔡建德从翟让身后砍了翟让一刀，翟让倒在血泊中。

接着，翟弘、翟摩侯、王儒信都被杀了。徐世勣想跑，结果被守门的士兵砍伤脖子，血流不止，幸亏被王伯当及时制止。飞将单雄信跪下来磕头哀求，李密没有杀他。这场密谋后李密消除了翟让的势力，可谓是志得意满，但在瓦岗军内部也埋下了分裂和不信任的种子。半年后李密和王世充的战斗中失利，单雄信就十分干脆的投降了王世充。瓦岗军中徐世勣仍然占据着河南很多地方，手中握有黎阳仓和瓦岗军的一部分主力，两人联合仍有翻盘击败王世充的可能。但李密以己度人认为徐世勣一定会借机对自己下手，不敢投靠徐世勣，只好率领着两万多部众投靠李渊。李密投降李渊后，徐世勣将瓦岗军手上的资源打着李密的旗号全部送给了唐朝。这让李密又生出了可以卷土重来的念头，结果李密在回到中原的途中被唐朝将领盛彦师杀死。可见鸿门宴也不是谁都可以玩好的，它对人与人信任会造成极大的伤害。

五代军阀朱温也是个摆鸿门宴的高手，他的龙泉驿鸿门宴甚至更加大胆和无耻。公元884年，投降唐军的朱温遭到了老上司黄巢的进攻，几乎要被黄巢打垮。当时朱温刚到开封上任才一年，身边只有几百名亲信部下，四周几乎都是敌人。朱温无奈只好请求李克用帮忙，李克用真的非常义气，让黄巢的军队遭到了毁灭性的打击。朱温欠下了李克用一个天大的人情自然不敢怠慢自己的恩公，两个唐末的重量级人物就在上源驿进行了十分不友好的一场宴会。

酒席宴上李克用十分嚣张，他比朱温年轻4岁，却以唐朝的拯救者自居，对朱温也颇有轻视之意。这个28岁的年轻人当时已经彻底击败了黄巢，有骄傲的资本，而且他本人也是美酒的狂热爱好者。喝酒吹牛显示自己是很多男人的天性，李克用也不例外，这就在无形之中得罪了朱温。朱温行事本来就缺少底线，他是欠了李克用的人情，但这份人情太重的话朱温就根本不打算还。酒宴之后李克用和他的亲兵陷入了梦乡，而朱温却用大火和屠刀报答了自己的恩人。李克用的亲兵大半战死，损失惨重，靠着突如其来的暴雨李克用才捡回了一条性命。到李克用去世前朱温已经完成了对后唐的包围，而李克用的儿子李存勖（xù）只有23岁，因此在朱温看来彻底覆灭老对手已经不是难事，但结果却出乎朱温的意料。

公元908年，李存勖和周德威等人统领大军从太原出发，疾驰6日抵达黄碾（今郊区黄碾镇），来到三垂冈下。李存勖想起当年其父在三垂冈鼓瑟饮酒的情景，不禁感慨万千。后唐军伏兵于三垂冈，而梁军对此却毫无察觉。第二天清晨，适逢天降大雾，李存勖指挥大军一鼓作气，直捣梁之夹寨，梁军尚在梦中，仓促中不及应战，被后唐军杀得大败，死伤逾千，马匹器械遗弃无数。从此，李存勖与后梁朱温隔河（黄河）相望，成对峙之势。

中国人会玩"鸿门宴"，日本人也很擅长。日本战国时代的武士对酒也充满了热爱，出征前要用大碗喝酒，以示豪爽。大碗喝酒的代表就是立花家的"五重之杯"及上杉谦信的"马上樽"。战国时代的武士也喜欢用酸梅配米酒，并认为这种喝法是绝配。这种喝法上杉谦信也很喜欢。

"四十九年一睡梦，一期荣华一杯酒"是一代酒豪上杉谦信的著名诗句，上杉谦信是位风雅又善战的酒鬼。不过他们喝的都不是清酒，而是浑浊的日本米酒。清酒的发明和改进要到日本战国时代末期，大规模流行要到

◎ 足利义教

日本江户时代。改进清酒最著名的当属三井家族，三井家族自称是藤原家族的后裔，在织田信长进军日本近畿的战争中，三井家族的小小家族武装也像浪花一样试图阻止织田信长的大军，结果当然是失败了。兵败后的三井家族转行进入酿酒业，几经波折发明了改进清酒的技术，凭此技术在日本酿酒业积累了第一桶金。到了江户时代，三井家族逐渐转行进军金融业，凭借和德川幕府的关系，垄断了江户幕府的汇兑、借贷业务，是江户幕府最大的债主和金融支持者。在明治维新时，也正是昔日的酒贩子三井家族的倒戈，才让维新派有了和幕府军较量的物质基础。

1440 年 6 月 24 日，幕府"四职"之一的赤松满佑，派儿子赤松教康给将军义教送来一封请帖，称自己在京都泽山的馆舍的池塘中，"多有幼鸭凫水嬉戏，请将军大人前来过目游玩"。足利义教是足利幕府将军中非常强势的一位，而且热衷杀戮，对部下实行恐怖政策，稍有不满就要有人人头落地，被称为"万人恐怖"。当时足利义教权势处于巅峰，虽然足利义教有心对付赤松满佑依旧信心十足地带着重臣细川持之、田山持永、山名持丰、大内持世、赤松贞村等，以及自己正室三条尹子的哥哥公卿三条实雅，来到位于京都二条西洞院的赤松馆舍。主客入席酒足饭饱后，足利义教与三条实雅坐在一起，欣赏庭院中"猿乐"的表演。这种鬼哭狼嚎一样的音乐很符合日本上层社会的胃口，他们看在正在兴头上时突然传来骚动。足利义教立刻站起来，问道："发生了什么事，怎么这么大声音？"足利义教这时才发现赤松满佑已不知去向，旁边的三条实雅抬头看了看夏季阴云密布的天空，说了句："会不会是打雷的声音啊？"

实雅话音刚落，身着铠甲，手持太刀、长枪的赤松家武士从筵席四周的障子后冲杀出来。足利义教还没来得及说话，就被赤松家首席武士安积行秀斩下了头颅。和足利义教一起来参加宴会的诸多大名，也被赤松家武士像撵兔子般追杀，山名熙贵被当场砍成两截，京极高数和大内持世被砍成重伤，不久后一命呜呼，细川持春的左腕被砍断。剩下的大名、随从被吓得魂不附体，争先爬上赤松馆舍的院墙，翻墙逃命。倒是义教的大舅子三条实雅的表现算得上勇敢沉着，虽然被乱刀击伤，但却抢过一名赤松武士的太刀，躺在地上打着滚，舞刀迎敌。这种勇敢的行为让三条实雅捡回了一条性命，记录了当天发生的事情。这场日本的鸿门宴大大瓦解了足利幕府的权威，让日本加速进入了战国时代。

啤酒的千年峥嵘

根据考古发掘，人类发明的最早的酒可能是啤酒。最初它是和面包一起发明的，考古人员在距今5500年的苏美尔陶罐中发现了麦芽糖的痕迹，这是啤酒的出现最早的证据。啤酒最初是由苏美尔人的祭司阶层发明的，因为只有占有大量农业剩余的阶层才有这个条件，而如前面所说，苏美尔人的城邦里最大的土地占有者就是它的神庙。另外，苏美尔人的祭司们需要一种让他们有与众不同精神体验的东西，因此发明了啤酒，并将其当成是祭祀的用品。而他们的印第安同行选取了大麻，欧洲早期的萨满选取了含有麦碱的毒蘑菇。

苏美尔人发明了啤酒，也创造了啤酒女神"宁卡西"（Nin-kasi）。宁卡西女神的形象我们一无所知，但赞美她的诗篇却比比皆是："宁卡西，是你双手捧着那无上甜美的麦芽汁；宁卡西，是你将滤清的啤酒从瓮中倾倒，恰似底格里斯河与幼发拉底河的激流。"苏美尔神话中不但有酿造啤酒的女神，还有啤酒的守护女神，苏美尔史诗中记载，吉尔伽美什在世界尽头处众神酒馆中见到过西杜里（Siduri）这个啤酒守护女神。从两个神明的地位来看，宁卡西的地位更高，苏美尔人为她创造了两个不同的身世。一种说法是宁卡西是精神、风和大气之神恩利尔（En-lil）与大地女神宁胡尔萨格（Nin-hursaga）的女儿；另一种身世是她的父亲是深渊之主，水、智慧和技艺之神恩齐（En-ki）。

苏美尔人没有像清教徒一样痛恨酒精，"畅饮啤酒，快乐无愁，舒肝乐心忘尔忧"就是他们留在石板上的饮酒歌。苏美尔人献祭神灵时，啤酒必不可少。"大麦面包、小麦面包、蜂蜜奶油糊、椰枣、糕点、啤酒、牛奶、奶油雪松汁液"；还要准备一头精心宰割过的公牛，"将生面团放进水、顶级啤酒里"，并与动物油、"植物之心制作的芳香剂"、坚果、麦芽和香料搅匀。这是苏美尔人的献祭清单，苏美尔人更相信用啤酒和药材混合是最好的治疗方式。

在苏美尔人眼里喝啤酒俨然是文明人和野蛮人之间的区别，史诗《吉尔伽美什》里人类最早之王征服众神创造了野蛮人战士恩齐度靠的就是啤酒。史诗中吉尔伽美什和以草为食、和野兽为伍的恩齐度较量多次，两人不分胜负，吉尔伽美什作为半神半人的最早君王实在没心思和这个野蛮人天天较量，就准备用啤酒诱惑恩齐度。吉尔伽美什派一个神庙妓女到恩齐度那里，与他相伴了一个星期，教导他"做人"的技巧，教导他各种文明人的举止。恩齐度的第一个女人教导他："吃下面包，恩齐度，因为它是生命的源泉；喝下啤酒，因为它是大地的馈赠。"恩齐度吃了面包，又喝下7杯啤酒，然后，"他的心变得空灵，他的面庞焕发光芒，他因喜悦而歌唱"。从此以后，恩齐度也成了文明人，更成了吉尔伽美什的好友。

人类最早的啤酒酿造方法和饮用方法和现在有很大的不同。根据苏美尔人刻在黏土板上的楔形文字描绘，当时的啤酒制作过程是：将燕麦使用杵臼去掉外皮以便于发芽，大麦因皮薄可免于这道工序。两者都发芽后，将其贮存。在需要的时候，以粉碎的燕麦和大麦芽加水糅合，放入酵母，经过发酵、烘烤，即成为啤酒面包。根据面包烤制的程度，留待分别作为深色或浅色啤酒的原料。酿造啤酒时，将啤酒面包加水捣碎，掺入肉桂以及一种被称为"格斯汀"的神秘发酵物和蜂蜜，然后用柳条编成的筛子将这种混合液体过滤、去渣、澄清，倒入容器，令其发酵，发酵后的液体，就是最早的啤酒。饮用的时候，将这种液体倒入小容器中，用麦秆吸饮。从流传至今的泥板画上看，这种饮酒管一般都有半人高，喝酒的时候得把酒坛搁在地上，然后搬个凳子坐下，把着饮酒管一通猛吸。从这些描述来看，苏美尔人喝的啤酒其实更像是格瓦斯。

巴比伦人灭亡苏美尔人的城邦后也继承了对啤酒的热爱，他们甚至发明了啤酒鸡。啤酒鸡的做法很独特：先将鸡剖开，用冷水清理，放入一个钵中干烤；然后由火上拿下，再用冷水洗净，洒上醋，抹上碎薄荷和盐；把啤酒倒入一个干净的钵中，加入油；用冷水把鸡洗净，同所有的香料一起放入钵中；当钵热的时候，将它拿离火炉，洒上醋，拍上薄荷和盐，或者用一

个干净的钵，放入清水和鸡，再放在炉上煮；然后由火上拿下来，用清水洗净，抹上蒜汁；把香料放入一盆水中，加一块去了软骨的肥油，一些醋，以及随意的一些泡过啤酒的香木、芸香叶，当水滚了之后，加入沙米都（一种香料）、韭菜和蒜泥洋葱，把鸡放进去煮。

巴比伦人一样相信啤酒的魔力，他们治疗牙疼的咒语是这样念的："阿努造天空，天空造地球，地球造江河，江河造水流，水流造沼泽，沼泽造地龙……愿埃以其巨掌惩治你"，最后的关键是"将二等啤酒和食油等掺和在一起，默诵三遍以后将该药敷在病牙上"。巴比伦人发明了二十多种啤酒，从名称上看，除了没有啤酒花，当时的啤酒和现在的啤酒相差不大。

啤酒在巴比伦人生活中至关重要，已经上升到国家法律层面。《汉谟拉比法典》第 108 至 111 条规定：不收大麦作为啤酒的价钱，而用石秤砣多收银子或者使啤酒的价值低劣于正常酿酒的大麦价值的卖酒妇应被扔入水里淹死；没有把在卖酒店里聚集策划罪行的歹徒抓住，并押送到宫廷里的卖酒妇应被处死；一个不住在神庙中的那迪图女祭司或乌格巴波图女祭司如果开设酒店或者进入一家酒店饮酒，她应被烧死；一个卖酒妇赊给外人啤酒，收获时每坛酒她应收取 50 升大麦作为酒款。《汉谟拉比法典》甚至按照等级制度建立了啤酒的配给制度：普通阶层允许每天 2 升啤酒，公职人员可以允许 3 升，僧侣和特权阶层则可以允许 5 升。

虽然埃及人的啤酒酿造方法可能来自

◎ 麦秆吸饮

于两河流域，但他们也创造出了属于自己的啤酒女神。埃及人的啤酒女神是哈托尔，哈托尔节就是埃及人的啤酒节。古埃及人以啤酒祭神的手笔也堪称古代世界一大景观，据说拉美西斯三世每年的庆典仪式由前朝的 18 天增加到 27 天，其间包括布施11000 片面包、85 块蛋糕与 385 罐啤酒。即便如此，据说古埃及人仍存有足够的啤酒，每日向建设金字塔的劳工每人分发两罐，最卑贱的奴隶也能得到三分之一罐。

真正把啤酒纳入国家管理，把啤酒收益看成是战争基金的是赫梯人。公元前1525 年制定的《赫梯法典》里，明确提出啤酒的酿造由国家管理，而啤酒也成为民事纠纷的调解赔偿物之一。典型的法规有："第 164 至 165 条：若某人去抵押并发生了争吵，或者掰碎了献祭面包，或者打开了酒坛，他要交出一头羊、10 片面包、一个

容器的啤酒，并要为他的房屋重新净秽，直到经过一年后，他要保持他房间里的东西不受亵渎。""第 166 条：若某人把种子播种在种子上，他们将把他的脖子放在犁上。他们要套住两头牛，他们将把一头牛面向一方，另一头面向另一方。那个男子将被处死，牛将被杀掉。先前种种田地的一方将使自己获得收入。这是他们先前采用的方法。""第 167 条：但是现在，他们将用一头羊来代替那名男子，两头羊代替牛。他将交出 30 片面包和 3 罐啤酒，并且他要进行净化，先前播种田地的那个人首先收割庄稼。""第 168 条：若某人破坏了一块田地的界限并且移动一个阿卡拉，田地的主人将截去一个吉帕沙尔土地并占为己有。破坏边界的他要交出一头羊、10 片面包和 1 罐啤酒，并要净化田地。"

虽然有这些渊源，但啤酒在古代西方世界的地位却不高。在希腊罗马时代，啤酒更多地是和野蛮人联系在一起，希腊历史学家、斯多葛派哲学家波西多尼这样描述日耳曼人喝啤酒的情形：这些日耳曼人热衷于痛饮一种盛在粗糙的陶杯中、完全来自纯小麦酿造的酒精饮料，它发出一股独特的"腐烂气息"，与芬芳纯净的葡萄酒相比，绝对是"野蛮人的饮料"。日耳曼人是如何学会酿造啤酒的，我们不得而知，但在当时的西方文明世界里，啤酒正在让位于葡萄酒。希腊罗马人根本就没有酿造啤酒的技术，对于野蛮人最喜爱的啤酒也就嗤之以鼻。恺撒在高卢征战的日子里多次和日耳曼人交战，对于高卢人和日耳曼人的区别，恺撒的方法很简单，喝啤

酒的就是日耳曼人，喝葡萄酒的是高卢人。虽然高卢人和罗马人都是葡萄酒的爱好者，高卢人的文明程度也高于日耳曼人，但对于一心征服高卢土地的恺撒来说，喝啤酒的日耳曼人才是可以收买的对象。恺撒用财富收买了大批日耳曼人充当自己的骑兵，在征服高卢的战斗中这些喝啤酒的野蛮人屡立战功，并且跟随恺撒参加了罗马内战。在公元前43年击败庞培的法尔斯撒鲁斯战役前夜，恺撒允许他们彻夜痛饮自己酿造的啤酒作为奖励，后者贪杯却不误事，一举在战役中击败了庞贝的骑兵。

罗马人对喝啤酒非常排斥，因此这种野蛮人的饮料始终登不上罗马人的餐桌。罗马帝国崩溃后，日耳曼人开始占据欧洲各个国家，啤酒也变得流行起来。啤酒在战场内外也都起到了不同的作用。比如为了抵挡北方的皮克特人和苏格兰人，不列颠部落首领伏提庚被迫向莱茵河流域的诸多日耳曼蛮族部落——盎格鲁-撒克逊人、朱特人和凯尔特人求助，两位强大的盎格鲁-撒克逊首领霍撒与亨吉斯特应邀率领他们的部下渡过英吉利海峡，从伏提庚手中获得了肯特郡作为远征的报酬。

皮克特人的威胁消失后，伏提庚和盎格鲁-撒克逊部落终于产生了纠纷，霍撒

与亨吉斯特遂提议召开一次和平的酒宴。伏提庚虽然不知道什么是鸿门宴，但还是带着300名精锐勇士前来赴宴。亨吉斯特比较舍得下本钱，派出以美貌著称的女儿罗温娜出席宴会，根据当时日耳曼人宴会的一贯风俗，这个美女的作用就是公开的"三陪女"。美女当前加上大量的烈性啤酒的作用，伏提庚和他贪杯的武士们终于喝得不省人事。亨吉斯特趁机下达了屠杀令，醉眼蒙　的伏提庚眼睁睁地看着自己的精锐被伏兵屠戮殆尽，只能被迫签订了城下之盟，让出了西南部的威塞克斯、埃塞克斯、苏塞克斯，这就是盎格鲁－撒克逊人定居英国的最早根基。

日耳曼人喜欢啤酒，他们的远亲和死敌维京人也一样喜欢。啤酒在早年的北欧神话中有重要地位，在维京人的信仰中，死去的鬼魂会升上瓦尔哈拉的英灵殿，这是北欧神话主角兼死亡之神奥丁接待英灵的殿堂，在那里等待他们的是一头巨大的山羊，但产的不是乳汁，而是喝不完的啤酒。

《贝奥武夫》（Beowulf）中写道：无论在上马出征还是凯旋后，勇士们总要大摆筵席。在史诗《贝奥武夫》中，在丹麦国王霍兹加的宏大城堡西洛特的中央，有一间豪华的"鹿厅"，四种酒精饮料——Medo、Win、Ealo和Beor经常被提及，前两种分别是蜂蜜烈酒与葡萄酒，而后两者则是啤酒。公元7世纪威塞克斯国王伊安曾制定法律，如果两个武士在饮用啤酒后发生争执，那么首先动武者要被罚款30先令。在维京人的传奇史诗《里格颂》中，曾这样描写人类阶级的起源——神国艾斯达的守护之神

海姆达尔化身凡人里格前往人间游历，分别在一户贫苦老人的棚户、一家农民的木屋以及一位贵族的堡邸中接受了款待。在三家人的餐桌上，佐餐的饮料分别为水、啤酒和葡萄酒。在海姆达尔离开后，三个家庭分别生了儿子，遂成为人类世界中奴隶、自由农民和贵族武士的始祖。《尼伯龙根之歌》，女武神唱给齐格弗里德："我给你带来啤酒，盛满歌声和呢喃，杯中的魔力让你忘记一切烦忧。"在北欧神话里，女武神酿造的啤酒据说是不死之水。在芬兰叙事史诗《卡勒瓦拉》（Kalewala）中，用了大约400行来赞美啤酒，只有200行来描述世界的起源。

维京人喜爱喝啤酒，更爱在酒后与人打架、拼命。在海上相遇的维京人一旦发生矛盾，双方就会选出各自的代表进行一对一的单挑。这种单挑方式像极了醉汉间的斗殴：击败对手后，胜利者要不停地迎接敌方其他对手的挑战，直到自己倒下为止，已方才会派出下一个人，率先承受不住压力或全体人员阵亡的一方就是失败者。如果一方出了战斗力超凡的人，能够连续击败对方所有人，或者击败对方多人后吓得对方不敢迎战，这个人就是维京人眼中的"狂战士"，他可以痛饮混合着敌人鲜血的啤酒作为奖励。公元9世纪初，屡次战胜维京人的盎格鲁－撒克逊人之王的阿尔弗雷德大帝明确表示，啤酒对于僧侣、武士和农民都是某种必需品，是他们祈祷、厮杀和耕作的动力，但基督教会并不认同这个越俎代庖的建议。

啤酒酿造与消费的兴盛使得它成为欧

洲封建领主觊觎的新兴财源：1187年，大名鼎鼎的"狮心王"理查为了筹措第三次十字军东征庞大的军费开支，宣布征收"萨拉丁什一税"，并特别通知啤酒酿造行会在纳税之余要以金钱和货物进行额外报效。理查德勇武在各种故事中都有体现，他是当时英国啤酒最好的代言人。狮心王理查并没有给英国人带来实际的利益，他的穷兵黩武和意外被俘让英国人民众背上了沉重的负担。但理查的对外战绩却为英国人津津乐道，是英国人眼中的完美骑士。不过理查在英国为王十年，却只待了十个月，很难说有多热爱啤酒。理查本人也只说法语用法语写骑士诗篇，他的封地阿基坦是

法国著名的葡萄酒产地，他恐怕不是啤酒的狂热爱好者。英国啤酒最不想找的代言人就是理查的兄弟"无地王"约翰，虽然在1216年十月，约翰在纽瓦克逝世的原因就是在餐桌上食用了过多的桃子和蜂蜜浓啤酒（做法是把桃子和蜂蜜、啤酒混在一起加热，是非常土豪的一种喝法，因为蜂蜜在当时的欧洲很贵），从而引发了高烧而死。

　　1216年的英国，法国太子路易在自己父亲菲力的支持下在肯特郡登陆，占领了伦敦和温彻斯特，已经赢得了大部分英国贵族的效忠。约翰在兵力上难以和对手硬拼，只好智取。约翰当时控制着温索尔、

挑选并混合草本原料

有氧发酵

碳水化合物
分解酶

加入酵母
发酵

无氧发酵

热处理
（停止发酵）　　有机酸　　　　　加入酒精

◎ 现代啤酒酿制过程

里盯瓦林福德和牛津等要塞。这些要塞监视着泰晤士河一线，把伯爵们的势力分隔在该河南北两面。路易国王后方的那个最重要的要塞法国多佛尔，也仍然掌握在约翰的手里。约翰本人已撤退到多塞特郡，他在1216年七月间向北进军，前进到伍斯特，抵达塞文河，从而建立起一道屏障，使叛乱者不可能继续向西北和西南方向扩散。此后，他又从那里向东方移动，沿着泰晤士河进军，做出了一个前往温索尔解围的姿态。

为了欺骗敌军，使围攻温索尔之敌深信不疑，约翰又派出一个威尔士弓箭手支队，命令他们趁着黑夜向敌人营地射击，而自己却立即转向东北方面开拔，抢在法国人之前赶到剑桥。这一切活动就是为了切断背叛他的英国贵族通往北方的道路。由于法军的主力此时正在围攻多佛尔要塞，不能脱身。通过上述兵力调动，约翰已经取得了战场上的优势。正式为了祝贺即将到来的胜利，约翰才痛饮啤酒结果意外身亡。

由此可见，虽然约翰在国家大战略上有不少失误，实事求是地说他的战术才能也是非常出众的。但尽管他的战术才能也不错，可英国人还是不原谅这位不但丢失了诺曼底、安茹等领地，还差点丢了英国本土国王，在他的死因上英国人大做文章，差不多要把他说成是贪杯误事醉生梦死的典型。

1267年，约翰王的儿子英国国王亨利三世在伦敦颁布了欧洲第一个关于面包制造和啤酒酿造规范的法令，上等啤酒的价格不得超过1个半便士每加仑，每桶啤酒必须重量达到36加仑，一夸脱麦芽最多只能酿造4桶酒。在伦敦和其他城市，有国王派遣的市场专员定期巡视啤酒与面包师行会的作坊，检查烘烤与发酵过程、使用的面粉、麦芽是否新鲜。

同样，在大洋彼岸的法国，国王路易九世在领导十字军东征之余也于1268年发布"纯净法令"，称"除了纯净的清水、麦芽与啤酒花，啤酒中不需掺杂其他任何物质"。从12世纪开始，由于消费能力的提高与人口的飞速增长，城市作坊逐渐成为啤酒酿造与销售的新中心。由于对水质的苛刻要求和运输便利，这些作坊一般位于靠近河流纵横交叉的港口城市，诸如荷兰的代尔夫特与德国的汉堡。由于工艺的发展，啤酒酿造越发需要借助一些复杂而昂贵的早期机械设备，诸如蒸汽煮沸锅，这一设备能使麦汁沸腾、浓缩，更好地吸收啤酒花和其他香料并减少蒸发性损失，一次酿造量能够达到260升，是以往的10倍之多。和法国乡村比起来，钣金工业发达的低地国家与神圣罗马帝国各大城市更适宜啤酒的进一步发展。而啤酒和葡萄酒之间五到六倍的差价，也让法国人热衷于酿造葡萄酒。

由于担心啤酒酿造和饮用过多地消耗粮食，从而在歉收之年造成恐慌，国王和领主们往往对城市啤酒馆的数量加以限制。1268 年，"长腿"爱德华一世就亲自做出规定，在伦敦市区之内只得开设 3 家啤酒馆，分别位于坎农大街、沃尔布鲁克广场和伦巴第大道。尽管如此，啤酒酿造行会的势力依旧不断增长，甚至爱德华一世曾亲自做出裁决，勒令伦敦皮革与鱼贩两家行会不得使用城内流水水渠进行鱼肉和皮革产品的清洗，以免污染水源，损害啤酒酿造业。不久后，伦敦啤酒行会就从伦敦市政府和国王手中拿到了包揽行内税务征收的许可，从而宣布了以城市工业为代表的新生经济力量摧垮封建制度的第一步。

到了现代，啤酒和社会生活、政治，甚至战争的关系也非常密切。希特勒著名的啤酒馆暴动就是利用了德国巴伐利亚州的风俗。德国人不同于英国人，在英国上层社会喝酒第一考虑都是威士忌、白兰地等烈酒，一个人或者三五好友喝烈酒是英国上层社会的习俗，一群人和啤酒是英国人下层社会的爱好，而德国人没有这种泾渭分明的喝酒习俗，在巴伐利亚州只要是啤酒味道好无论贫富都会一起喝个痛快。从 1923 年 1 月开始德国的通货膨胀达到了不断创下历史纪录，一磅牛奶的价值从 3800 马克上升到 280 亿马克，失业工人达到五百多万，社会动荡不安。1923 年 11 月 8 日希特勒和冲锋队员闯入贝格勃劳凯勒啤酒馆，扣押了在那里举行会议的巴伐利亚州州长卡尔、驻巴伐利亚国防军司令奥托·冯·洛索夫将军和州警察局长汉斯·冯·赛塞尔上校三人。这场暴动的结果就是一场闹剧，希特勒的暴动被鲁登道夫轻易瓦解，希特勒本人也被关进了监狱。

不过值得一提的是，根据《最后一役》记载，当苏联红军攻进柏林时，城里最后一家坚持生产的是一座啤酒厂。

啤酒和威士忌之间的关系就像葡萄酒和白兰地一样，后者都是前者蒸馏浓缩后的精华。威士忌出现的时间非常晚，它出现于公元 15 世纪的苏格兰，这里纬度很高，最南边的纬度也都高于中国的最北端漠河。

因此虽然苏格兰高地景色迷人，在古代却是全欧洲最穷的地区。苏格兰人在中世纪的支柱产业有两种，一种是闻名至今的羊毛产业，另一种就是种植大麦。大麦耐寒，非常适宜苏格兰的气候。大麦种子的外面包裹着一层厚厚的谷壳，作为粮食来吃的话很碍事，但这层谷壳阻止了霉菌的入侵，仅在胚芽底部留有一些小孔让水分通过，使大麦幼苗得以顺利发芽。发芽后的大麦种子就是麦芽，只有麦芽里才含有淀粉酶，能够将淀粉转化成糖，这是酿酒的第一步。相比之下，小麦、黑麦和燕麦没有或者只有少量谷壳，虽然更适合直接作为食物，但很难让它们在不受霉菌侵害的情况下发芽，因此不适合用来酿酒，这就是为什么大麦被称为"酿造作物"的原因。

中世纪的苏格兰一直面临着严重的粮食问题，但还是有三分之一的大麦被用于酿造啤酒。15世纪，苏格兰修道院的修士利用从中东传入的蒸馏技术制造出了威士忌。这种烈酒很快在英伦三岛得以风靡一时，是苏格兰政府的重要收入来源。早期的威士忌是无须窖藏的，蒸馏出来的酒直接拿来喝。为了增强口感当时的人们都喜欢往酒里加各种添加剂，丁香、桂皮、甘草、柠檬汁……甚至蔗糖等等都被试过。早期的威士忌一点儿也不讲究原汁原味，除了麦芽和酵母外，里面还有各种各样的添加物。

1707年，英格兰和苏格兰议会合一，两国正式合并为大不列颠王国。汉诺威王朝正式入主苏格兰，苏格兰人民却不认同汉诺威家族可以继承斯图亚特王朝在苏格兰的统治。战争再次爆发，威士忌成了苏格兰政府对抗英国人的财政法宝。苏格兰反抗军和乔治二世（当时还是王子）的军队对抗多年，最终败下阵来。英国政府也看到了威士忌税收对于苏格兰反抗力量的重要性，在战后加大了对苏格兰威士忌酒厂的征税力度。1781年英国悍然下令在关闭全苏格兰的私人威士忌工厂，苏格兰的威士忌制作转入地下状态。由于苏格兰人实在热爱这种国民饮料，英格兰政府的禁令成了一纸空文。在苏格兰禁酒时期甚至出现了私酒酿造者被抓进监狱，监狱管理当局白天将其放出去酿酒，晚上收回监狱服刑的趣闻。苏格兰警察也对私酒贩子和酿造者睁只眼闭只眼，苏格兰的威士忌产业并没有受到打击。

不过在逃避打击的过程中，威士忌制造者不得不把威士忌放在酒桶里藏在山洞之中保存，这个不得已的做法改变了威士忌的酿造工艺，让陈酿威士忌变为了可能。1823年英国政府终于放松了威士忌禁令，原因是长期打击的效果并不理想，英国王室成员中甚至也有了威士忌的爱好者。

葡萄美酒夜光杯

(酒)

在西方文化的语境里，酒与精神的关系一直密不可分。因为酒进入血液循环的速度要大大快于食物，所以人们倾向于认为相对于食物，酒更为精神性。根据《圣经》的说法，葡萄酒象征着耶稣的血，世人在圣餐上饮酒便是与主同在。其实这并不是基督教的原创，这个传统来自古老的埃及和西亚，在埃及的宗教仪式中葡萄酒就取代了啤酒成为祭祀的主角。和今天葡萄酒注重对糖分的发酵不同，希腊罗马时代的葡萄酒以甜味为荣。希腊罗马人酿制葡萄酒第一步是制作葡萄糖浆，可制造葡萄糖浆的容器是铅锅，而为了防止糖浆被烧焦结块，他们一次又一次地将葡萄汁在铅锅里加热和翻炒，这就不可避免的让葡萄酒沾染了过多的铅成分。甚至当葡萄汁太酸不合他们口味时。他们还加入铅丹以减少其酸味。

众所周知，铅中毒会对人体的神经系统、消化系统、血液系统、生殖系统造成巨大伤害，导致病人贫血、肝损伤、腹部绞痛、肾功能衰竭，甚至会出现中毒性脑病，临床表现为痴呆。希腊罗马人的葡萄酒之所以没有让全民立刻都智力退化到痴呆程度和他们饮用葡萄酒的方式有关。希腊罗马人认为直接喝葡萄酒是野蛮人的做派，一般来说他们会在葡萄酒里添加不少水，从而稀释了铅含量。不过从长期来看，

这种葡萄酒的生产方法对人体的伤害是巨大的。因此一直以来都有罗马帝国亡于铅中毒之说。

到了中世纪这种唯恐铅中毒不够快的葡萄酒制作方式消失不见了。中世纪时，葡萄酒讲究喝当年的新酒，这是因为当时的密封技术不过关，陈酒的味道和醋差不多。西方最早的醋就是葡萄醋，是典型的酿酒失败的产物。实际上早期东西方的酿酒工艺水平都差不多，中国南北朝时期著名的酿酒地镇江后来也以镇江醋而闻名。

中世纪的葡萄酒口味也讲究讲究甜美，因为那时候的酿酒工艺依然无法让葡萄酒中的糖分充分发酵，干红葡萄酒是近代才出现的产物。另外，当时的欧洲人喝葡萄酒时非常喜欢加入桂皮、生姜、胡椒等香料，这是从罗马时代保留下来的传统喝法。

法兰克人把喝香料葡萄酒看成是歃血为盟时的必要步骤。而著名修士卡西奥多·罗斯就明确规定喝葡萄酒一定要加上蜂蜜和胡椒。

中世纪典型的香料葡萄酒做法是把几种香料混在一起碾磨，然后加到葡萄酒中，再加上糖和蜂蜜，最后混到口袋里过滤。今天被某些小资认为的"土鳖"红酒喝法——雪碧加红酒，其实也是和古代香料葡萄酒喝法相吻合。比如希波克拉斯香料葡萄酒的做法是用丁香和肉豆蔻做原料，

而克拉里香料酒则是混合小豆蔻和肉豆蔻皮，外加蜂蜜。以上这两种喝法都出自16世纪，是当时顶级的权贵和富人才喝的起的葡萄酒。

当时所谓的五大名庄葡萄酒还都没有影子，法国的葡萄酒业因为保鲜技术不行并不被欧洲人推崇。欧洲吟游诗人对法国加斯科涅葡萄酒的看法就是：不管味道怎么样，作用还算好，"刺激情绪而无伤害"，也就是喝不出毛病就是好酒。这个说法已经是赞语了，因为法国人对英国亨利二世宫廷中葡萄酒的评价就是除漆的涂料，"或是酸的或是有霉味的，黏稠带着腐味，就像是树脂发出的味道，疲软无力。"英国贵族们喝这种葡萄酒的表现就像是在上刑，"浑身颤抖，一脸苦相"。

其实英国金雀花王朝在法国也有大片领地，这些难喝葡萄酒也有可能就是来自法国，是亨利二世不舍得用香料才让这些酒难以下咽。当时的葡萄酒要想不加香料就得到最佳口感，最好的方法就是酿成就喝，越新鲜越好。请中世纪的贵族喝陈年葡萄酒，对他们来说就是一种酷刑，因为陈年的葡萄酒有灼蚀心肺的口感。

葡萄酒对于中国人来说，到底是本土起源还是舶来品？一直富有争议。因此，《诗经七月》就提到："六月食鬱（yù）及薁（yù）"。薁就是蘡（yīng）薁，按李时珍《本草纲目》的说法，是一种野葡萄。1980年在河南省发掘的一个商代后期的古墓中，也发现了一个密闭的铜卣（yǒu），后经北京大学化学系分析，铜卣中的酒类残渣含有葡萄的成分。

其实从植物分类学上说，葡萄属于葡萄科葡萄属葡萄亚属，葡萄亚属（或者被称为"真葡萄亚属"）又被分为三个种群：欧洲种群、亚洲种群和美洲种群，其中亚洲种群主要分布在中国。可以推断，作为一种植物，葡萄在中国具有悠久的历史。比如地质化石研究表明，山东省临朐县在2600万年前就有秋葡萄（亚洲种群的一个种）的存在。

但是，我们习惯上谈论的葡萄，或者商业栽培的绝大部分葡萄，却是欧洲种群葡萄在历经冰川时代之后，唯一的遗存——欧洲葡萄。葡萄酒所使用的专用葡萄品种——"酿酒葡萄"绝大多数属于这个种。

因此，严格意义上讲，葡萄酒对于中国人来说是舶来品。葡萄和葡萄酒引入要归功于凿通西域、开辟丝绸之路的张骞，以及他身后的那个赢得了汉匈战争胜利的大汉帝国。

司马迁的《史记》中记载了汉朝学习种植葡萄、酿造葡萄酒的过程，但没有汉人自己大规模酿造葡萄酒的确切记载。两汉时期的葡萄酒异常昂贵。《续汉书》里说了这样一个和葡萄酒有关的故事：扶风孟佗以葡萄酒一斛遗张让，即以为凉州刺史。孟佗是三国时期新城太守孟达的父亲，张让是汉灵帝时权重一时、善刮民财的大宦官，位列十常侍之首。孟佗仕途不通，就倾其家财结交张让的家奴和身边的人，并直接送给张让一斛葡萄酒，以酒买官，购得了凉州刺史一职。汉朝的一斛为十斗，一斗为十升，一升约合现在的200毫升，故一斛葡萄酒就是现在的20升。也就是说，

◎ 哪里有酒，哪里就有战斗

◎ 葡萄酒节

孟佗拿 26 瓶葡萄酒换得凉州刺史之职！可见当时葡萄酒身价之高。

曹丕也十分喜爱葡萄酒，写下了"中国珍果甚多，且复为说蒲萄。当其朱夏涉秋，尚有余暑，醉酒宿醒，掩露而食。甘而不饴，酸而不脆，冷而不寒，味长汁多，除烦解渴。又酿以为酒，甘于鞠蘖，善醉而易醒。道之固已流涎咽唾，况亲食之邪。他方之果，

宁有匹之者"的文字。魏晋南北朝时期的陆机、庾信都有引葡萄酒的诗句，只是我们不知道他们喝的葡萄酒产地在那里。

《吐鲁番出土文书》（现代根据出土文书汇编而成的）中有不少史料记载了公元 4—8 世纪期间吐鲁番地区葡萄园种植，经营，租让及葡萄酒买卖的情况。

中国内地的葡萄酒工艺在唐朝开始大

规模的出现，并且也是借助一场战争的胜利。公元640年，唐太宗发动了对高昌国的进攻。高昌国是西域小国之一，626年李世民即位时高昌国王鞠文泰还亲自赴长安祝贺。随着唐朝的强大，鞠文泰也改变了态度，和同样是佛教狂热信徒的西突厥结成了同盟，一同对抗在西域进行扩张的唐王朝。李世民的对策是派出侯君集和薛万彻统兵的豪华阵容讨伐高昌。侯君集是瓦岗军宿将，还是李靖的高徒。薛万彻是隋末名将薛世雄的儿子，也是出名的猛将。随侯君集和薛万彻出兵还有阿史那杜尔这样熟悉西域地理和社会现状的突厥贵族，李世民的用人可谓面面俱到。鞠文泰却自信自己的国家和唐朝远隔七千余里，中间还有两千多里的沙漠屏障，唐军总兵力过多则无法筹集粮草，唐军兵力不超过 3 万则高昌自己就能对付，因此在开战之初并不畏惧唐朝。唐军进展迅速，很快到达高昌国附近。唐军惊人的进军速度让鞠文泰产出生了神兵天降的感觉，鞠文泰在惊恐之中去世。鞠文泰的儿子鞠智盛匆忙继承了王位，面对唐军的进攻也不知所措。西突厥派往高昌的防御部队也不战而逃，这更加降低了守军的士气。侯君集的部下像展示攻城设备一样在短时间内就打下了高昌国二十二座城市，高昌国从此灭亡。唐太宗把高昌的土地当成了西域都护府的基地，也从高昌国获得了马乳葡萄种和葡萄酒酿造法。李世民不仅在皇宫御苑里大种葡萄，还亲自参与葡萄酒的酿制。此后唐朝的葡萄酒大流行在唐朝人的诗歌中就可以看到，李白写过"鸬鹚杓，鹦鹉杯，百年三万六千日，一日须倾三百杯。遥看汉江鸭头绿，恰以蒲萄初酦醅。此江若变作春酒，垒曲便筑糟丘台"，白居易更写过"羌管吹杨柳，燕姬酌蒲萄"，更不用说脍炙人口的王翰的《凉州词》："葡萄美酒夜光杯"。

两宋时期，葡萄酒依旧是苏东坡等人诗词中常见的宴饮物品，到了两宋末年经过战乱，真正的葡萄酒酿酒法在中原差不多已失传。除了从西域运来的葡萄酒外，中国人自酿的葡萄酒，大体上都是按《北山酒经》上的葡萄与米混合后加曲的"蒲萄酒法"酿制的，味道也不好。

元代人因为跟西域交往紧密，所以酿葡萄酒使用了多种工艺。比如元代官方采用西方的酿酒方法，即搅拌、踩打、自然发酵。在元代，葡萄酒第一次上升为"国饮"，

与马奶酒一同被皇室列为国事用酒，元朝的制度还规定在太庙祭祀自己先祖时必须使用葡萄酒，这可能是中国葡萄酒历史上的最高地位了。

元朝的葡萄酒在民间也很普及，内地的产量很大，民间百姓多能自酿。大都居民甚至把葡萄酒当作生活必需品，"银瓮葡萄尽日倾"。元代统治者对葡萄酒也持鼓励政策，他们给粮食酒的税收标准是百分之二十五，葡萄酒则是百分之六，原因就在于葡萄酒不占用宝贵的粮食储备。元朝除了河西与陇右地区（即今宁夏、甘肃的河西走廊地区，并包括青海以东地区和新疆以东地区和新疆东部）大面积种植葡萄外，北方的山西、河南等地也是葡萄和葡萄酒的重要产地。元朝政府检验葡萄酒的方法也很特殊，每年农历八月，将各地官酿的葡萄酒取样"至太行山辨其真伪。真者下水即流，伪者得水即冰冻矣。"

元代饮葡萄酒的潮流甚至流传到明朝，当时生产葡萄酒主要分两类：原酿葡萄酒和葡萄蒸馏酒。原酿葡萄酒是采取中国酿酒的传统习惯，使用酒曲发酵工艺，在葡萄浆中加入酒曲，催使其发酵成熟。葡萄蒸馏酒采取的是蒸馏工艺，提取酒精度更高的蒸馏葡萄酒。

到了清代，因为满族人不喝葡萄酒，因此历经元明两朝的葡萄酒高峰到清朝就被终结。以至于现在都没有保留任何遗迹，甚至包括酿造方式也失传了。当然，在古代，中国大部分地区的环境并不是适合葡萄的生产和葡萄酒的酿造，所以葡萄酒没有成为中国的国民饮料也是情理之中的事情。

日本其实也有葡萄种类植物，日本早年灾荒时节，穷人都要吃山葡萄充饥，武田信玄的领地甲斐的名产之一就是葡萄。不过这些都不是酿酒葡萄，因此古代日本人也没有学会葡萄酿酒工艺，日本第一瓶自制的葡萄酒都要到明治维新时期才出现。日本的气候等地理条件也不适宜酿造葡萄酒，用葡萄酒庄园主兼启蒙思想家孟德斯鸠的话说就是日本的"风土"（酿酒术语）非常差。

不过葡萄酒在日本还比较受欢迎，织田信长、小西行长等喜好西洋新奇玩意的大名就非常喜欢葡萄酒。黑泽明电影《影武者》中，有一幕是织田信长拿出一瓶葡萄酒给德川家康说："这是南蛮人的酒，看起来像血，味道却是酒。"德川家康接过葡萄酒后恭敬的一饮而下，被织田信长捉弄了一番。这一幕借此表明了两个枭雄的个性，织田信长的嚣张霸道和德川家康的隐忍在这一幕中表现得淋漓尽致。在战国末年的日本，引用葡萄酒逐渐成了大名们身份的一种象征。丰臣秀吉掌控日本后，他的亲信石田三成在一次茶会后，就拿出葡萄酒来炫耀并分享，在场的有小西行长、宇喜多秀家等实力不弱的大名，可见一瓶葡萄酒足以表明一些人的身份。

1687年秋天，法国传教士佩里农在葡萄酒的基础上发明了香槟酒，香槟诞生后很快就得到了人们的喜爱。香槟的风靡世界却和法国的对外战争有着密切关系。喜爱香槟酒的法国人声称，拿破仑皇帝每次出征前都要开香槟作为践行酒，唯一没有开香槟的一次就是在滑铁卢战役前，在那场战役前拿破仑皇帝出人意料地把啤酒当成了践行酒。当然，这一说法和"路易十六的皇后玛丽安托瓦内特是香槟地区佩尔纳的一个葡萄酒农的女儿"，以及"香槟地区拥有最早的凯旋门"一样都是法国人的民间故事。

不过，拿破仑和香槟酒确实有非同一般的关系。拿破仑和酩悦香槟的第三代传人让·雷米·莫埃是早年的同学，但在拿破仑成名以前酩悦香槟已经通过路易十五情妇蓬巴杜夫人的关系进入法国宫廷，当时还是小人物的拿破仑凭这层关系蹭了不少香槟喝。法国大革命以后，莫埃家族很快转投革命阵营，和葛朗台一样吞并了许多香槟酒庄，成为当时首屈一指的香槟生产商。拿破仑崭露头角后，莫埃家族更是经常把拿破仑当成贵客邀请拿破仑去自己家品尝香槟酒。拿破仑东征西讨期间法国军队还形成喝香槟用马刀开瓶的习惯，香槟酒从此成了胜利的象征。酩悦香槟也通过拿破仑名声大噪，同样通过拿破仑战争成名的还有凯歌香槟。

拿破仑在战败后依旧喜爱香槟酒，"胜利时，我享用香槟；失败时，我更渴望它！"这是拿破仑对香槟的态度。公元1811年一颗彗星出现在法国的天空，那年的葡萄酒也特别适合酿酒，但拿破仑皇帝下达了大陆封锁令，和俄国关系交恶，甚至在次年引发了对俄国的远征。香槟地区最大的香槟酒生产商凯歌

夫人（原名芭布－妮可·彭莎登，是香槟转瓶桌的发明人）的酒厂秉承资本家没有祖国的观念，依旧把香槟通过走私等手段卖往俄国。1814 年莱比锡会战后拿破仑退位下野，俄国军队占领了法国许多地区，香槟酒成了俄国士兵不花钱就能喝到的"廉价"饮品。凯歌夫人的香槟酒也被俄国士兵糟蹋了不少，这位在丈夫死后苦撑家业的女强人对此并不以为然，"他们在今日所饮的酒，将在明日偿付"。

和凯歌夫人算计的一样，拿破仑战争过后俄国人也成了法国香槟的忠实客户，俄国上层社会把喝法国香槟当成是时尚，亚历山大三世还专门让法国香槟酒生产商为他生产专用的香槟酒。十月革命后，苏联政府大力在本国发展香槟酒（按照法国的命名法应该叫气泡酒，现在只有法国香槟地区出产的气泡酒才叫香槟）工业，普通苏联民众也能喝上香槟是斯大林引以为豪的一项成就。

朗姆酒、白兰地、杜松子酒

酒

近代欧洲海军钟爱两种酒：朗姆酒和白兰地。

朗姆酒由蔗糖的酝酿而成，诞生于加勒比海地区。由于当时的栽培技术所限，葡萄无法在加勒比地区生长，加上当时的密封技术也相对落后，欧洲生产的葡萄酒难以新鲜地运送至大洋彼岸，以满足新大陆人们的需求。同样地，新大陆的人们也很难享受到啤酒。啤酒需要粮食来酿造，而加勒比地区的粮食严重依靠外界输入，啤酒的价值和保鲜能力也不足以支持远洋的成本。好在加勒比海地区从来不缺蔗糖，朗姆酒的生产成本不高，价格亲民又别具风味，正好弥补了市场的空缺。就这样，朗姆酒火了，且顺理成章地成为加勒比及整个新大陆地区最受欢迎的酒精饮料。蔗糖种植园的黑人奴隶喜爱朗姆酒，北美的棉花、烟草种植园的园主喜爱朗姆酒，远洋水手、海盗、海军官兵及所有在海上讨生活的人们也喜爱朗姆酒。

为了保证航行的安全和海军的战斗力，英国皇家海军在官兵们饮用的淡水中也混入了一定比例的朗姆酒，据说这是为了节省淡水船上的淡水资源，同时也保证水手们不会因为喝下过多酒精而贪杯误事。

朗姆酒因价廉物美而广受普通水手的喜爱，白兰地的高冷气质则与军官阶层更接近。可以说，当时欧洲海军的士兵和军官阶层就像朗姆酒和白兰地一样泾渭分明。普通的水手基本上没有跻身军官阶层的可能，他们是各国海军通过各种途径强行征入部队的炮灰，一些人曾经是商船水手、马戏团成员，有的甚至是精神病人。要当上海军军官除了必要的军校背景外，还必须出身贵族，有一定贿赂上级并获取官位的财力也是必备的条件。士兵和军官的收入差距非常悬殊，士兵的工资非常微薄，军官除了工资外还能分到比水手高出几十倍的战利品。普通人想要凭自己的努力在海军队伍中出人头地并不容易，除了自己的家庭出身要好，还要特别能战斗，只有这样才能收获足够多的战利品。有了足够的财富积累，才能买到更高的职位，喝上高品质的白兰地。

与海军这种泾渭分明的等级制度不同，加勒比的海盗们都是狂热的朗姆酒爱好者。他们的收入差别并不大。加勒比海盗船长在分配战利品时只能比普通水手多占一份，虽然船长可以在航行中鞭打、处罚水手，但水手们一样可以喝他的朗姆酒，和他开玩笑。

英国皇家海军的战争改变过两种酒的命运：一种是杜松子酒，另一种则是白兰地。

杜松子酒又名"金酒"，这种酒是由大麦、小麦酿成的粮食酒，因为加上了杜

◎ 酒吧的起源在欧洲，后因新大陆的发现以及第二次殖民掠夺而在美洲产生了新的模式

松子调味而得名，是荷兰的特产。英荷战争爆发前，杜松子酒因为物美价廉被英国人广为推崇，战争爆发后这种酒被爱国的英国人抛弃，一度在英伦三岛上销声匿迹。

　　白兰地则是蒸馏提纯后的葡萄酒。金庸在《笑傲江湖》中杜撰的经过三蒸三酿的西域葡萄酒，原型应该就是"白兰地"吧。英国皇家海军最伟大的英雄纳尔逊，与白兰地就有着不解之缘。在 1805 年的特拉法尔加海战中，纳尔逊击败了拿破仑的海军，保住了英伦三岛。战斗的最后一刻，纳尔逊被法国狙击手击中身亡，他的尸首被放置在白兰地酒桶中运回英国。纳尔逊的尸体被移除后，早已狂热化的英国皇家海军官兵分享了那桶保存了纳尔逊尸体的白兰地。之后，白兰地在皇家海军官兵中地位进一步神圣化。

糖

〈第〉〈六〉〈章〉

糖的煎熬

人类最早的甜味记忆来自母乳中的乳糖，其次就是各种果实根茎中所含的葡萄糖。人类早年并没有提炼出单纯糖类物质的技术，当时人类可以从自然界中获得的最甜美的东西就是蜂蜜。不过一开始人们还没有学会养蜂，人们食用的蜂蜜都是依靠采集的野蜂蜜，价格自然不菲。

据《礼记·内则》篇记载，野蜂蜜是进贡给君主的最好的贡品之一。西汉初年南越王赵佗送给汉高祖刘邦的贡品就有"食蜜五斛，蜜烛 200 只"，结果是"帝大悦"。直到唐朝盛行养蜂后，还有 19 个州郡提供的贡品中有蜂蜜。

中国人养蜂采蜜始于公元 2 世纪的下半叶，姜岐是中国历史上明文记载的养蜂第一人。到了南北朝时期，野蜂蜜和家蜂蜜都风行于世。对于两者的区别，"山中宰相"陶弘景曾有专门的描述。当时的上流社会风行五石散等丹药，而蜂蜜正好是服用五石散及术士炼丹的必需品，这也是

陶弘景热衷于讨论蜂蜜的原因，可见蜂蜜在早年可不是普通人能随便享用的。陶弘景归隐后，他的待遇中有一项就和蜂蜜有关——梁武帝规定当地政府每月必须为他提供两斤白蜜。

唐宋以后，蜂蜜的价格才逐渐降了下来，各种蜜钱点心也大多出现在这个时期。到了十二三世纪，中国产生了一批养蜂著作，元朝政府甚至出面编纂了《农桑辑要》，并正式将养蜂当作农业考察的重点之一。元朝政府的举措与战争有莫大的关系，元朝的穷兵黩武让农民没有闲暇制作当时的食用糖——饴糖，只好大力推广养蜂。

在早年的西方世界，蜂蜜同样昂贵，古希腊和古罗马曾为获到蜂蜜而四处奔波，甚至不惜为此发动战争。希腊曾因觊觎黑海地区丰富的蜂蜜资源，而在黑海地区建立殖民地。罗马对高卢开战，也有妄图掠夺高卢的蜂蜜资源的因素，也正是由于恺撒的征服才使蜂蜜在罗马帝国普及。

糖的起源

（糖）

中国是最早开始人工制糖的国家，我们的先民在酿酒的过程中，发明了饴糖的制作工艺，具体时间在西周时期。《诗经·大雅》篇中就用"周原膴（wǔ）膴，堇荼如饴"来形容周人占据的渭河平原土地肥沃、出产丰富，显然当时的周人是会制作饴糖的。到了春秋战国时代，《礼记》、《楚辞》、《山海经》等著作中都出现了"饴糖"的字样。在当时，饴糖是孝敬长者的礼物。至汉代，中国的饴糖制作工艺已非常成熟，汉文帝曾将饴糖制作技术传授给匈奴。大规模生产饴糖的人家也是当时著名的富豪人家。

当时的先民会在每年的十月份制作饴糖，创作于公元2世纪的《四民月令》对此曾有明确记载。饴糖是中国人祭祖、祭神的主要物品，也是蔗糖大规模普及前，中国人的主要甜味来源。对于中国人来说，没了蔗糖并没有什么大不了的，因为我们还有饴糖作为补充。太平天国战争期间，南方的蔗糖生产受到了影响，山东的饴糖工人很快就发明了高粱饴作替代品，上海城隍庙也出现了用饴糖代替蔗糖的梨膏糖。在中国传统的饴糖制造技术中，南方以稻米为原料，北方最早以黍米为原料，后来又发明了高粱、红薯充当原料。

在中国古代，甜食大部分时间内并不是普通人渴望而不可及的东西，这是人类历史上少有的例外。

日本在古代和近代的大部分时间里都把糖和一切甜味食品当成奢侈品。平安时代的贵族妇女在嫁人时还要特意强调自己的嫁妆里有多少栗子。

同样没有口福的还有西方人，古代西方在很长时间里都只能把蜂蜜当成是唯一的甜点，不少贵族的遗嘱上就郑重其事的写明自己家里有多少桶蜂蜜。

公元前5世纪，印度人发明了制作蔗糖的工艺。在印度3世纪末的佛经《本生经》中，就出现了"蔗汁""糖汁""糖粒"的字样。一个多世纪后的亚历山大东征时，蔗糖开始为西方人熟知，他们称之为"不是用蜂蜜制造的固体糖蜜"。

中国人通过吃甘蔗获取糖分的历史非常悠久。公元前4世纪末的饮食中就出现了蔗浆，蔗浆当时主要被用作甲鱼、羔羊肉的调味品。《楚辞》、《汉书》、《子虚赋》中都有对甘蔗的描述。中国人最早把甘蔗叫作"柘（zhè）""诸柘"，《齐民要术》是"甘蔗"这个名词最早出现的地方。

甘蔗的种植在我国同样有着悠久的历史，古人热衷于引进优良的甘蔗品种来改善自己的生活。从汉武帝时代起，国人就从越南、缅甸、印度等地引进了西蔗、昆仑蔗等优良品种。

我们熟悉的孙权、曹丕、诸葛亮都在自己的统治区域内大规模种植了引进的甘蔗，只有曹丕统治区的产量较差，因为他统治的地区实在不利于甘蔗的种植。曹丕还有一个与甘蔗有关的典故——曹丕曾手持甘蔗与剑法高手邓展比武，却大获全胜。甘蔗的种植在当时的中国南方发展得非常迅速。孙权在南方的甘蔗种植很成功，西晋时江南地区的甘蔗是备受人们喜爱的食品，不少诗作都有所记叙。诸葛亮征服孟获后便在云南实行屯田，甘蔗也是诸葛亮屯田的重要作物，至今台湾地区的糕点业仍然尊诸葛亮为祖师爷。

中国人虽然不是蔗糖制作工艺的发明人，却在改善蔗糖制作工艺方面颇有建树，在榨糖工艺和制糖方法上都有着重大贡献。在最初印度的榨糖方法中，并没有将甘蔗去皮的工序，唐宋时期的先民们发现了这个弊端。他们发明了蔗渣过蒸再榨法，出糖率明显高于印度的制糖方法。

元朝建立之初，因为战乱而导致市场上的蔗糖极少，蔗糖成了极为昂贵的商品。曾任忽必烈右丞相的畏兀儿大臣廉希宪患有重病，医生开出处方，需佐沙糖（即红糖）服药，廉希宪的家人遍寻整个大都城无法寻得。同样是畏兀儿人的阿合马听闻此事，为廉希宪送来了两斤沙糖，廉希宪却严词拒绝："如果吃了沙糖真能够活下去，我也不愿意吃权奸的沙糖以求活命。"原来阿合马是元朝财政的一把手，负责管理元朝的财政，也是著名的贪官和权奸。廉希宪此举很有"君子不饮盗泉之水"的意味，同时也道出了蔗糖在元朝建立之初的昂贵。忽必烈在听说这件事后，从自己的皇宫中凑出了三斤沙糖送给廉希宪治病。

蒙古政权的死对头南宋，在福建、浙江、四川等地均有大量的蔗糖出产，南宋甚至为蔗糖生产设立了专门的管理机构。忽必烈的哥哥蒙哥生前一直未攻克的钓鱼城——梓州，是南宋重要的蔗糖产地，也是冰糖的发明人邹和尚出家的地方。可以说，蒙哥穷其一生也没能为蒙古帝国抢到足够的蔗糖资源。

忽必烈灭亡南宋后，特别设立"舍儿别赤"一职来保证宫廷的蔗糖的供应，以管理"舍儿别"（糖浆）的生产。忽必烈还保留了南宋的砂糖局，并任命回教富商充当负责人，结果糖价比宋朝高涨了十几倍。当然了这是相对于南宋时期而言的，对马可波罗的同乡意大利旅行家鄂多里克（1322年到1328年在中国旅行）而言，元朝的糖价依旧便宜得不像话，他在游记中这样描述泉州的糖价："你用不着花半个银币就能买到三磅八盎司（1.7公斤）的糖"。

中世纪的欧洲非常缺糖，还是伊斯兰教的传播令欧洲人发现了蔗糖的妙处。伊斯兰教传播到印度地区时，伊斯兰教众学会了蔗糖的制作工艺，他们后来将制糖工艺带到了塞浦路斯、罗德岛、克里特岛、西西里岛等征服地区。由于当时欧洲大陆的西班牙也被伊斯兰教征服，这里也成了伊斯兰教政权的制糖基地。十字军东征时，欧洲人占领了塞浦路斯和西西里岛，因此而掌握了甘蔗制糖工艺，蔗糖的用处也随之而神秘化。

拜占庭帝国的御医也把蔗糖当成是治疗发烧的良药，糖渍玫瑰花露就是拜占庭的著名药方。到了 15 世纪，欧洲人相信蔗糖可以治疗"热症、咳嗽、胸闷、唇裂、胃病"。黑死病的流行加大了欧洲人对蔗糖的迷信，蔗糖在欧洲药品界的地位可以用当时的一句俗语来证明——当时的欧洲人将绝望的状态描述为"一家断了蔗糖的药店"。就连神学界也出面为蔗糖背书，《神学大全》一书里把蔗糖当作著名药品，并郑重其事地指出斋戒日吃蔗糖不算违戒，因为蔗糖是上帝赐予的良药，不是供味觉享受的食品。

在鄂多里克离开中国的第三年（公元1331 年），元朝的统治出现了问题。云南的诸王秃坚就自立为云南王，大凉山一带的彝族人也揭竿而起。面对这种局面，元朝四川方面除了派出各路人马镇压外，还特意下令叙州驻军抢割彝族人的甘蔗，并令成都的 290 名冰糖户驻防叙州（今四川宜宾）。早在唐朝时期，叙州一带就已经种植了甘蔗，到了宋朝时期，当地的彝族人也学会了甘蔗种植。叙州是当时的作战前线，这 290 名冰糖户显然保护不了叙州，但他们却可以帮忙熬糖。军政长官这样安排，无非是想平乱、发财两不误。

明朝建立后，中国的制糖方法改为三道榨取法，江西蔗农还发明了渗出法。专门经营蔗糖买卖的潮州商人也在明末出现，并且很快成为中国著名的一支商帮。到了明朝中后期，凡是能种植甘蔗的地区都出现了大量的蔗农，各种糖坊也如雨后春笋般出现，中国蔗糖的井喷式发展和大航海时代密不可分。1452 年，葡萄牙人在马德拉群岛设立了糖厂。3 年后，马德拉群岛的蔗糖产量达到了 20 万磅。达·伽马航行到印度的 1498 年，马德拉群岛的产糖量已经扩展了 20 倍。在大航海时代初期，蔗糖是仅次于香料的暴利生意。葡萄牙人在澳门进行的远东金银套购贸易每年都会从日本换取 60 到 70 万两白银，这些白银又被他们用来在中国采购蔗糖，中国人的蔗糖生产就这样被动地进入了全球化时代。

蔗糖贸易

1549年葡萄牙人正式在巴西建立殖民地，修筑了海岸防御体系和大量的蔗糖种植园。巴西的蔗糖产量在17世纪初达到每年两万吨，占据了欧洲蔗糖市场的百分之八十。16世纪末17世纪初，丧失了香料垄断地位的葡萄牙人却成了蔗糖贸易的大赢家，蔗糖贸易收入竟占葡萄牙政府收入的四成。葡萄牙人的成功让西班牙人和荷兰人也争先恐后地加入到蔗糖贸易中来。同时扩张东亚蔗糖贸易的还有中国海商集团，16世纪时，广东、福建的移民已经在菲律宾的吕宋岛推广了甘蔗生产。用中国的蔗糖换回吕宋岛的金银是中国海商的传统生意。1571年西班牙人占领吕宋岛，用西班牙国王"菲利普"的名字将吕宋岛和周边岛屿命名为"菲律宾"。西班牙人和中国海商集团关于蔗糖生意的纷争正式展开。西班牙商团并非良商，他们奉行的原则就是用武力彻底独占市场，中国海商的商业利益得到了毁灭性的打击。当时的中国海商也不是善男信女。在有利可图时，中国的海商也当过海盗。1574年，中国海商同时也是海盗的林凤因劫掠中国沿海，遭遇明军打击而南下逃逸，率62艘船、三千余名战士远征菲律宾。而直到17世纪后期，驻扎在菲律宾的西班牙殖民军队也才三千多人的规模，在三千多人的军队中，欧洲人只有一千多人。1574年驻扎在菲律宾的西班牙殖民地军队实力无疑更为薄弱。战争的结果是林凤在1576年被尾追而来的明朝水师联合西班牙人击败，西班牙殖民地当局躲过了这场浩劫。可是之后为了更好地独占菲律宾的各种资源，西班牙殖民当局却恩将仇报地分别在1603年、1639年、1662年、1762年对菲律宾的华人、华侨进行了四场大屠杀，华人、华侨在菲律宾的蔗糖生意也遭到了毁灭性的打击。

中国商团还将蔗糖生意拓展到了荷兰东印度公司占据的巴达维亚（印度尼西亚城市）。顺治五年（公元1648年），华侨潘明岩在巴达维亚设立糖厂，开创了印尼制糖业的先河，到1710年，华人糖厂高达125家。当时印尼记录在案的糖厂有130家，除一家为官办外，荷兰人的糖厂只有4家。华人制糖厂的产品不但出口东南亚各国及欧洲，甚至还打入了蔗糖故乡印度市场。印度甚至承认白砂糖是中国的特产，这在他们的名词中有所反映。随着华人数目的不断增加及经济实力的不断增强，荷兰人开始担心他们会反客为主。于是，在1740年，荷兰人将屠刀对准了华人，遇害华人达数万人之多，这就是东南亚历史上著名的"红河惨案"。

荷兰人和蔗糖的缘分最早来自于台湾。1624年，荷兰人在台湾南部登陆，那时台湾主要出口鹿皮和蔗糖。荷兰人在台湾的蔗糖贸易中获利丰厚。到 1650 年，荷兰人出口蔗糖达到 4000 吨，获利 30 万荷兰盾。蔗糖贸易的丰厚利润也吸引了抗清领袖郑成功。郑成功在厦门岛被清军短暂攻占后，损失了白银两百多万两，清朝还下达了禁海令。郑氏集团本身地盘狭小又不能和往常一样得到内陆的生丝进行海外贸易，陷入困顿中。1662 年，郑成功率领两万多名士兵收复台湾。野战中，台湾的荷兰武装力量不敌郑成功的大军，但凭借棱堡的作用，荷兰人还是坚持了数月。围城期间，荷兰东印度公司的海军试图救援，也遭到了失败，最后不得不投降。占领台湾后，郑成功一方面组织军民屯田生产，一方面大力扶持蔗糖生产，垄断蔗糖贸易。

虽然有台湾作为中日蔗糖贸易的重要中转站，但日本的糖价却高得离谱。一斤中国出产的优质蔗糖在日本能卖到 500 文，对当时的日本民众而言，这并不是一个小数目。在江户时代的大部分时期内，500

文铜钱都足以换来整整一石大米，相当于职业工匠十天或农夫近一个月的收入，折合成现在物价，相当于人民币上千元一斤。中国明清时期的蔗糖价格相当于现在的 20 到 30 元，和日本竟存在几十倍的差价。郑氏集团发现了这一商机，利用蔗糖换取了日本铜铸造的铜钱，支持着南明的半壁江山。郑成功占据台湾后，就将蔗糖贸易当成维持政权的第一要务，每年郑氏集团都有数十艘各类船只前往日本进行蔗糖贸易。根据日本方面的统计记录，1648 年到 1683 年的 36 年的时间里，郑氏集团开往日本的糖船数量在 20 艘以下的只有 1 年，20~29 艘之间的有 11 年，30~39 艘之间的有 9 年，40~49 艘之间的有 7 年，50 艘以上的有 8 年，平均每年 31 艘，每年至少运送蔗糖 18000 吨。蔗糖换取的巨额财富支持着郑氏集团长期与清朝对抗，也让日本和清朝眼红不已。

郑氏集团交易的对象是德川幕府，德

◎ **荷兰人修建的热兰遮城**

川幕府的死对头萨摩藩自然不愿让德川幕府独吞蔗糖暴利，于是萨摩藩将扩张的目标对准了琉球。琉球就是现在的日本冲绳，当时是中国的属国，人口稀少，武装力量薄弱，但却是种植甘蔗的好地方。海军力量雄厚的萨摩藩利用战争将琉球变成了自己的属地。琉球出产的蔗糖成了萨摩藩的经济支柱，萨摩藩的制糖工艺并不先进，他们制作的蔗糖颜色发黑，卖相很不好，但价格也相对便宜，很快挤占了日本的低端市场。为了削弱萨摩藩的经济实力，德川幕府的八代将军德川吉宗在日本大力推广甘蔗种植。这个无视日本自然条件的计划在日本大部分地区遭到了失败，只在赞岐、阿波等少数地区研制成功了所谓的"和三盆"精制白糖，依旧无法撼动萨摩藩粗制糖对低端市场的垄断。萨摩藩利用琉球岛的蔗糖专卖权，顽强地抵抗了历代德川将军的各种明枪暗箭，终于在明治维新时达成了两百六十多年的复仇夙愿。

康熙收复台湾后，也看中了蔗糖贸易的巨大利润。从康熙时代起，清政府便组织商船去日本买铜铸钱，这笔巨额利润成了清朝政府解决巨额军费开支的窍门之一。在了解郑克塽所述的对日交易的情况之后，康熙于 1685 年（也就是收复台湾两年后）下令福建省筹备蔗糖准备狠宰日本人一笔。这年七月，13 艘清朝政府官船赴日交易，这笔蔗糖换铜的生意其利润令所有人喜出望外：当时的人们只需到达日本就可获取 5 倍暴利，返回中国将铜卖掉便又可以换取一倍的利润，一个来回竟有十倍以上的暴利。对此，清朝政府的官方船只态度积极，

民间得到内务府允许的船只也十分踊跃。仅 1685 年一年，清朝就有 73 艘官民船只赴日进行贸易，是郑氏集团贸易量的一倍以上。从 1685 年到 1708 年，共有 1694 艘中国商船进行此类贸易，平均每年 70 艘。根据日本人的估算，从康熙元年（1661 年）到康熙四十七年（1708 年），日本因与中国的蔗糖贸易流失了一亿多斤铜，长此以往日本的金银铜贵金属会在几十年内流失殆尽，陷入无铸币材料可用的可悲境地。康熙四十七年，德川幕府终于承受不住每年流失大量铜钱的财政压力，命财务官员仔细核定，并正式向康熙皇帝提出贸易限制的要求，限定每艘中国商船所携带的货物不能超过 6000 贯，荷兰人商船不能超过 3000 贯。康熙皇帝只得同意，此后每年的交易船只降到三十余艘，每年中国船只带走的日本铜数量也降到了 60 万斤。尽管如此，这种交易仍是当时最赚钱的买卖。蔗糖换铜的"铜商"被公认为当时的"财神爷"，各路权贵和豪商费尽心思都想挤进去分一杯羹，康熙也常把贸易资格当成是赏赐亲信、部下的一种手段。苏州织造李煦在 1700 年就曾向内务府借款，准备赴日贸易，康熙不但放行，还在两人的密折中暗示李煦可以拉上自己的亲戚江宁织造曹寅一同照此办理。

在幕府时代的蔗糖交易中，日本无疑是"吃亏"的一方，但他们的损失在明治时代找了回来。明治时代，日本的大权掌握在长州和萨摩藩出身的官员手中，萨摩藩出身的官员对于蔗糖贸易的暴利可是念念不忘。他们的祖先在德川幕府时代就有

吞并台湾的念头，1870 年日本就迫不及待地派出军队侵袭台湾。甲午战争后，日本正式吞并台湾，"东方甜岛"正式落入日本人之手。日本人在台湾大搞开发，实行专卖政策，想将台湾建设成自己的原料基地，蔗糖产业自然是这其中的重中之重。1909 年到 1910 年，台湾蔗糖产量为 204241吨，日本人搜刮走了 197580 吨。这些蔗糖又被日本糖厂当作原材料再度加工，卖到中国大陆赚取更大的暴利。1912 年，中国进口洋糖 27 万吨，价值银元 3725 万。到了 1929 年，进口洋糖高达 89 万吨，价值银元 1.5787 亿。这个数字超过了中国所有民族工业的产值，是荣氏兄弟产业的近 5 倍，可以供中国的军阀进行长时间的战争。中国糖业的兴衰是中国近代的一处缩影，我们祖先对甜味的追求曾一度让中国在制糖工艺和蔗糖贸易方面遥遥领先，而在任人宰割的近代中国，人们却要为品尝甜味付出沉重的代价。

我们把时间回溯到 1655 年，这一年英国护国公克伦威尔派出海军夺取了西班牙在加勒比海上的小岛牙买加，他的本意只是想给西班牙人一个教训。五年后，一个姓贝克福特的伦敦裁缝来到牙买加讨生活。当时的牙买加是海盗的乐园，图图加港更是加勒比海盗兄弟会搜集水手出售赃物的地方。和《加勒比海盗》中描述的一样，海盗们一言不合便会拔刀相向，这在当时的牙买加是常见之事。加勒比海盗中的重要成员亨利·摩根，在牙买加被英国人占领时刚过 20 岁生日，他当时还是一个普通水兵。等到贝克福特在牙买加四处寻找机

会时，摩根已经当上了海盗船长。此后，摩根在加勒比海上四处寻找商船打劫，摩根的队伍曾一度攻占了西班牙占领下的巴拿马。摩根的大胆和残忍让他在加勒比地区获益丰厚，更成了英国人的国民偶像，最后还当上了牙买加总督。贝克福德的大胆也不输摩根，他在牙买加卷入了多起谋杀案，甚至涉嫌杀死牙买加总督和检察长。亨利·摩根最后的归宿和贝克福特一样，是当上了牙买加种植园主，靠着暴利的蔗糖生意颐养天年。贝克福特当时并不为英国人所熟知，他在牙买加经营起了蔗糖生意，买下了大量土地，建立了种植园，贝克福特家族扎根于牙买加的土地上，开始了自己的经营。

与此同时，一种来自东方的饮料开始在英国流行。1658 年，英国出现了第一个茶叶广告，茶叶和蔗糖一样被当时的上流社会当成了彰显自己地位的奢侈品。两种奢侈品在英国很快被结合在了一起，经过150 年的时间，逐渐成了英国人离不开的东西。贝克福德家族也经过了这段漫长时间的经营成了英国首富。

"蔗糖最好的伴侣"茶叶在 17 世纪进入英国。茶叶的珍贵从英国皇后凯瑟琳嫁到英国的嫁妆清单上可见一斑，这个昔日的葡萄牙公主郑重其事地声明自己的嫁妆包括一箱茶叶。英国的茶叶当然来自中国，东印度公司的商船往来运送茶叶一回最顺利也需要一年半时间，如果遇到意外，英国人喝的茶叶就至少是两三年以前的。传统意义上新鲜采摘的绿茶在这种运输条件下自然会败下阵来，英国人喝的茶叶就成

◎ 18世纪享用茶点的英国家庭

了能够长期保存的红茶。可惜中外奸商是一家，中国奸商在对外出售茶叶里加入了铜绿、羊粪，而最早把化学工业上的各种元素加到茶叶之中的便是英国奸商，这种漂洋过海的茶叶其味道可想而知。这种进口茶叶品质如此低下，价格却高得吓人。17世纪，英国海军部的高级职员塞缪尔·佩皮斯就记录了自己和妻子喝茶的花费：他们为了购买100克茶叶而支付了自己一个多月的收入。夫妻俩如此奢侈的消费行为可不是为了跟上当时上流社会的风尚，而是因为塞缪尔·佩皮斯的妻子生病了，不得不购买茶叶入药。17世纪的英国上流阶层有一整套的喝茶礼仪，也有和这套礼仪配套的昂贵茶具和甜点。自然而然地，在茶里加上同样昂贵的蔗糖就成了最好的选择，这样至少可以稍稍遮盖下那些掺杂在茶叶里的各种可怕的异味。任何事物的流行都是从上而下、慢慢扩散的，先是英国的商人和乡绅效法贵族的风尚开始喝茶，最后才是英国的工人阶层。早先英国工厂的工人们喜欢拿啤酒和便宜的杜松子酒当日常饮料，以此麻醉自己。在全民饮茶的风尚掀起后，他们才学会了饮茶。逐渐地，英国的企业家们发现了茶叶饮品的提神功效，能帮助工人提高工作效率，因此，他们并不反对工人们在生产的间隙喝茶。

茶的流行加大了蔗糖的需求。虽然法国也是蔗糖生产大国，但由于法国人没有喝茶的习惯，故法国当时的蔗糖消耗只有英国的八分之一。英国19世纪初的一个调查结果显示，117个英国家庭中只有10个家庭没有一周饮一次红茶的习惯；有17个

家庭表示在喝茶的时候不加糖。英国的富裕阶层会为了彰显自己的品位而饮茶；没有足够时间做饭的英国贫苦阶层只能拿加糖的红茶和燕麦、马铃薯充当自己的三餐。

茶和糖的普及，让远在牙买加的贝克福德家族大发横财。到了贝克福德家族的第三代，他们登上英国首富的宝座。威廉·贝克福德的父亲不光以年收入10万英镑登上了英国首富的位置，还两次担任伦敦市长。父亲在威廉·贝克福德9岁时去世，为他留下了巨额财产和勋爵地位。威廉·贝克福德的富有程度，让同时期的拜伦赞叹不已。和威廉·贝克福德一样，英国还有不少类似的蔗糖生产商家族，他们的祖辈也在牙买加等地靠蔗糖生产和奴隶贸易致富。他们发达后，携家族重要成员返回伦敦继续发挥其影响力。英国人称这些蔗糖生产商为"国王级"富人，称烟草、棉花种植园主为"伯爵级"富人。当时英国的一级公爵年收入15000英镑，英国王室买进白金汉宫也才花了三万多英镑，而当时贝克福德家族的年收入就达到了10万英镑，的确可称得上是拥有"国王"级的财富。英王乔治三世对这些暴发户也是羡慕嫉妒恨，这些暴发户的马车竟比他的还要豪华。

威廉·贝克福德同样广为人知的，还有他的同性恋丑闻以及他翻译的《一千零一夜》。威廉·贝克福德不仅身体力行地翻译《一千零一夜》，还经常模仿《一千零一夜》中的故事场景举办派对。《一千零一夜》能流行至今，他实在功不可没。

威廉·贝克福德的堂兄塞缪尔·贝克福德的贡献是将自己在牙买加经营蔗糖生

意的点滴小事记录到日记中。这本日记成了研究当时蔗糖贸易的最直接的资料。和自己堂弟威廉·贝克福德不一样的是，塞缪尔·贝克福德只有 3 个种植园、12 万英镑现金以及数百名奴隶。据他的日记记载，他的每名奴隶价格高达 40 英镑，而他在整个牙买加拥有四十多万名奴隶，每年还要从非洲购入三万多名奴隶作为补充。对塞缪尔·贝克福德而言，购买奴隶是"必要的昂贵投资"。奴隶是西方蔗糖产业的重要劳力资源，殖民时代的欧洲劳动力匮乏，来自欧洲的殖民者也非常不适应热带、亚热带地区的生产方式。自葡萄牙人在大西洋群岛上开始蔗糖生产活动时起，奴隶贸易就一直是西方蔗糖生产的主流。黑人奴隶被看成是劳动力和机器部件，塞缪尔·贝克福德在日记中将他眼中的奴隶劳动比作交响乐，当黑人奴隶被榨糖的机器卡住胳膊时，塞缪尔·贝克福德将毫不犹豫地命令监工用刀斧把奴隶的胳膊砍掉。

荷兰西印度公司在加勒比海的蔗糖贸易失败后，就转行为蔗糖商提供奴隶。从 1630 年到 1749 年，荷兰西印度公司一共卖出了 15.6 万名奴隶。奴隶贸易大户还有英国人自己，从 1701 到 1800 年，他们共卖出了 253.2 万名奴隶。同时期的法国人卖出了 118 万名。非洲国家内部也有买卖奴隶的国家和商队，贝宁就是奴隶资源的另一个的主要提供者，阿拉伯奴隶商人的生意维持了上千年。处罚奴隶更是常有的事情，私自离开种植园的奴隶就会受到鞭笞，连溜去其他种植园看望自己的子女也不例外。黑人奴隶们维持了牙买加当时七百多座种植园的生产，为英国人带来了每年三百多万英镑的蔗糖收入。整个牙买加的繁荣就建立在塞缪尔·贝克福德笔下黑人奴隶的血汗和尸骨之上，三分之一的黑人奴隶难以在高负荷的劳动下坚持工作三年。

甜岛争夺

糖

众多加勒比海的岛国因为蔗糖生产而被欧洲列强视作禁脔。

法国人对甜食不像英国人那般狂热，法国加勒比群岛的蔗糖价格要比英国低得多，英国是凭借着高额关税才将法国蔗糖挡在本国市场之外的。

七年战争后，英国夺取了法国的马提尼克岛和瓜德罗普岛。这本是英国糖价全面下跌的大好时机，但英国国会中有40名西印度蔗糖生产商出身的议员，为了维护自身的利益，他们当然不想让英国民众吃上更便宜的蔗糖。在这些人的游说下，英国国会通过了退出马提尼克岛和瓜德罗普岛的法案，和法国人签订了占有加拿大的协定。法国核算了收益和成本后，认为自己并不吃亏，就用数百万平方公里的加拿大，换回了两个数百平方公里的小岛（加拿大的全部开发要到19世纪，当时加拿大的太平洋沿海还没有被发现），这就是蔗糖生意的暴利所在。

在法国从西班牙手中夺取的海地，同样的奴隶生产也在进行。大仲马的祖父安东尼－亚历山大·达维·德·拉巴叶特里侯爵就是这些投资人中的一员。拉巴叶特里侯爵在法国陆军军需部门负责采购工作，发家之后将投资转向海地。就像每一个种植园主一样，拉巴叶特里侯爵也和自己种植园的黑人女奴有了后代，其中一个就是

大仲马的父亲。

1775年，英国在新大陆的居民为了不交税在波士顿将东印度公司的三船茶叶全部倒入海中，就此掀起了美国独立战争的序幕。这场战争对牙买加的影响有两个，一是牙买加的种植园得不到新大陆的廉价粮食，成本加大。二是美国人开始购买海地蔗糖，英国丢了重要的蔗糖市场。到了18世纪末，海地蔗糖占据了全世界4成的市场，但与此同时平等自由的思想也像在法国一样在海地传播起来。最早在海地传播追求平等自由思想的正是海地种植园主们，这群人在法国大革命爆发后也有样学样，疯狂地在咖啡馆里举行各种政治活动，要求人人平等。当然他们所谓的平等是种植园主和法国贵族等第一阶层的平等，所谓的自由是自由的剥削黑人奴隶的自由，黑人奴隶的自由平等不在他们考虑范围之内。这些种植园主自发的组织起来和殖民地当局战斗，试图造成海地的独立，让他们一劳永逸的统治非洲黑人奴隶，独享蔗糖利润，最后自然是失败了。大仲马的父亲亚历山大在法国大革命爆发后执意回国参加军队，在被拒绝后将自己黑人母亲的姓氏仲马当成自己的姓氏。在法国大革命爆发的一系列战争中，亚历山大·仲马变现出色，他以寡敌众守住了法军的桥梁，30岁出头经凭借军功成为将军，和拿破仑

一样是法国大革命冉冉升起的新星。不过他和拿破仑政见不合，被后者排挤被迫退出现役。最后，仲马连退役津贴都拿不到，死在贫困之中。后来大仲马的祖父也宣告破产，让年幼的大仲马饱受饥寒交迫之苦。

另外，海地种植园主发动的革命之所以失败和海地的人口构成有关。在1779年的人口统计中，海地拥有54.5万居民，其中白种人4万人，黑奴48万人，其余的全是混血人种。之后海地又掀起了布克运动，布克运动的领导人布克（就是英文书的意思）利用伏毒教号召黑人杀光白人，一千四百多个种植园被烧，倡导"平等博爱"的白人种植园主也有两千两百多人被杀，

布克运动的旗帜图案就是一个白人婴儿的尸体。除了布克运动，西班牙人和英国人也跑过来凑热闹，两国军队也纷纷开进海地。最后登上海地政治舞台的是杜桑·卢维杜尔。这个种植园奴隶和马车夫出身的黑人英雄在1801年1月率领起义队伍攻下了西班牙殖民者长期盘踞的圣多明各城，统一了整个圣多明各岛。1802年1月，拿破仑派遣他的妹夫夏尔·勒克莱尔率领54艘战舰和将近3万侵略军在海地登陆，准备收复这块高含金量的殖民地，如果一切顺利大仲马一家也会是受益者。夏尔·勒克莱尔虽然和拿破仑当了亲戚水平却一点儿也没长进，虽然有种种优势却不能消灭

◎ 为殖民者收割甘蔗的黑奴

242

杜桑·卢维杜尔的军队，只好伪装和谈生擒了杜桑·卢维杜尔。杜桑·卢维杜尔后来被送往法国监狱，并死在了法国，临终前他的遗言是"你们毁灭我，只会使圣多明各的奴隶的自由之树得到更多的灌注。这棵树会重新成长起来的，因为它的根很深、很多"。夏尔·勒克莱尔没能击败海地起义军也把自己的性命丢在了海地，他得了黄热病去世。法军上下群龙无首只好撤军，1804年1月1日，海地正式宣告成立自己独立的国家。

英国人一直以自己率先在欧洲列强中废奴而骄傲，但其实这背后也有蔗糖的经济利益驱动。和蔗糖的甜美结合在一起的茶叶是18、19世纪世界贸易的最重量级产品，茶叶贸易占据了东西方贸易的一半以上。英国东印度公司是把这种甘苦贸易做大的典范，他们自己也贩卖白糖。英国之所以最先推动解放黑奴运动，背后原因之一就是东印度公司为了让自己的糖业竞争对手——加勒比群岛蔗糖种植园缺乏劳动力的"釜底抽薪"之计。通过贩卖茶叶英国东印度公司每年获利上百万英镑，而英国政府也从茶叶贸易中获取了每年十分之一的财政收入。英国东印度公司赚得盆满钵满，该公司拥有的免交茶叶税特权使得新大陆的茶叶走私商人也无法和他们竞争，茶叶俨然成了英国压迫北美殖民地人民的帮凶。后来的情境我们都耳熟能详，北美茶叶走私贩子成立了茶党发起了波士顿倾茶事件，掀起了北美独立战争的序幕。茶叶自此以后和大部分美国人说再见，美国

成了咖啡占主导地位的国家。

咖啡最早出现在埃塞俄比亚，它传入欧洲和1683年的维也纳之战有关。咖啡最早成为流行饮料和奥斯曼帝国密不可分，早期的咖啡是奥斯曼帝国上层分子和知识分子的饮料，小杯的土耳其咖啡和土耳其水烟是这些脑力劳动者的最爱。维也纳之战中，奥斯曼帝国大维齐尔（相当于宰相）卡拉·穆斯塔法被突如其来的波兰骑兵击败，仓皇逃窜，给获胜的欧洲联军留下了大量财宝和咖啡。欧洲联军并不认识咖啡，一致认为这是骆驼的饲料（这倒也不错，最早的咖啡就是被骆驼发现的），就把咖啡豆送给了围城战中的一个英雄科胥斯基。科胥斯基恰好知道咖啡的用处，于是咖啡正式走到了西方人的生活中。咖啡流行很快，很多作家、艺术家都和咖啡有不解之缘，很多军事人物也和咖啡缘分不浅。比如腓特烈大帝，他就很喜欢咖啡。但根据伏尔泰的评价这位名将国王的咖啡品味实在不咋样，伏尔泰就是受不了腓特烈皇宫中低劣的咖啡而离开了普鲁士。

蔗糖和奴隶是西方近代化绕不过去的话题，特立尼达和多巴哥的总理埃里克威廉斯就坦言"哪里有砂糖，哪里就有奴隶"。海地独立后，黑人自己的权力制度下依旧有奴隶，海地共和国的高层以总统让雅克德萨林为首，占有了大量种植园全盘接受了种植园制度，这也继承杜桑·卢维杜尔事业的结果，杜桑·卢维杜尔本人在海地独立后就是海地大地主。海地独立是受到美国独立战争的影响，但美国自己也对蔗

糖贸易兴趣浓厚，甚至在建国之初就有发动战争的冲动。1818 年美国吞并了西班牙在北美大陆的领地佛罗里达，站在佛罗里达的最南端美国人就可以看到西班牙最主要的蔗糖产地古巴。两地的距离只有 90 英里，对于美国来说这种距离是诱人犯罪的距离，《金元外交》一书中描述这样描述美国对古巴的渴望"美国要夺取古巴的愿望和美国本身的历史一样老"。1822 年 2 月，美国驻古巴大使就同门罗总统通信称古巴三分之二到四分之三的土生白人"决心隶属美国——作为一个州而不是殖民地"。门罗总统的名言就是"美洲是美洲人的美洲"，对于任何扩大美国影响的机会门罗总统都不容错过，当年 3 月门罗就派出西印度舰队去古巴"征求"古巴人民的意见。门罗大概是觉得西班牙海军早已衰落不足为惧，没承想却惹来了英国海军的干涉。当时美国海军的实力是法国海军的四分之一，俄国海军的八分之一，而英国海军的主力舰数量超过西方其他国家海军的总和。1823 年英国海军以防备海盗为名出现在加勒比海上，他们的命令中有一条就是"必要时可以直接登陆古巴"。英国人一向不为他人作嫁衣，英国海军出动的理由其实还是蔗糖的利益。英国外交大臣坎宁在议会中指出如果听任美国吞并古巴就意味着英国在西印度群岛利益最终完全毁灭。

这种本来风马牛不相及事情之所以会惹得英国如此震怒，还要从英国本土说起。18 世纪末英国掀起了废奴运动，威尔伯福斯议员联系各界人士对西印度群岛的蔗糖生产进行抨击。1775 年英国法院判决黑人奴隶萨默塞特为自由人，英国法院的判词是"只要是在英国国内，黑人就不是奴隶"。但牙买加这些殖民地的奴隶不在英国法律保护之列，威尔伯福斯和西印度群岛议员们展开了政坛上多次对决，终于在 1807 年通过了废奴法案。这个法案规定英国不再进口奴隶，但原有的奴隶依旧要归主人所有，奴隶的后代将是自由人，英国和殖民地全部废除奴隶制度要到 1833 年。牙买加的政治经济大权都操控在种植园主手中，这些人眼看不能在法律层面取胜就企图加入美国来维护自己的利益。英国人如果眼睁睁地看着古巴加入美国就意味着牙买加也能如法炮制，为了维护自己每年数百万英镑的蔗糖利益，英国才不得不出手。美国无奈之下只好放手，美国政府扬言："从美国国家利益角度出发，古巴具有任何其他外国领土所不可比拟的重要性。"美国政府还预言道："古巴并入美利坚合众国将是联邦得以继续存在和保持完整所不可或缺的……就像物理上存在引力定律一样，政治上也存在同样的法则。由于暴风雨的吹打，从树上掉下的果子只能落到地面，同样的道理，古巴一旦脱离它与西班牙那种人为的、不自然的关系，又无法维持自己时，他只能而且也是必然的倒向北美联邦；而且，由于同一法则的作用，北美联邦也无法拒绝古巴的加入。"美国人在等待古巴发生巨变的同时也发现了离旧金山 3846 公里以外的洋面上，有一个盛产甘蔗的群岛，这个群岛同样能给他们带来暴利。这个群岛就是夏威夷，更妙的是吃苦耐劳的中国移民已经用他们古老的石臼和铁锅为夏威夷的糖业生产打下了基础。这些中国最早的夏威夷移民也没有想到，他们在距离家乡数千公里之外的太平洋小岛夏威夷上的生产和生活，不仅带给美国充足的糖源和贸易收入，还导致了夏威夷王国的灭亡。

1802年，中国人最初登上夏威夷时，这里长着茂盛的甘蔗，但是岛上的人并不懂得榨汁制糖。中国开拓者用家乡带来的最原始的石臼糖碾和熬糖锅，在夏威夷群岛的兰尼岛上提炼出了有点泛黄的粗糖。这里丰富的甘蔗资源引来了更多的华人和白人，白人一来就是开设大规模的机械化糖厂，并很快淘汰了华人的手工作坊。

夏威夷制糖业的第一次机遇是1861－1865年的美国南北战争，战争使糖价长了5倍，欧美人立刻逐利而来。1876年，夏美两国签订了蔗糖免税进入美国的条约，这无疑给岛上的制糖业打了一针兴奋剂。中国人陈芳开始收购岛上的糖厂、蔗田、先进设备，并从中国招募了上千华工，建起当时最大的糖厂，为他日后成为华侨中的第一位百万富翁打下基础。从这一年开始，夏威夷政府开始向亚洲国家大量招募劳工。1891年，利留卡拉尼继承了兄长卡瓦卡努的王位，成为夏威夷的末代女王。利留卡拉尼见多识广，她年轻时游历欧洲，思考并研读过欧洲各国的宪法，她曾想在自己的岛国颁布一部夏威夷大法以抗衡美国，但是来自欧洲和美利坚的白人商团不同意。在他们看来，新王法有可能影响他们在全球的食糖贸易，断了他们的财路。1893年的1月，由一百多名美国人，那些商团的会

员手执火枪与前来支援的美国海军陆战队里应外合，占领了女王的王宫，推翻了这个家族对夏威夷93年的统治，女王曾带着夏威夷土著联合签名的文件到美国国会去请愿，但等待她的却是被软禁在岛上。美国人又经过了5年的"努力"，终于将夏威夷这个出产蜜糖的花园，变成了美国的一个地区。陈芳比女王还大13岁，1849年24岁的陈芳到夏威夷当学徒时，未来的女王还是一位头戴花环的少女。

后来，陈芳和女王有了点姻亲关系，这位食糖实业家兼巨贾曾出资把他夏威夷妻子的义兄卡瓦卡努推到了夏威夷第七位国王的位置上。自己也因之成为枢密院议员。光绪皇帝在1881年又钦命他为中国驻檀香山总领事。卡瓦卡努国王到中国访问就是陈芳赞助的，他还安排国王会见了李鸿章。由于陈芳身为中国驻夏威夷领事馆总领事的缘故，夏威夷华人从此可以享受领事保护权。夏威夷王国还通过了多项保障华人权益的法案。陈芳并没在白人商团的政变中受到太大的损失，因为他在利留卡拉尼登基前一年，就变卖家产，并将其中三分之二的家产（60万美元）带回了中国，开始了造福乡梓的又一个阶段的生活。并不是所有的中国人都像陈芳一样幸运，中国人在糖业生产上再一次败在了西方人的炮火之下，夏威夷成了美国的第50个洲。

1895年被西班牙人称为"永远忠诚的古巴岛"的爆发起义，4年时间内战火破坏了10万个小农庄，3000个牧场，700个咖啡园被破坏。1898年年初古巴起义军已经占领了全国三分之二的国土，西班牙政府

也不得不承认自己"丢失了古巴",西班牙政府硬撑着就是想获得一个体面的收场而已。美国政府期盼了七十多年的良机终于来到。

1898 年 4 月,美国借口"缅因号事件"和西班牙开战,西奥多罗斯福更是率领自己的"义勇军"作秀一样的登陆古巴。三个多月后,美国从西班牙手中接管了古巴这个"熟透的果子"。

这时候,美国已经不再提议让古巴加入美国,成为美国一个州——加勒比众多岛国的风光早已不在,制糖业在 19 世纪末已经不是各大国国民经济中最重要的部门。德国人发明了甜菜制糖法使得糖价大跌。在美国眼中,古巴的地位下降了不少。

出兵古巴自然是为了维护美国自己的利益。美国和自己扶持的古巴政府签订了《普拉特修正案》,并将这个法案当作古巴宪法的一部分,正是这个法案赐予了美国"为维护古巴的独立以及保护生命、财产和个人自由进行干涉的权力"。美国驻古巴大使韦尔斯更是毫不掩盖地声称古巴总统必须"要彻底了解美国的愿望","顺从可能向他提出的建议和劝告"。

此后,古巴的蔗糖制造业也被美国霸占。1939 年,美国公司已占有古巴制糖业的百分之五十五,古巴人自己拥有的蔗糖份额是百分之二十二,美国制糖公司攫取了 1920 年以后糖价上涨的大部分利润。

这个利润非常惊人,当时糖价从 9.2 美分上涨为每磅 22.5 美分,而成本是每磅 5 美分。在当年糖价大跌到每磅 1 美分时,美国制糖公司又狠狠地压榨了古巴制糖业。古巴三分之一的收入和百分之八十五的出口都来源于蔗糖,而蔗糖生意从甘蔗生产到成品都被美国垄断。美国著名的联合果品公司用了 600 比索就购买了 8 万公顷的土地,在古巴土地上它所拥有的联合果品公司都保持了自己一贯的为所欲为的作风。